"十四五"职业教育国家规划教材

金工实训

（第四版） 附微课视频

主　编　艾建军　高韶坤
副主编　李　文　曾　雷　高改芬

大连理工大学出版社

图书在版编目(CIP)数据

金工实训 / 艾建军，高韶坤主编．-- 4 版．-- 大连：大连理工大学出版社，2024.8
ISBN 978-7-5685-4286-9

Ⅰ．①金… Ⅱ．①艾… ②高… Ⅲ．①金属加工－实习－高等职业教育－教材 Ⅳ．①TG-45

中国国家版本馆 CIP 数据核字(2023)第 049940 号

大连理工大学出版社出版
地址:大连市软件园路 80 号　邮政编码:116023
发行:0411-84708842　邮购:0411-84708943　传真:0411-84701466
E-mail:dutp@dutp.cn　URL:https://www.dutp.cn
大连图腾彩色印刷有限公司印刷　大连理工大学出版社发行

幅面尺寸:185mm×260mm　印张:14.5　字数:353 千字
2012 年 11 月第 1 版　2024 年 8 月第 4 版
2024 年 8 月第 1 次印刷

责任编辑:刘　芸　责任校对:吴媛媛
封面设计:张　莹

ISBN 978-7-5685-4286-9　定　价:49.80 元

前言

金工实训是高职院校机械类、近机械类、非机械类各专业教学中重要的实践性环节，它能为学生学习后续专业课程打下坚实的基础。本教材在此次修订编写过程中，以教学基本要求为主导，以项目实践为主线，紧密联系生产实际，充分体现了任务引领、实践导向的思想，突出了工作任务与知识的联系，以利于培养学生的实践操作能力。此次修订保持了上版教材的编写风格，在通俗易懂的基础上注重教材的科学性和严谨性，兼顾知识的通用性、实用性、先进性，主要特色如下：

1. 落实立德树人根本任务

全面贯彻落实党的二十大精神，落实立德树人根本任务，通过在“项目导读”部分融入思政要点，在每个任务的“学习目标”中体现素质目标，以及在项目的最后设置具有思政内涵的“拓展资料”，加强专业修养、家国情怀、思想政治、道德操守等精神层面的教育，培养脚踏实地、执着专注、精益求精的工匠精神，塑造千锤万击、百折不挠的工匠品格。

2. 采用“项目＋任务”的体系结构

此次修订仍然采用“项目＋任务”的体系结构，将每个项目整合为某个产品的制作，由若干个任务来完成。每个任务通过“任务引入”“任务分析”“相关知识”“任务实施”等环节，引导学生完成资讯、计划、决策、实施、检查、评价这一完整的工作过程，便于“教、学、做”一体化教学模式的展开。

3. 实训与产品的生产相结合

把金工实训和产品的生产结合起来，在产品的生产过程中进行实训，在实训的过程中生产产品。金工实训的过程是金工产品生产过程的模拟或再现，学生就是员工，实训就是生产，以提高学生专业综合能力为出发点，强调专业综合能力的培养。将操作技能的培养和提高融于产品的生产之中，在产品生产的同时，各工种的实践操作技能也得以练习和提高，可以取得事半功倍、一举多得的效果。

4. 对接教学目标与职业能力

融入行业企业标准，实现教学目标与职业能力的高效对接。依托编写团队中的行业企业专家，修订完善教材内容对岗位的适应性，将职业资格标准融入教材的各个部分，以职业能力为培养目标，力求突出职业性、技能性和应用性的职业特点，确保学生的职业适应能力。同时注重加强学生职业能力的培养，打造学生的“匠心”。

5.图文并茂

全书配有大量工作场景插图，强化教材的情境化。全书力求以图说话，以图来介绍金工实训的内容、设备用途、操作方法、加工步骤等，将加工知识化解在图片中，使全书内容更加直观、感性，增强阅读性和趣味性。

6.打造立体化教材

针对重要的知识点、操作方法、加工步骤制作了微课视频，为学生营造真实、直观的学习情境，使学生容易掌握技术要点，提高学习的兴趣。

本教材由保定职业技术学院艾建军、高韶坤任主编；青岛职业技术学院李文、长城汽车股份有限公司曾雷、冀中职业学院高改芬任副主编；保定职业技术学院王佞、邓名姣、曹丽苹、张德田，河北机电职业技术学院顾豪，河北省保定技师学院李贺、刘小平任参编。具体编写分工如下：艾建军编写项目一的任务一～六；高韶坤编写项目五；李文编写项目四；曾雷编写项目七；高改芬编写项目二、三；曹丽苹编写项目六的任务三、四；张德田编写项目八的任务一；邓名姣编写项目八的任务二、三；王佞编写项目九的任务二；顾豪编写项目九的任务一；李贺编写项目一的任务七；刘小平编写项目六的任务一、二。全书由艾建军负责统稿和定稿。

在编写本教材的过程中，我们参考、引用和改编了国内外出版物中的相关资料以及网络资源，在此对这些资料的作者表示诚挚的谢意。请相关著作权人看到本教材后与出版社联系，出版社将按照相关法律的规定支付稿酬。

尽管我们在探索教材特色的建设方面做出了许多努力，但由于编者水平有限，教材中仍可能存在一些疏漏和不妥之处，恳请各教学单位和读者在使用本教材时多提一些宝贵意见和建议，以便下次修订时改进。

编　者

所有意见和建议请发往：dutpgz@163.com
欢迎访问职教数字化服务平台：https://www.dutp.cn/sve/
联系电话：0411-84708979　84707424

目录

项目一 制作錾口锤

项目导读

钳工作业主要包括錾削、锉削、锯削、划线、钻削、铰削、攻丝和套丝、刮削、研磨、矫正、弯曲和铆接等。钳工是机械制造中最古老的金属加工技术。19世纪以后，虽然各种机床的发展和普及使大部分钳工作业实现了机械化和自动化，但在机械制造过程中钳工仍是广泛应用的基本技术，其原因是：划线、刮削、研磨和机械装配等钳工作业至今尚无适当的机械化设备可以完成；某些精密的样板、模具、量具和配合表面（如导轨面和轴瓦等）仍需要依靠工人的手艺进行精密加工；在单件小批量生产、修配工作或缺乏设备条件的情况下，采用钳工制造某些零件仍是一种经济实用的方法。

通过本项目錾口锤的制作，掌握钳工的基本概念，熟悉钳工的加工特点和加工范围，能正确利用钳工工具和钻床进行工件的加工。在实际操作中，培养严谨专注、注重细节的工匠精神，提高自身思想认识和社会责任感。

项目任务

本项目的任务是完成錾口锤的加工。坯料为圆柱体，如图1-1(a)所示，外形如图1-1(b)所示，加工要求如图1-2所示。

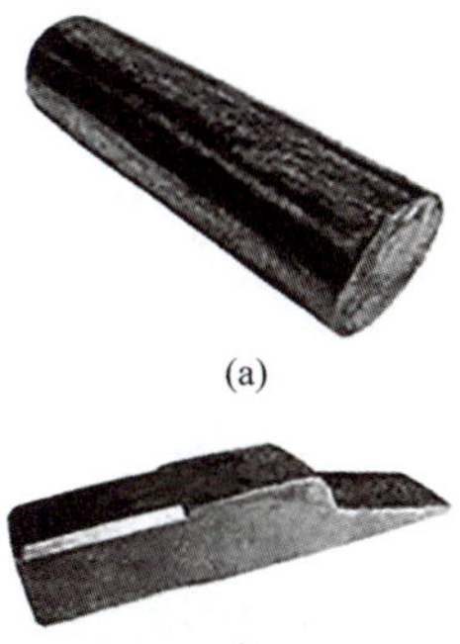

图1-1　錾口锤的坯料及外形

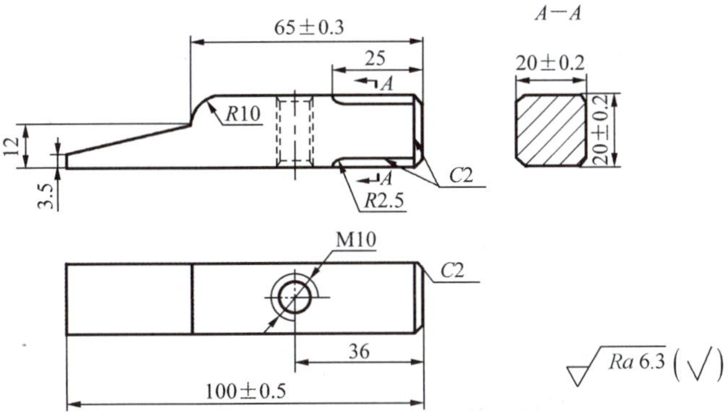

图1-2　錾口锤零件图

工艺分析

錾口锤的制作需按照以下工艺过程进行：划线→锯削→锉削→錾削→钻孔→攻螺纹→装配。

任务一 划 线

学习目标

- 掌握划线工具的种类和使用方法。
- 正确使用划线工具,掌握平面一般划线方法和简单立体划线方法。
- 养成细节处精益求精的工匠精神。

任务引入

本任务为錾口锤毛坯的划线,技术要求如下:

(1)线条清晰,样冲眼正确。

(2)圆弧连接圆滑,公差为±0.1 mm。

(3)各尺寸线条的位置公差为±0.5 mm。

任务分析

要完成錾口锤毛坯的划线,首先要做一些准备工作,确定划线所需要的工具和量具,再确定划线基准,然后按图纸进行划线。

相关知识

根据图样或技术文件的要求,在毛坯或半成品上用工具划出加工界线或作为找正检查依据的辅助线,这种操作称为划线。划线不仅能使加工时有明确的界线和加工余量,还能及时发现不合格的毛坯,以免因采用不合格毛坯而浪费工时。

一 划线的要求

线条清晰、均匀,定形、定位尺寸要准确。一般要求划线精度达到0.25~0.50 mm。工件的完工尺寸不能完全由划线确定,而应在加工过程中通过测量来保证。

二 划线的种类

划线可分为平面划线和立体划线。平面划线指仅在工件某一个表面上划线,如图1-3所示;立体划线指在工件的不同表面(通常是相互垂直的表面)上划线,如图1-4所示。

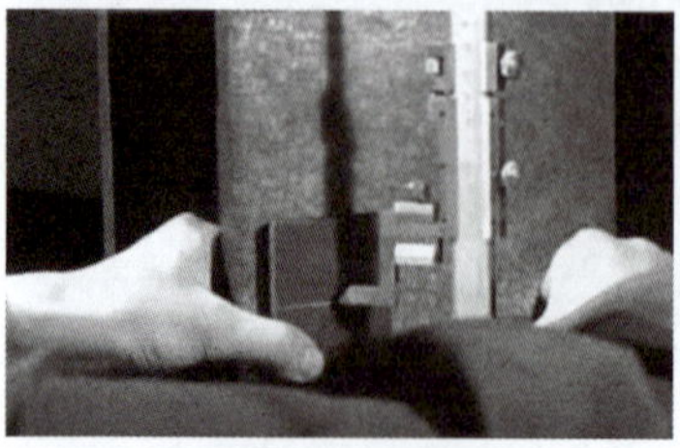
图1-3 平面划线

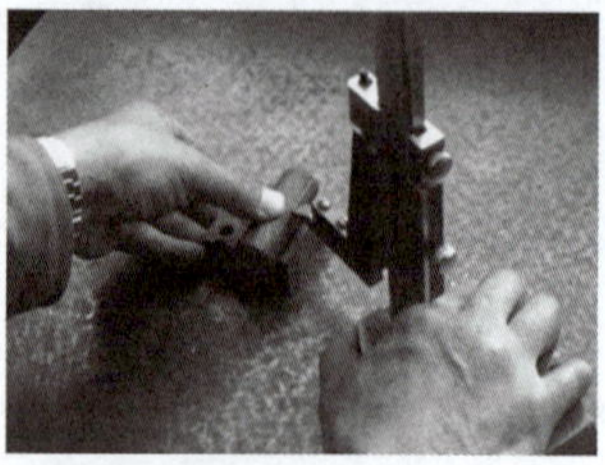
图1-4 立体划线

三 划线工具

1. 划线平台

图 1-5　划线平台

划线平台是用来安放工件和划线工具的基准工具，如图 1-5 所示。

2. 高度游标尺

高度游标尺是精确的量具及划线工具，如图 1-6 所示。它可用来测量高度，又可用其量爪的两角尖划线，其读数原理与游标卡尺相同，如图 1-7 所示。

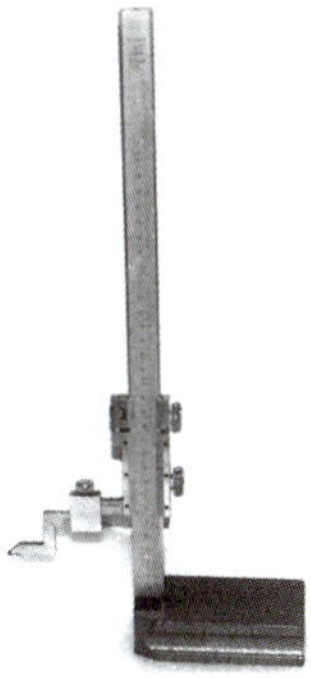
图 1-6　高度游标尺

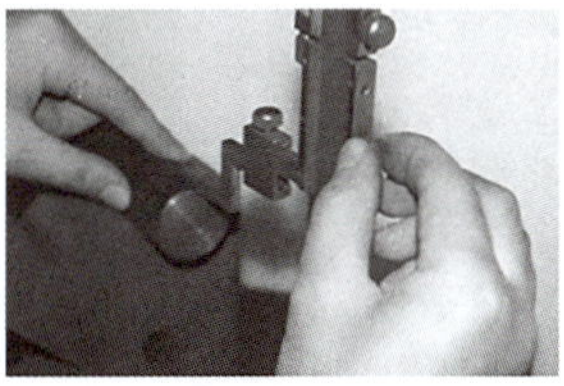
(a) 测量高度

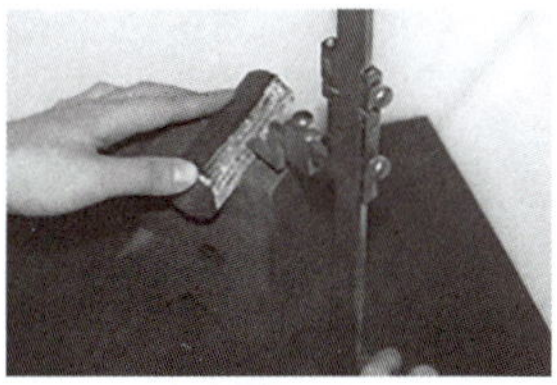
(b) 划线

图 1-7　高度游标尺的用法

3. 划针

划针是直接在工件上划线的工具，如图 1-8 所示。划针通常与直尺、90°角尺、划线样板等导向工具配合使用。用划针划线时，一手压紧导向工具，另一手使划针尖靠紧导向工具的边缘，并使划针上部向外倾斜 15°～20°，同时向划针前进方向倾斜 45°～75°，如图 1-9 所示。

图 1-8　划针

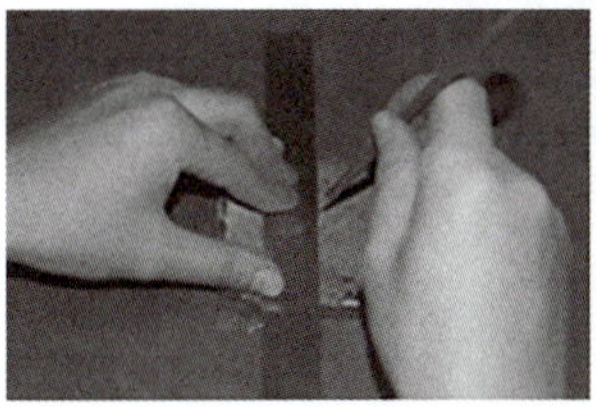
(a) 向外倾斜

(b) 向划针前进方向倾斜

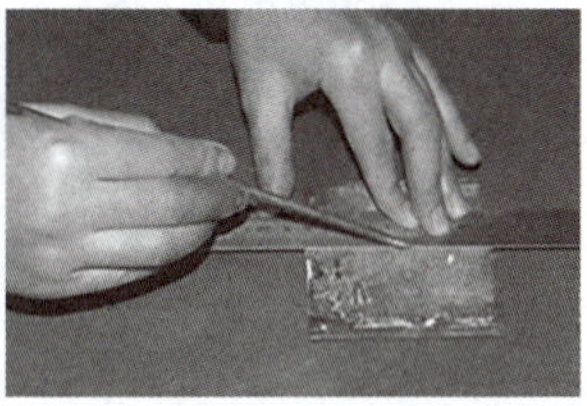
(c)错误用法

图 1-9　划针的用法

4. 划规

划规是用来划圆、圆弧、等分线段及量取尺寸的工具，如图 1-10 所示。

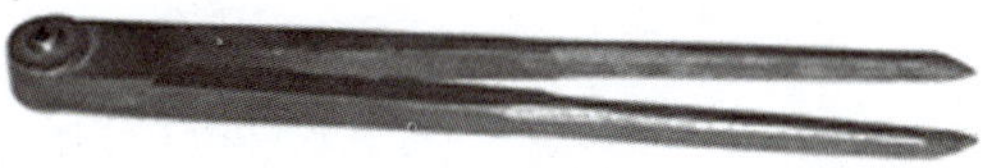
图 1-10　划规

5.钢直尺

钢直尺是一种简单的测量工具，也是划直线的导向工具。在尺面上刻有尺寸刻线，最小刻线间距为0.5 mm，其规格（长度）有150 mm、300 mm、1 000 mm等。

6.90°角尺

90°角尺在钳工中应用很广，如图1-11所示。它可作为划垂线及平行线的导向工具，还可找正工件在划线平台上的垂直位置，并可检查两垂直面的垂直度或单个平面的平面度。

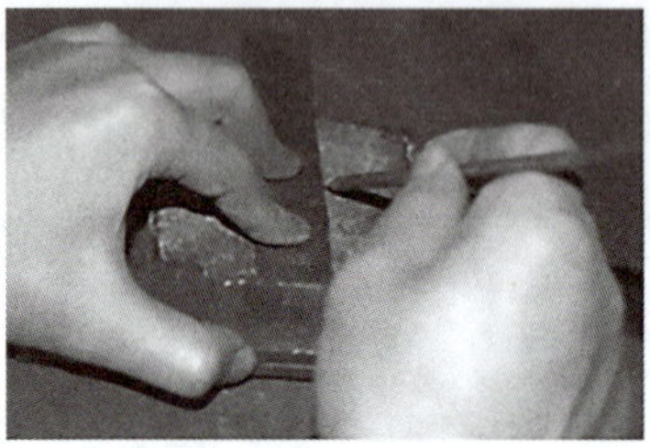

(a) 划平行线

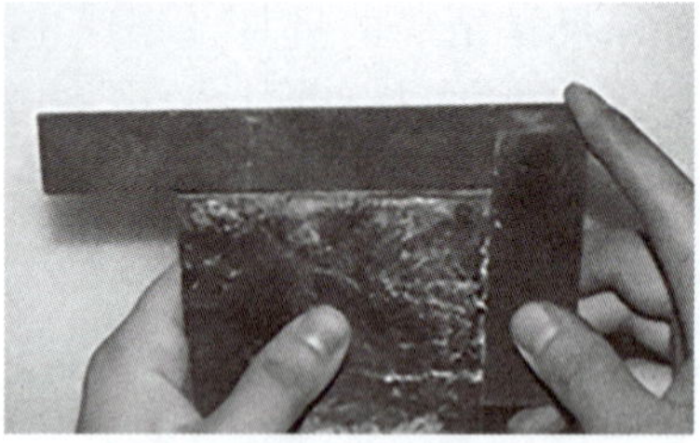

(b) 检查直角

图1-11 90°角尺的用法

7.样冲

工件划线后，在搬运、装夹等过程中线条可能会被摩擦掉，为保持划线标记，通常要用样冲在已划好的线上打上小而均布的样冲眼。划线标记用样冲的尖端可磨成45°左右；而钻孔定中心用样冲的尖端可磨得钝一些，一般为60°左右。冲眼时，将样冲斜着放在划线上，锤击前再立直，以保证样冲眼的位置准确，如图1-12所示。

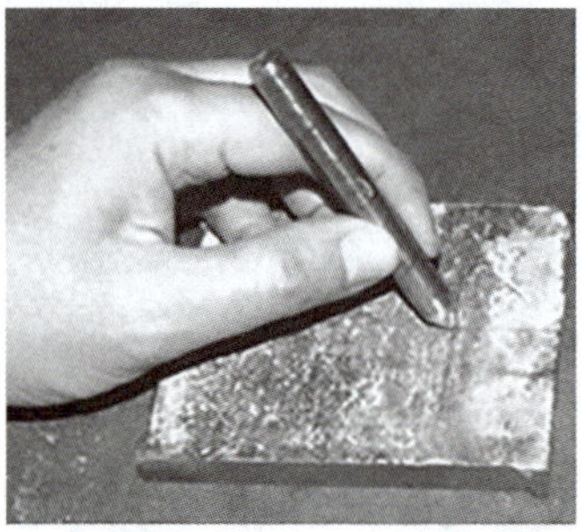

(a)样冲外斜对正

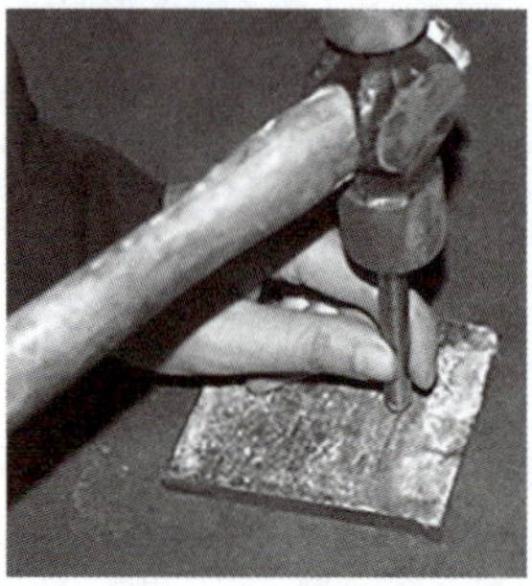

(b)样冲立直敲击

图1-12 样冲的用法

四 支承工件的工具

1.V形架

如图1-13所示，V形架主要用于支承工件的圆柱面，使圆柱的轴线平行于划线平台的工作面。支承较长工件时，应使用成对的V形架。

2.方箱

方箱用于夹持工件并可随意翻转，如图1-14所示，这对要求在三个方向划出互成90°线的工件来说是非常方便的。为便于夹持不同形状的工件，可采用附有夹持装置、带V形槽的特殊方箱，V形槽可用来放置圆柱形工件。

3. 千斤顶

千斤顶是用来支承毛坯或对不规则工件进行划线的工具，它可以方便地调整工件各处的高度，如图 1-15 所示。一般工件用三个千斤顶支承，且三个支承点要尽量远离工件重心，支承工件较重的部位用两个千斤顶，另一个千斤顶支承在工件较轻的部位。

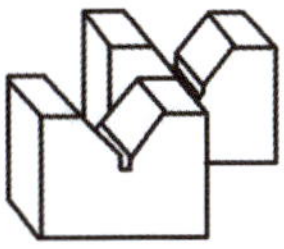

图 1-13　V 形架

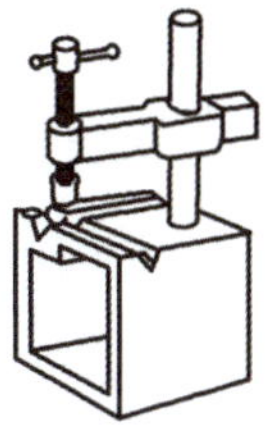

图 1-14　方箱

图 1-15　千斤顶

五　划线前的准备工作

1. 工件的清理

工件的清理主要是除去工件表面的氧化层、飞边、毛刺、残留污垢等，为涂色和划线做准备。

2. 工件的涂色

在工件需划线的表面涂上一层涂料，使划出的线条更清晰。常用的涂料有石灰水、蓝油等。

3. 在工件的孔中装塞块

当在有孔的工件上划圆或等分圆周时，为了在求圆心和划线时能固定圆规的一脚，需在孔中塞入塞块。常用的塞块有铅条、木块或可调塞块。

六　划线基准的确定

平面划线时，通常要选择两个相互垂直的划线基准；立体划线时，通常要确定三个相互垂直的划线基准。划线基准一般有以下三种类型：

(1)以两个相互垂直的平面或直线为基准，如图 1-16(a)所示。

(2)以两个相互垂直的中心平面或直线为基准，如图 1-16(b)所示。

(3)以一个平面或直线和一个对称平面或直线为基准，如图 1-16(c)所示。

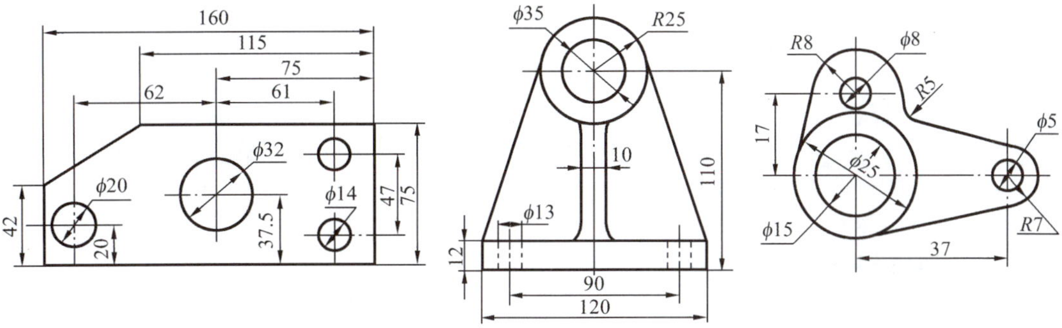

(a)　(b)　(c)

图 1-16　划线基准的类型

任务实施

1.准备工作

准备高度游标尺、样冲、锤子、V形架、涂料(白粉笔,白石灰水)及ϕ30 mm×105 mm的45钢毛坯。

划线

2.操作步骤

(1)详细研究图纸(图1-2)或实物,确定划线基准(以毛坯中心线为基准线)。

(2)清除毛坯表面的污物,并在需要划线的部位涂上涂料和白粉笔。

(3)将毛坯放在V形架上,用高度游标尺测出毛坯最高点到平板的高度。

(4)划线。因毛坯直径为ϕ30 mm,锤体最大截面尺寸为20 mm×20 mm,故在最高点减去5 mm处划线,四周都要划。

(5)将工件旋转90°,用同样方法计算并划线,使两条线垂直。

(6)沿所划的线打样冲眼,划线即完毕。

3.注意事项

(1)划线时尽量一次划出,用力适当,线条细而清晰,且样冲眼准确。

(2)划线工具使用正确。

(3)一条线划完要重新复核尺寸,或将划线盘与高度游标尺对正。

(4)样冲眼要一次打出,其大小及间距要适当且均匀。

任务二 锯削

学习目标

- 掌握正确的操作姿势,能对各种型材进行正确的锯削,并达到一定的锯削精度。
- 能根据不同材料正确选用锯条,并能正确装夹。
- 了解锯条损坏和产生废品的原因。
- 养成实践中脚踏实地、执着专注的工匠精神。

任务引入

本任务为錾口锤毛坯的锯削。

任务分析

要完成錾口锤毛坯的锯削,必须掌握锯削的基本知识和操作要领。

相关知识

锯削主要指用手锯对材料或工件进行分割或锯槽等加工。它适用于较小材料或工件的加工，把材料锯断，或锯掉工件上的多余部分，或在工件上锯槽。

一 锯削工具

1. 锯弓

锯弓的作用是张紧锯条，且便于双手操持。锯弓可分为固定式和可调式两种。固定式锯弓的弓架是整体的，只能装一种长度规格的锯条。可调式锯弓的弓架则分为前、后两段，其结构如图 1-17 所示，前段套在后段内可伸缩，故能安装几种长度规格的锯条。

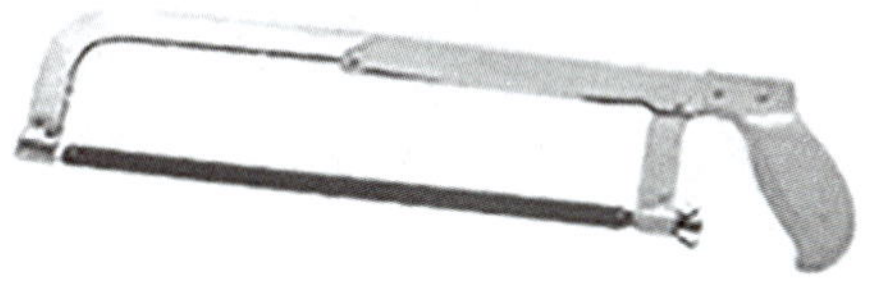

(a)

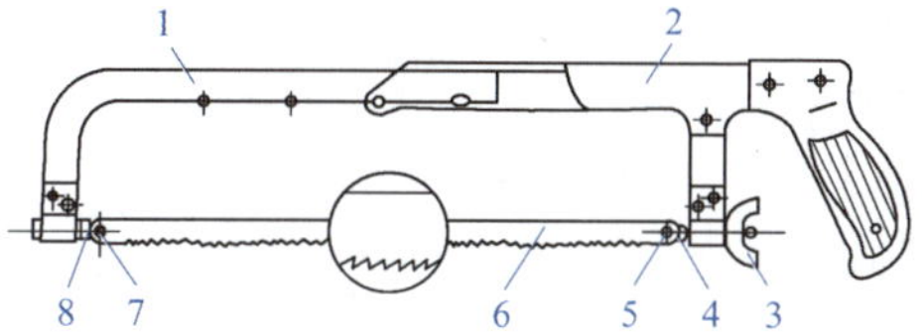

(b)

图 1-17　可调式锯弓的结构

1—可调部分；2—固定部分；3—碟形螺母；4—活动夹头；5、7—销子；6—锯条；8—固定夹头

2. 锯条

锯条是用来直接锯削材料或工件的刀具。锯条一般用渗碳钢冷轧而成，也可用碳素工具钢或合金钢制成，并经热处理淬硬。锯条的规格是以两端安装孔的中心距来表示的，钳工常用的锯条规格是 300 mm。锯齿的粗细用每 25 mm 长度内齿的个数来表示，常用的有 14、18、24 和 32 等几种。锯齿粗细的选择应根据材料的硬度和厚度来确定，粗齿锯条适用于锯软材料和较大表面的厚材料，细齿锯条适用于锯硬材料及管子或薄材料。

二 锯削方法

1. 锯条的安装

锯条安装时应使齿尖的方向朝前，如图 1-18 所示。将锯条安装在锯弓中，通过调节碟形螺母来调整锯条的松紧程度。锯条的松紧程度要适当，若锯条张得太紧，则会使锯条所受张力太大，失去应有的弹性，以至于在工作时稍有卡阻，受力弯曲时就易折断；若装得太松，则会使锯条在工作时易扭曲摆动，同样容易折断，且锯缝易发生歪斜。应调节锯条使其与锯弓在同一中心平面内，以保证锯缝正直，防止锯条折断。

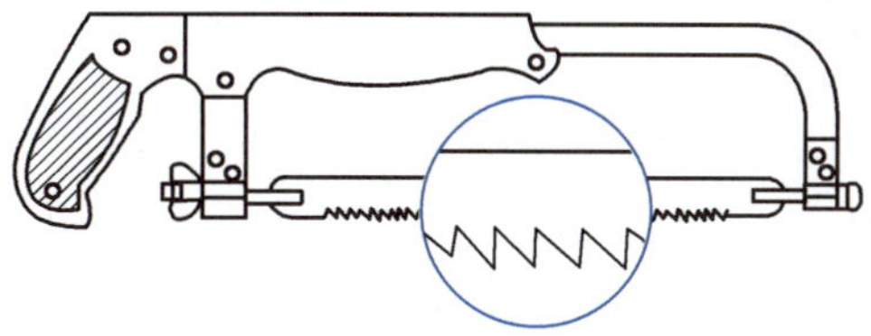

(a) 正确

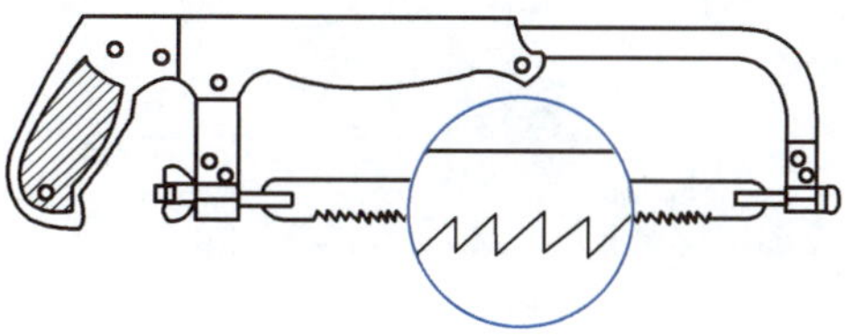

(b) 错误

图 1-18　锯条的安装

2. 工件的夹持

工件一般被夹持在台虎钳的左侧，以方便操作。工件的伸出端应尽量短，一般超出钳口20 mm左右；工件的锯削线应尽量靠近钳口，以防止工件在锯削过程中产生振动。

3. 起锯

起锯是锯削工作的开始。起锯质量的好坏直接影响锯削质量。起锯分远起锯和近起锯两种，如图1-19所示。

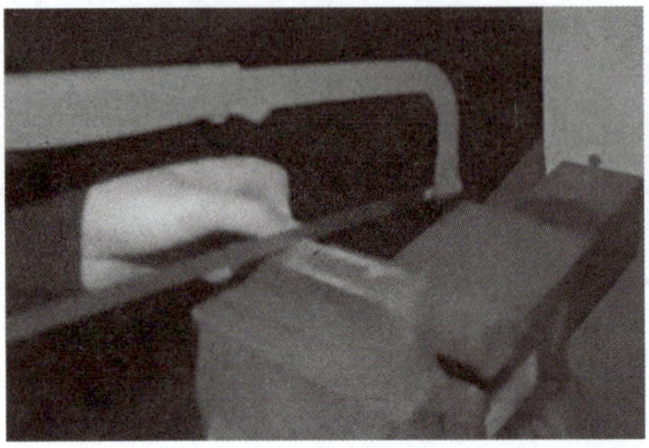

(a)远起锯

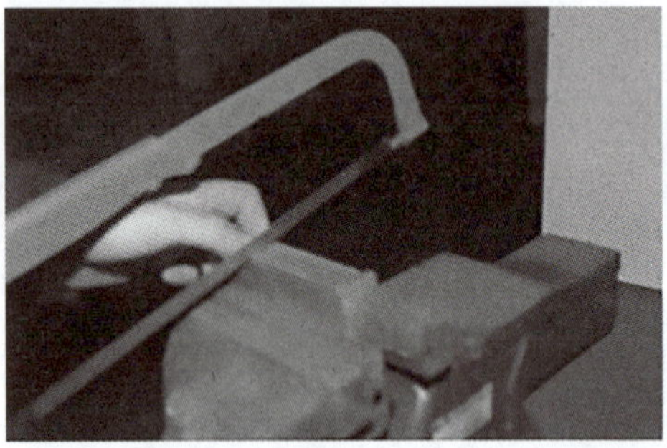

(b)近起锯

图1-19 起锯方法

远起锯指从工件远离操作者的一端起锯，此时锯条逐步切入材料，不易被卡住。近起锯指从工件靠近操作者的一端起锯。如果近起锯的方法掌握不好，锯齿会一下子切入较深，从而易被棱边卡住，使锯条崩裂。因此，一般采用远起锯的方法。无论用哪一种起锯方法，起锯角度都要小些，一般取10°～15°。

4. 锯削姿势及锯削运动

握锯时要自然舒展，右手握手柄，左手轻扶锯弓前端，如图1-20所示。锯削时，站立的位置应适当，如图1-21所示。锯削时右腿伸直，左腿弯曲，身体向前倾斜，重心落在左脚上，两脚站稳不动，靠左膝的屈伸使身体做往复摆动。起锯时身体稍向前倾，与竖直方向成10°左右，此时右肘尽量向后收，随着推锯的行程增大，身体逐渐向前倾斜。当行程达三分之二时，身体倾斜约18°，左、右臂均向前伸出。当锯削最后三分之一行程时，用手腕推进锯弓，身体随着锯的反作用力退回到15°位置。锯削行程结束后取消压力，手和身体都退回到最初位置，如图1-22所示。

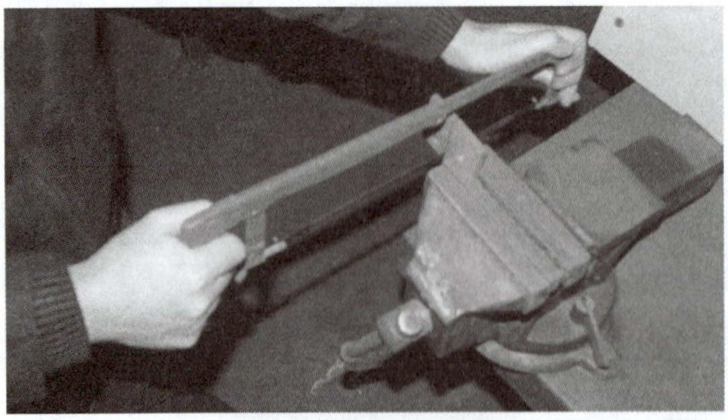

图1-20 手锯的握法

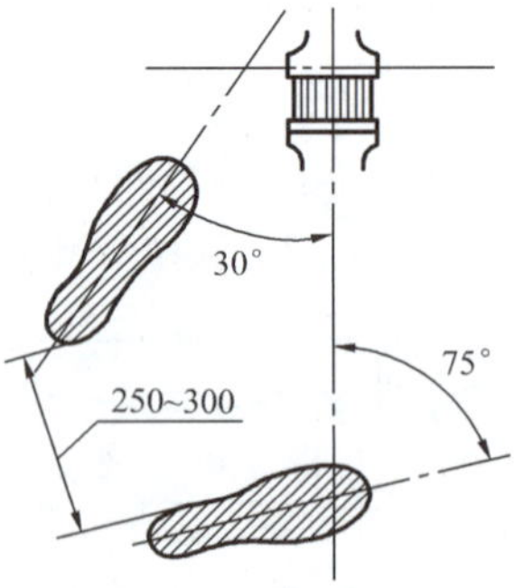

图1-21 锯削站立位置

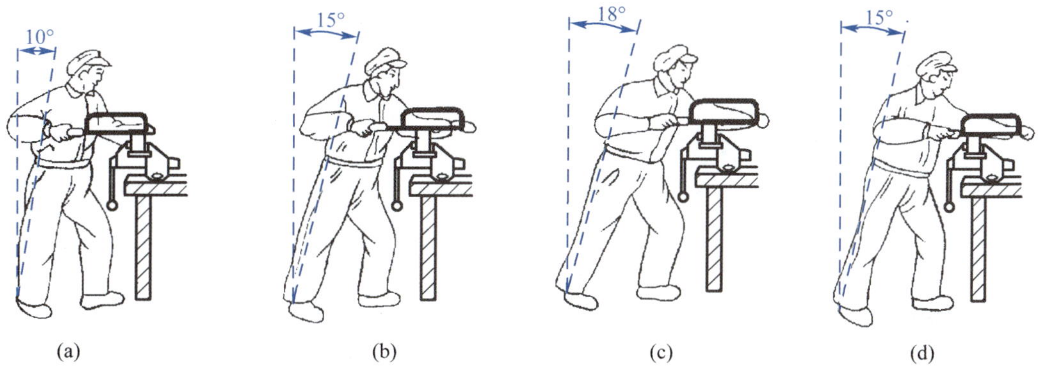

图 1-22　锯削操作姿势

锯削速度以每分钟20～40次为宜。锯削软材料可快些，锯削硬材料可慢些。必要时可用切削液对锯条进行冷却润滑。锯削时，应尽量在全长度范围内进行。一般应使锯条的行程不小于锯条长度的三分之二，以延长锯条的使用寿命。锯削时的锯弓运动形式有两种：一种是直线运动，适用于锯薄形工件和直槽；另一种是摆动，起锯时左手压下，右手抬高，与水平成10°～15°，随着锯条的前进，左手逐渐抬起，右手逐渐下压，回程时右手逐渐抬起，左手逐渐下压，返回原来的位置，形成摆动，这种操作自然省力。

5. 工件的锯削

(1)棒料的锯削

锯削棒料时，如果要求锯出的断面比较平整，则应从一个方向起锯直到结束，称为一次起锯。若对断面的要求不高，则为减小切削阻力和摩擦力，可以在锯入一定深度后再将棒料转过一定角度重新起锯。如此反复几次从不同方向锯削，最后锯断，称为多次起锯。

(2)管子的锯削

若锯薄管子，则应使用两块木制V形槽或弧形槽垫块夹持，以防夹扁管子或夹坏表面。锯削时不能仅从一个方向起锯，而是每个方向只锯到管子的内壁处，然后把管子转过一定角度再起锯，且仍锯到内壁处，如此逐次进行直至锯断。在转动管子时，应使已锯削部分向推锯方向转动，否则锯齿易被管壁钩住，如图1-23所示。

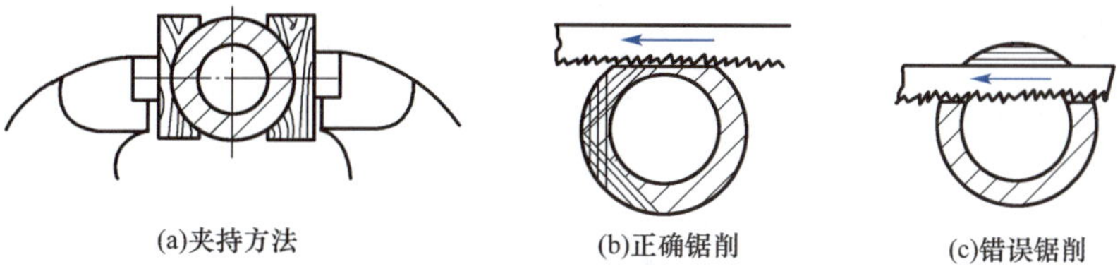

图 1-23　管子的夹持与锯削

(3)薄板料的锯削

锯削薄板料时，可将薄板料夹在两木块或金属块之间，连同木块或金属块一起锯削，如图1-24所示。另外，若将薄板料夹在台虎钳上，用手锯做横向斜推，就能使同时参与锯削的齿数增加，避免锯齿被钩住，同时又能增加工件的刚性。

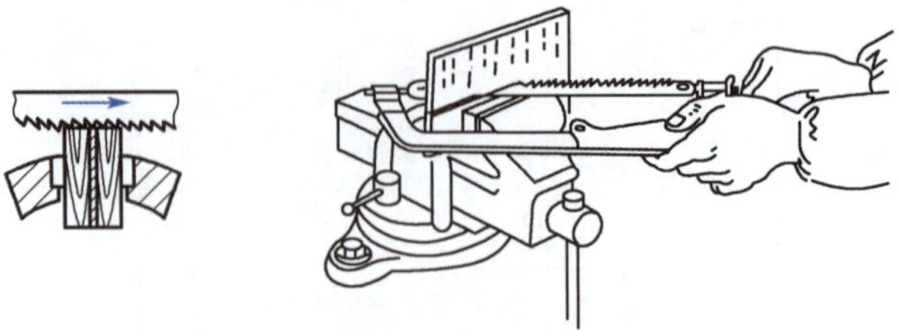

图 1-24　薄板料的锯削

(4)深缝的锯削

当锯缝的深度超过锯弓高度时,称这种缝为深缝,如图 1-25(a)所示。当锯弓快要碰到工件时,应将锯条拆出并转过 90°重新安装,如图 1-25(b)所示;或把锯条的锯齿朝着锯弓内侧进行锯削,如图 1-25(c)所示,使锯弓不与工件相碰。

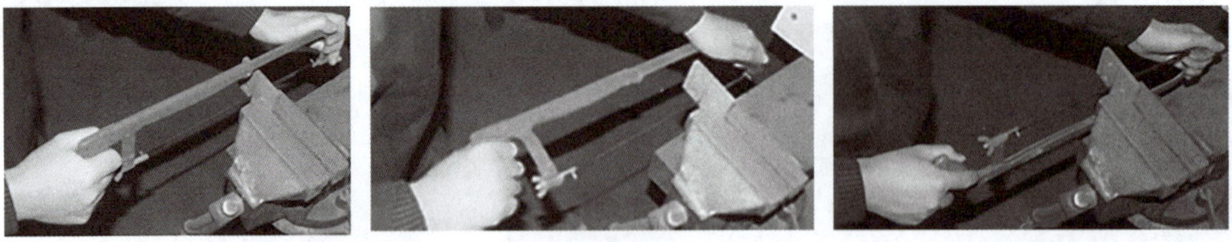

(a) 深缝达到锯弓的高度　　(b) 将锯条转过90°　　(c) 将锯条转过180°

图 1-25　深缝的锯削

任务实施

1.准备工作

准备锯弓、锯条、毛刷、已划线的毛坯。

锯削

2.操作步骤

(1)夹持工件

将工件需要锯下的部分放在台虎钳左侧,距钳口侧面 5～10 mm。

(2)安装锯条

锯条安装时齿尖朝前,用碟形螺母调整,松紧适当。

(3)起锯

采用远起锯,左手大拇指靠住锯条,使锯条能正确地位于划线左侧的位置,右手轻轻前后拉 2～3 次锯弓,使锯齿稍入锯口。

(4)锯削

锯削姿势要正确速度控制在每分钟往复 40 次左右,锯削中可加润滑油,锯去两个面后操作完毕。

3.注意事项

(1)工件要被锯断时压力要逐渐减小。
(2)注意锯缝不准离开或进入划线线条。
(3)锯缝歪斜的主要原因有压力过大、锯条偏摆、锯弓未扶。
(4)要随时注意锯缝平直情况,及时借正。

任务三　锉　削

学习目标

- 掌握正确的锉削姿势和动作要领。
- 掌握锉削基本操作技能,并达到一定的锉削精度。
- 能使用相关量具准确测量工件。
- 懂得锉刀的保养和锉削时的安全知识。
- 养成精雕细琢、持之以恒的品格。

任务引入

本任务为錾口锤毛坯的锉削。

任务分析

要完成錾口锤毛坯的锉削,必须掌握锉削的基本知识和操作要领。

相关知识

用锉刀对工件表面进行切削加工,使工件达到所要求的尺寸、形状和表面粗糙度,这种加工方法称为锉削。锉削是钳工重要的工作之一,尽管它的效率不高,但在现代工业生产中应用仍很广泛。

一　锉刀的基本知识

1.锉刀的类型和规格

(1)锉刀的类型

按用途不同,锉刀可分为钳工锉、异形锉和整形锉,如图1-26所示。

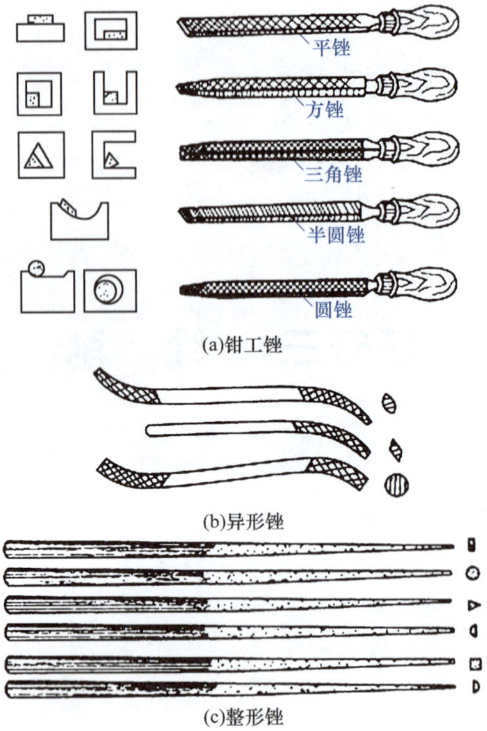

图1-26　锉刀的类型

①钳工锉

钳工锉又称为普通锉。按锉刀断面形状不同，钳工锉分为平锉、方锉、三角锉、半圆锉、圆锉等。

②异形锉

异形锉是在加工特殊表面时使用的。按其断面形状不同，异形锉可分为菱形锉、单面三角锉、刀形锉、双半圆锉、椭圆锉、圆肚锉等。

③整形锉

整形锉主要用于修整工件上的细小部分，其断面形状与钳工锉相似。通常以每组5把、6把、8把、10把或12把为一套。

(2)锉刀的规格

钳工锉的规格指锉身的长度，异形锉和整形锉的规格指锉刀的全长。

2.锉刀的选择

锉齿粗细的选择要根据工件的加工余量、尺寸精度、表面粗糙度和材质来决定。材质软，选择粗齿锉刀，反之选择细齿锉刀。锉刀截面形状的选择可根据工件表面的形状决定，如图1-26所示。锉刀规格的选择应根据加工表面及加工余量的大小来决定。

二　锉削方法

1.工件的装夹

工件尽量夹持在台虎钳钳口宽度方向的中间。锉削面靠近钳口，以防锉削时产生振动。

2.锉刀的握法与站立姿势

锉刀的握法随锉刀规格和使用场合的不同而有所区别，如图 1-27 和图 1-28 所示。锉削时的站立姿势与锯削时的站立姿势基本相同。

(a) 大锉刀的握法

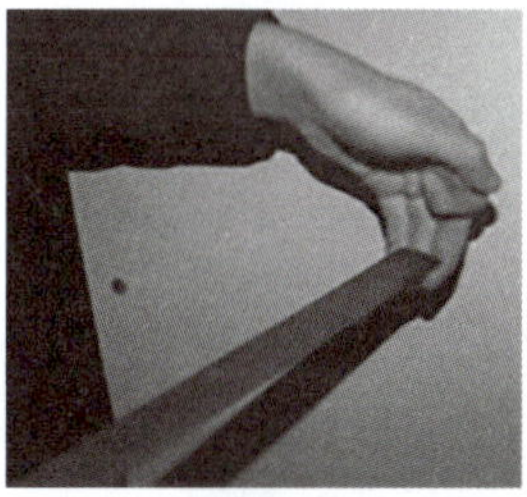

(b) 左手位置

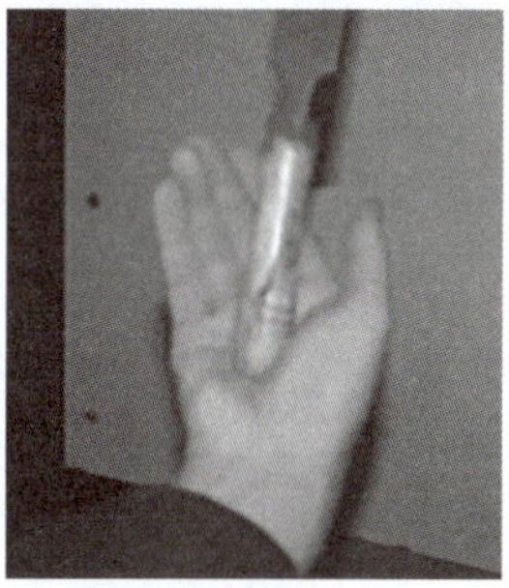

(c) 右手位置

图 1-27　大锉刀的握法及左、右手位置

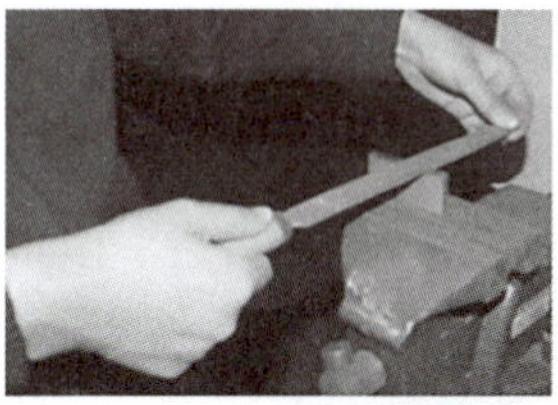

(a) 中型锉刀的握法

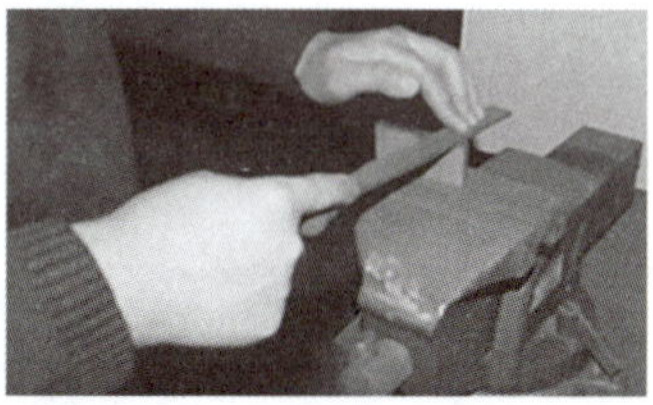

(b) 小型锉刀的握法

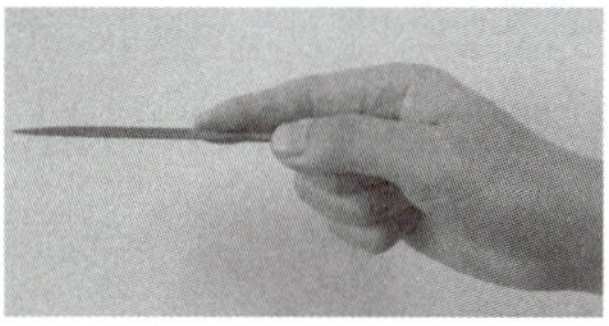

(c) 整形锉的握法

图 1-28　中小锉刀的握法

3.平面的锉削

(1)顺向锉

顺向锉是最基本的锉削方法，不大的平面和最后锉光都用这种方法，如图 1-29(a)所示。

(2)交叉锉

交叉锉时锉刀与工件接触面较大，锉刀容易掌握得平稳，且能从交叉的刀痕上判断出锉削面的凸凹情况，如图 1-29(b)所示。

(3)推锉

推锉的运动方向不是锉齿的切削方向，它只适用于锉削余量小的场合，如图 1-29(c)所示。

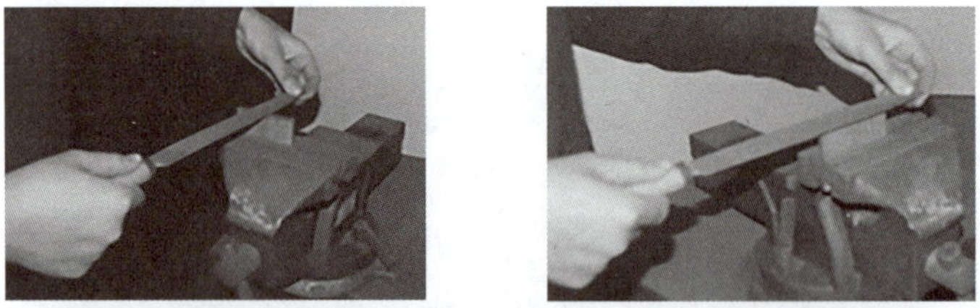

(a) 顺向锉

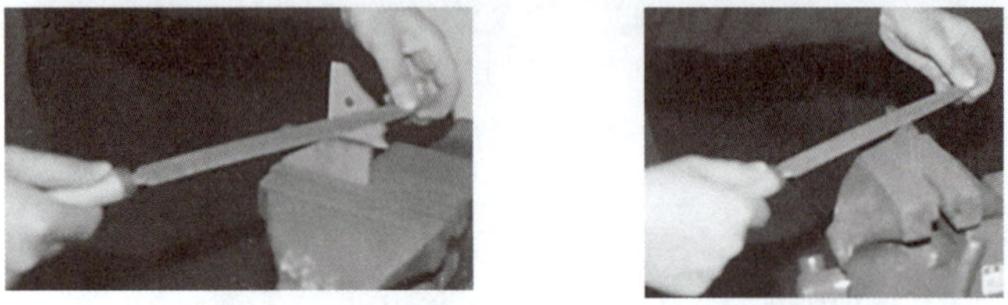

(b) 交叉锉

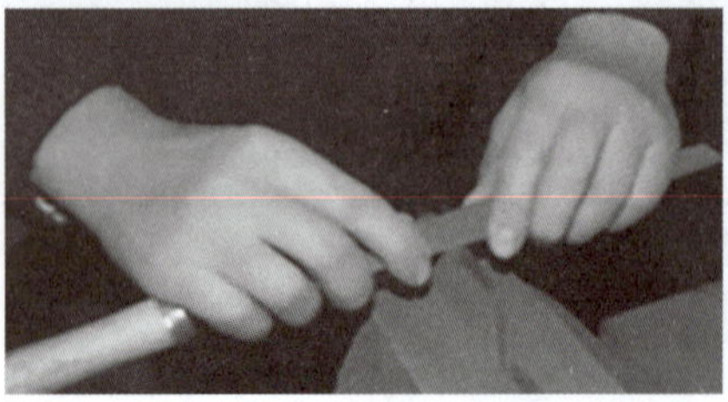

(c) 推锉

图 1-29 平面的锉削

4.平面锉削的检验

在平面的锉削过程中或完工后，常用刀口形角尺或刀口形直尺以透光法来检验其平面度，如图 1-30 所示。具体方法：刀口形直尺沿加工面的纵向、横向和对角方向进行多处检验，根据测量面与被测量面之间的透光强弱是否均匀来判断平面度的误差。若透光微弱且均匀，则表明表面已较平直；若透光强弱不一，则表明表面不平整，光强处较低，光弱处较高。在检验过程中，当需改变检验位置时，应将尺子提起，再轻放到新的检验处，而不应在平面上移动，以防磨损尺子的测量面。

(a)刀口形直尺垂直于工件表面

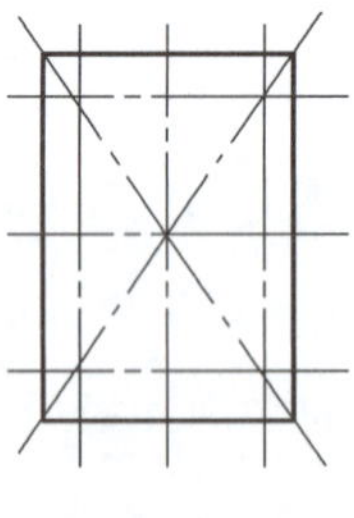

(b)多处检验

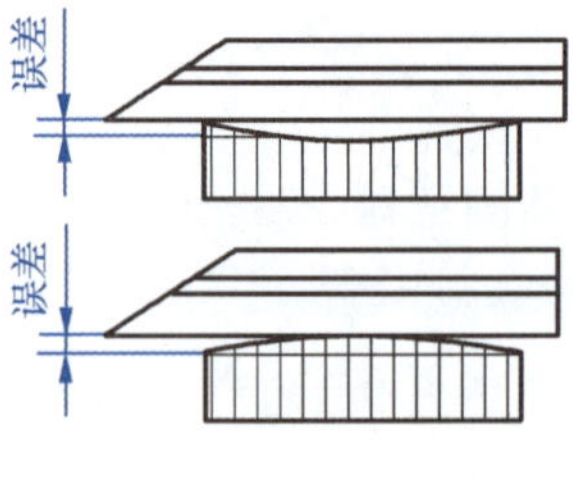

(c)厚薄规检验

图 1-30 平面锉削的检验

5. 曲面的锉削

(1)外圆弧面的锉削

①纵向滚锉法

锉削时，锉刀需同时完成两个运动，即锉刀的前进运动和锉刀绕工件圆弧中心的转动，如图1-31(a)所示。

②横向滚锉法

锉刀的主要运动是沿圆弧的轴线方向所做的直线运动，同时锉刀不断地沿着圆弧面摆动，如图1-31(b)所示。

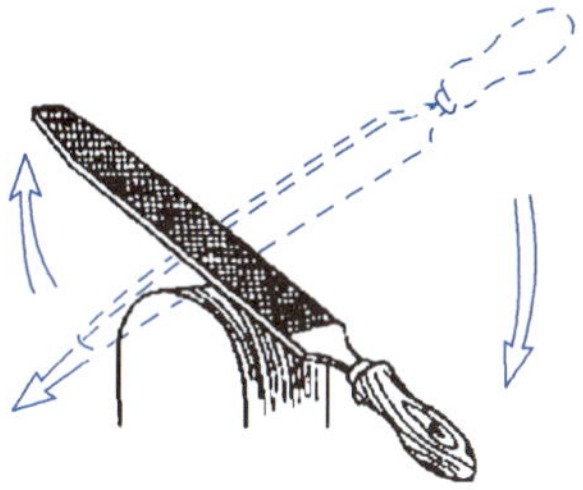

(a)纵向滚锉法

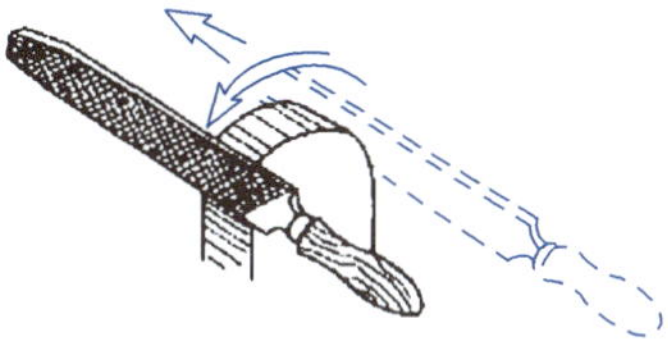

(b)横向滚锉法

图1-31 外圆弧面的锉削

(2)内圆弧面的锉削

锉削内圆弧面时，锉刀要同时完成三个运动：沿轴向做前进运动，向左或向右移动半个至一个锉刀直径，绕锉刀轴线转动，如图1-32所示。

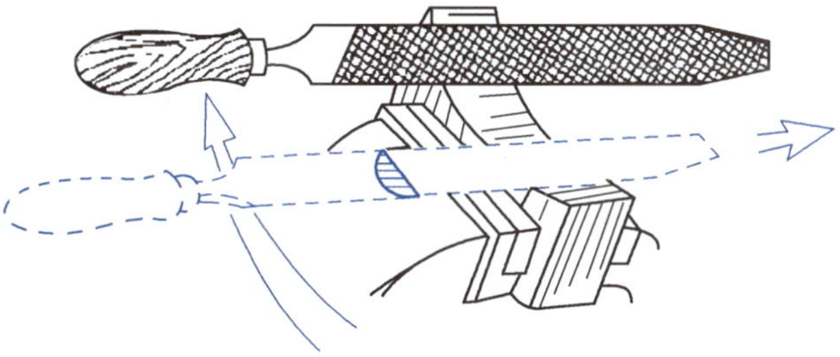

图1-32 内圆弧面的锉削

6. 球面的锉削

锉刀一边沿外圆弧面做纵向滚锉动作，一边绕球面的球心做周向摆动，如图1-33所示。

7. 曲面锉削的检验

检验内、外圆弧面轮廓可采用R规或样板，如图1-34所示。

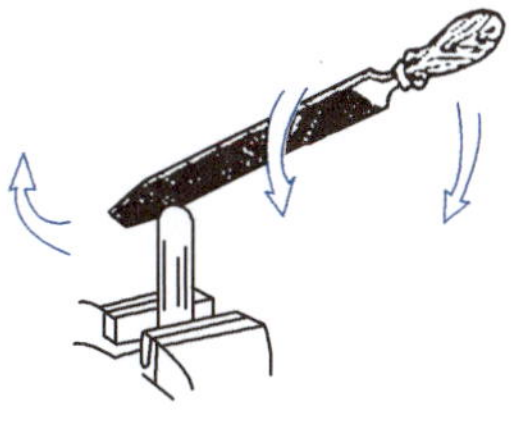

(a)纵向滚锉法

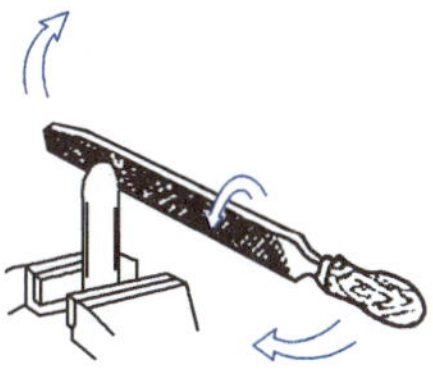

(b)横向滚锉法

图1-33 球面的锉削

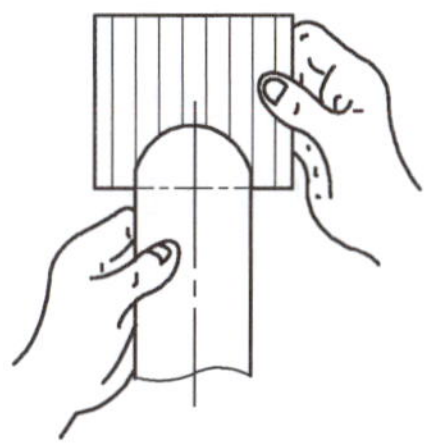

图1-34 用样板检验曲面轮廓

任务实施

1. 准备工作

准备300 mm粗平锉、250 mm细平锉、150 mm圆锉、钳口铁、90°角尺、150 mm游标卡尺、圆弧规或$R10$样板、锉刀刷、锯弓、锯条、毛刷、高度尺、刀口尺。

锉削

2. 操作步骤

(1)将工件夹在台虎钳中部,高出钳口10~20 mm。

(2)锉削第一面。用300 mm粗平锉将锯纹锉去,再用250 mm细平锉进行精锉,用刀口尺检查平面度。

(3)锉削第二面。安装钳口铁,将工件旋转90°夹持,用300 mm粗平锉将锯纹锉去,再用250 mm细平锉进行精锉,注意用90°角尺检查并保证平面度、垂直度和表面粗糙度。

(4)以两个垂直面为基准划线,尺寸均为20 mm,然后四面打样冲眼。

(5)在线条外起锯,锯削完后锉削,用150 mm游标卡尺测量,保证尺寸(20±0.2) mm。

(6)以一长面为基准锉一个端面,达到垂直,锉削完毕将工件去毛刺。

(7)以一长面及一端面为基准,按图同时划出$R10$ mm和倒角$C2$ mm的加工线。

(8)用150 mm圆锉锉出$R2.5$ mm圆弧面,再用粗、细平锉倒角,推锉修整。

(9)锯削即将錾削的面。

(10)用粗平锉锉削$R10$ mm圆弧面,然后用细平锉进行精锉,用推锉修整以达到圆滑、纹理整齐,用圆弧规或$R10$样板检查,直到符合要求为止。

3. 注意事项

(1)要全部纠正不正确的锉削姿势。

(2)锉削钢件材料时要经常用锉刀刷清除嵌入锉刀齿纹内的锉屑。

(3)圆弧面的锉削要达到光洁、圆滑。

任务四　錾　削

学习目标

- 掌握錾削的姿势和动作要领。
- 根据加工材料的不同性质正确刃磨錾子。
- 掌握平面錾削的方法并达到一定的錾削精度。
- 了解錾削时的安全知识和文明生产要求。
- 千磨百炼,在不断重复和积累中掌握方法,提升效率和质量。

任务引入

本任务为錾口锤的錾削。

任务分析

要完成錾口锤的錾削，需要了解錾削的基本原理、錾削工具的使用方法和錾削的操作要领。

相关知识

錾削是利用手锤锤击錾子，实现对工件切削加工的一种方法。錾削可除去毛坯的飞边、毛刺，可切割板料、条料，可开槽以及对金属表面进行粗加工等。

一　錾削工具

1.錾子

錾子由錾顶、錾身及錾刃三部分组成，如图1-35所示。錾顶一般制成锥形，以便锤击力能通过錾子轴心。錾身一般制成六边形，以便操作者握持。

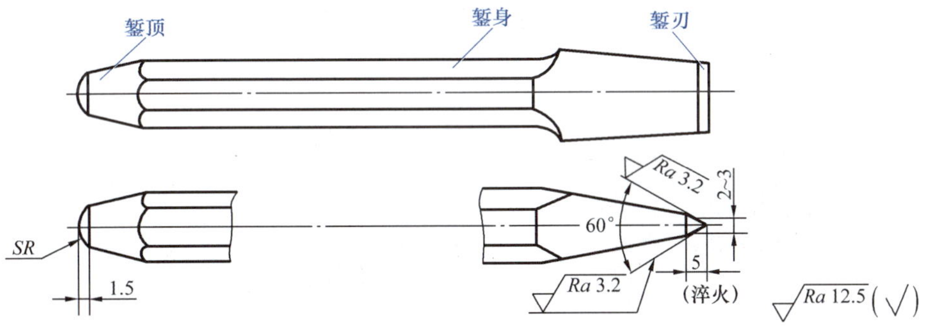

图1-35　錾子的结构

根据錾削对象不同，錾子的切削部分可制成以下三种类型：

(1)阔錾

如图1-36(a)所示，阔錾的切削刃较长，切削部分扁平，用于平面錾削，去除凸缘、毛刺、飞边以及切断材料等，应用最广。

(2)狭錾

如图1-36(b)所示，狭錾的切削刃较短，且其两侧面自切削刃起向柄部逐渐变窄，以保证在錾槽时两侧不会被工件卡住。狭錾用于錾槽及将板料切割成曲线等。

(3)油槽錾

如图1-36(c)所示，油槽錾的切削刃制成半圆形且很短，切削部分制成弯曲形状。

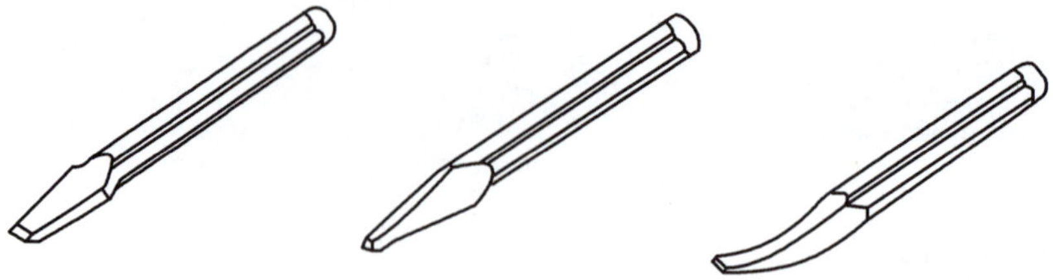

(a)阔錾　(b)狭錾　(c)油槽錾

图 1-36　錾子的种类

2. 手锤

手锤由锤头和木柄等组成。手锤的常见形状是两端为球面。手锤的规格指锤头的质量，常用的有 0.25 kg、0.5 kg、1 kg 等几种。

二　錾削方法

1. 錾子和手锤的握法

(1)錾子的握法

錾子用左手的中指、无名指和小指握持，大拇指与食指自然合拢，錾子的头部伸出约 20 mm。錾子不要握得太紧，否则手所受的振动太大。錾削时，小臂要自然放平，并使錾子保持正确的后角。錾子的握法有正握法和反握法两种，如图 1-37 所示。

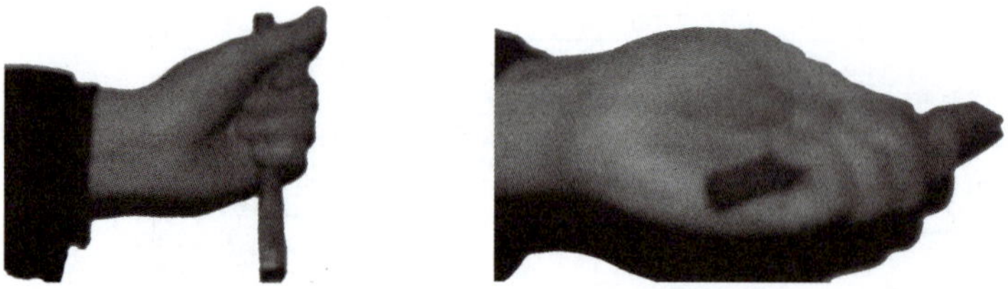

(a)正握法　(b)反握法

图 1-37　錾子的握法

(2)手锤的握法

手锤的握法分紧握法和松握法两种。

①紧握法

如图 1-38(a)所示，用右手五指握紧锤柄，大拇指合在食指上，虎口对准锤头方向，木柄尾端露出 15～30 mm，敲击过程中五指始终紧握。

②松握法

如图 1-38(b)所示，使用时大拇指和食指始终握紧锤柄。锤击时，中指、无名指、小指在运锤过程中依次握紧锤柄。挥锤时，按相反的顺序放松手指。

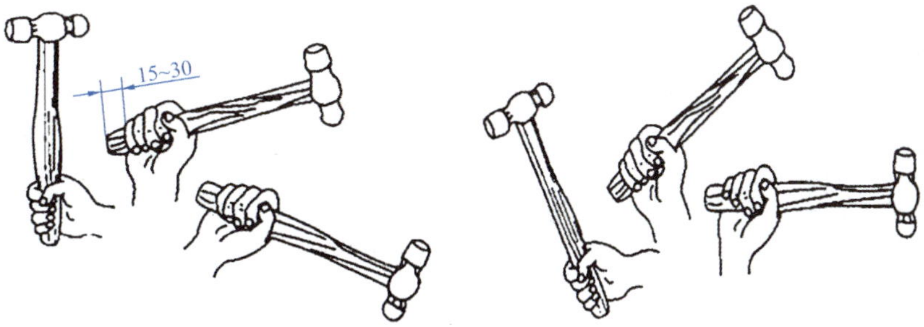

(a)紧握法　　(b)松握法

图 1-38　手锤的握法

2.挥锤方法

挥锤方法分腕挥、肘挥和臂挥三种。

(1)腕挥

如图 1-39(a)所示，腕挥只利用手腕的运动来挥锤，用于錾削的开始和收尾以及錾油槽等场合。

(2)肘挥

如图 1-39(b)所示，肘挥利用手腕和肘一起运动来挥锤。肘挥的敲击力较大，应用最广。

(3)臂挥

如图 1-39(c)所示，臂挥利用手腕、肘和臂一起挥锤。臂挥的锤击力最大，用于需要大量錾削的场合。

(a) 腕挥　　(b) 肘挥　　(c) 臂挥

图 1-39　挥锤方法

3.錾削姿势

錾削时的姿势与锯削时基本相同。眼睛注视錾削处，以便观察錾削的情况，而不应注视锤击处。左手握錾子，使其在工件上保持正确的角度。右手挥锤，使锤头沿弧线运动，进行敲击。

4.平面的錾削

錾削平面时，主要采用阔錾。开始錾削时，应从工件侧面的尖角处轻轻起錾，采用斜角起錾，将錾子放成负角，錾出一个斜面，然后按正常的錾削角度逐步向中间錾削(后角为50°～80°)。

如图 1-40 所示，因尖角处与切削刃的接触面积小，阻力小，易切入，能较好地控制加工余量，故不致产生滑移及弹跳现象。起錾后，把錾子逐渐移向中间，使切削刃的全宽参与切削。

当錾削快到尽头，与尽头相距 10 mm 左右时，应调头錾削，否则尽头的材料会崩裂，如图 1-41 所示。

图 1-40　斜角起錾

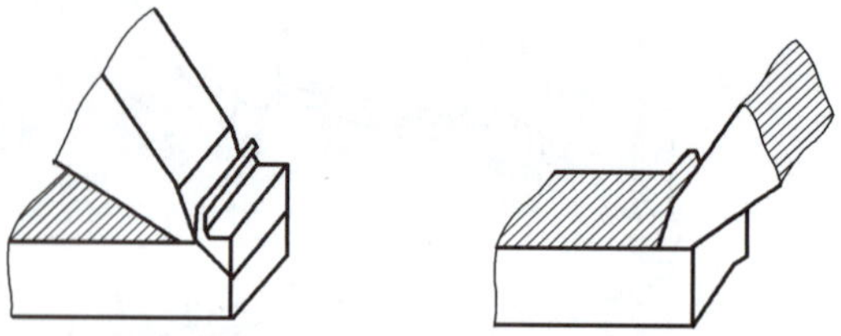

(a)错误　(b)正确

图 1-41　收錾的方法

錾削大平面时，应先用狭錾在工件上錾若干条平槽，再用阔錾将剩余部分錾去，如图 1-42 所示，这样能避免錾子的切削部分两侧受工件的卡阻。

图 1-42　大平面的錾削方法

5.油槽的錾削

油槽一般起储存和输送润滑油的作用。当用铣床无法加工油槽时，可用油槽錾开油槽。錾油槽前，首先要根据油槽的断面形状对油槽錾的切削部分进行准确刃磨，再在工件表面准确划线，最后一次錾削成形。也可以先錾出浅痕，再一次錾削成形。

图 1-43(a)所示为油槽錾的刃部形状；图 1-43(b)所示为在平面上錾削油槽，其方法与錾削平面相似；图 1-43(c)所示为在曲面上錾削油槽，錾子的倾斜角度应随曲面的变化而变化，以保持錾削时的后角不变。錾削完毕后，要用刮刀或砂布等除去槽边的毛刺，使油槽的表面光滑。

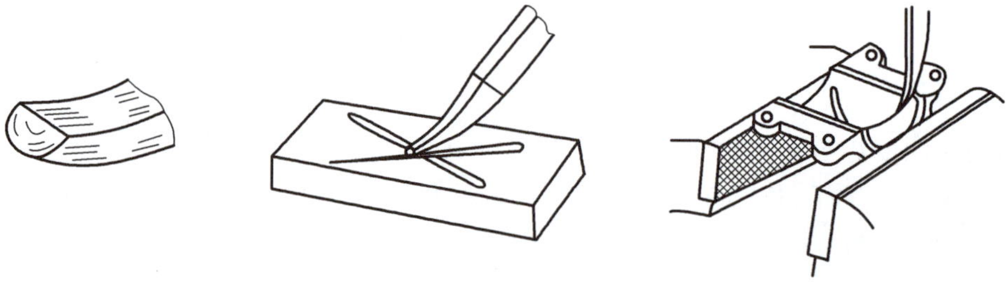

(a) 油槽錾的刃部形状　(b) 在平面上錾削油槽　(c) 在曲面上錾削油槽

图 1-43　錾削油槽

6.板料的錾削

(1)在台虎钳上錾削

当工件不大时，将板料牢固地夹在台虎钳上，并使工件的錾削线与钳口平齐。为使切削省力，应用阔錾沿着钳口并斜对着板面(约 45°)自右向左錾削，如图 1-44 所示。

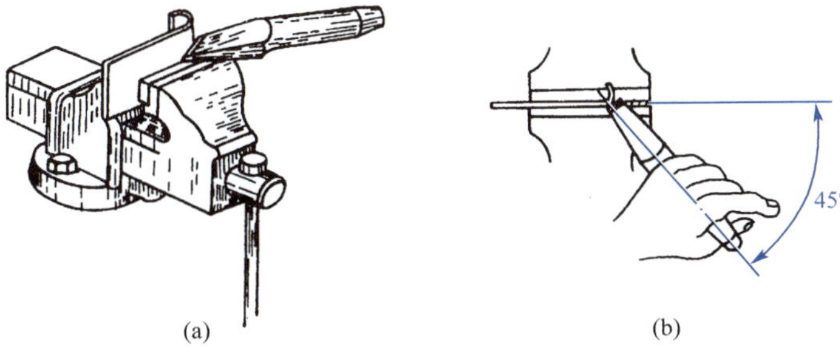

图 1-44　在台虎钳上錾削

(2)在铁砧或平板上錾削

当薄板的尺寸较大而不便在台虎钳上夹持时,应将它放在铁砧或平板上錾削,錾子应垂直于工作台。为避免碰伤錾子的切削刃,应在板料下面垫上废旧的软铁材料,如图 1-45 所示。

(3)用密集排孔配合錾削

当需要在板料上錾削较复杂零件的毛坯时,一般先按所划出的轮廓线钻出密集的排孔,再用阔錾或狭錾逐步切成,如图 1-46 所示。

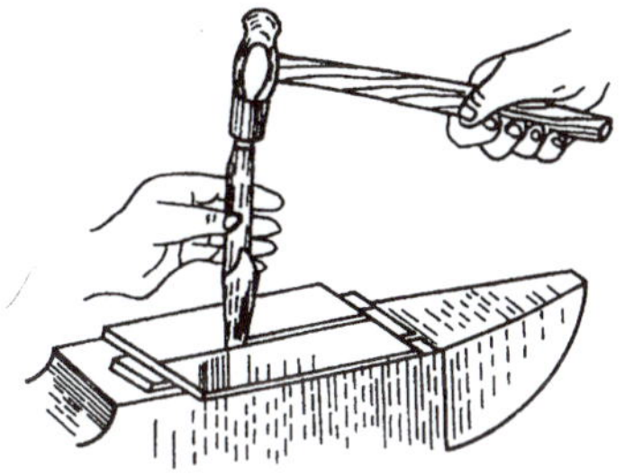

图 1-45　在铁砧上錾削

图 1-46　用密集排孔配合錾削

任务实施

1.准备工作

准备锤子、扁錾、平光眼镜、划针、木垫块、软钳口、钢直尺、高度尺、60°样板、砂轮机等。

錾削

2.操作步骤

(1)划出加工线。

(2)夹持工件,尺寸线高出钳口 10～15 mm,下面加木垫块。

(3)用斜角起錾,用腕挥锤,錾出三角小斜面。

(4)用肘挥逐步向中间錾削,每錾两三次后将錾子退回一些,做短暂停顿,并观察表面平整情况,每次錾去 0.5～1.0 mm。

(5)錾削到加工线,保证表面平整。

(6)最后用平锉锉平錾面及锤尖,保证图纸尺寸 100 mm 及 3.5 mm。

3.注意事项

(1)錾子头部如有明显的毛刺,则要及时磨去。

(2)接近尽头10~15 mm时,调头从另一端重新起錾,避免棱角被錾掉。

(3)錾子用钝后要及时刃磨,以保持楔角。

(4)戴防护镜且要有防护网。

(5)木柄上不能有油污,以免脱手。

(6)刃磨时不能正对砂轮,不可用棉纱裹住錾子。

任务五 钻 孔

学习目标

- 了解标准麻花钻的切削角度及刃磨方法。
- 掌握扩孔、锪孔和铰孔的方法。
- 正确使用及维护钻床。
- 能够正确分析孔加工中出现的问题及其产生的原因和解决方法。
- 实际操作,感受工件加工对精度的把握和要求。

任务引入

本任务为錾口锤的钻孔及尺寸测量。

任务分析

要完成錾口锤的钻孔,需要了解钻床的使用及钻孔的方法,掌握钻孔的注意事项。

相关知识

孔加工是利用钻床对工件进行钻孔、扩孔、锪孔和铰孔的操作。

一 钻孔工具

1.麻花钻的结构

常用的钻孔工具是麻花钻,如图1-47所示,它由三部分组成:

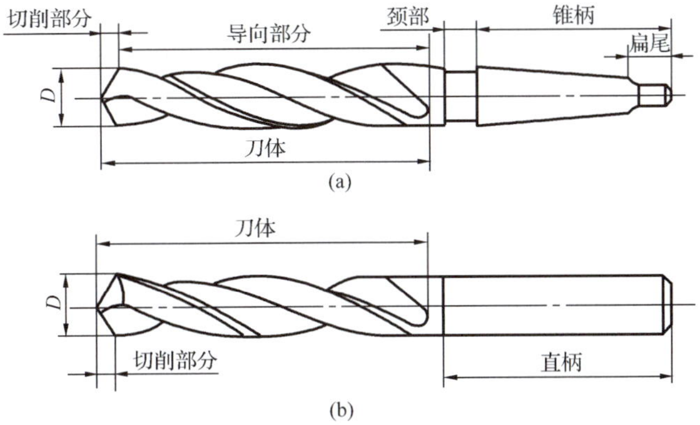

图 1-47　麻花钻的构造

(1)柄部

柄部是被机床或电钻夹持的部分,用来传递扭矩和轴向力。按形状不同,麻花钻柄部可分为直柄和锥柄两种。直柄所能传递的扭矩较小,用于直径在 13 mm 以下的钻头。当钻头直径大于 13 mm 时,一般都采用锥柄。

(2)颈部

颈部位于柄部和工作部分之间,主要作用是在磨削钻头时供砂轮退刀,另外还可刻印钻头的规格、商标和材料等,以供选择和识别。

(3)工作部分

工作部分又称刀体,是钻头的主要部分,具有切削和修光孔壁的作用,同时也是切削部分的备用段。工作部分又分为切削部分和导向部分。

2. 麻花钻的几何形状(图 1-48)

(1)螺旋槽

钻头的工作部分有两条螺旋槽,其作用是构成切削刃、排出切屑和通入切削液。

(2)螺旋角 β

螺旋角是螺旋槽上最外缘螺旋线的切线与轴线之间的夹角。标准麻花钻的螺旋角为 18°～30°。钻头的名义螺旋角是指外缘处的螺旋角。

(3)前刀面

前刀面指切削部分的螺旋槽面,切屑从此表面排出。

(4)主后刀面

主后刀面指钻顶的螺旋圆锥面,也就是与工件过渡表面相对的表面。

(5)主切削刃

主切削刃是前刀面与主后刀面的交线,担负着主要的切削工作。钻头有两个主切削刃。

(6)顶角 2φ

顶角是钻头两主切削刃之间的夹角。一般标准麻花钻的顶角为 118°。当顶角为 118° 时,两主切削刃为直线;当顶角大于 118° 时,两主切削刃为凹曲线;当顶角小于 118° 时,两主切削刃为凸曲线。顶角大,主切削刃短、定心差,钻出的孔径容易扩大。当顶角大时,前角也大,切削省力;当顶角小时,则反之。

(7)前角γ_o

主切削刃上任一点的前角是过该点的基面与前刀面之间的夹角。麻花钻前角的大小与螺旋角、顶角、钻心直径等因素有关,其中影响最大的是螺旋角。

(8)后角α_o

主切削刃上任一点的后角是过该点的切削平面与主后刀面之间的夹角。后角也是变化的,靠近外缘处最小,接近中心处最大,变化范围为8°~140°。

(9)横刃

横刃是两个主后刀面的交线,也就是两主切削刃的连接线。横刃太短会影响麻花钻的钻尖强度。

(10)横刃斜角Ψ

在垂直于钻头轴线的端面投影中,横刃与主切削刃之间所夹的锐角即横刃斜角。横刃斜角的大小与后角有关。后角大时,横刃斜角小,横刃变长;后角小时,情况则相反。横刃斜角一般为55°。

(11)棱边

棱边也称韧带,是麻花钻的导向部分,在切削过程中能保持钻削方向、修光孔壁以及作为切削部分的后备部分。为了减小切削过程中棱边与孔壁的摩擦,导向部分的外径经常磨有倒锥。

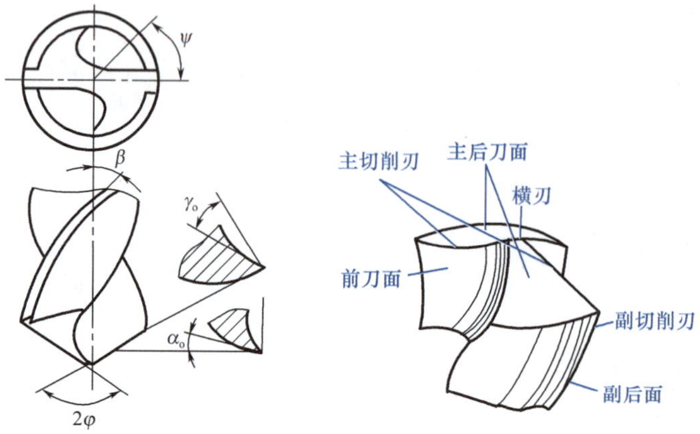

图1-48 麻花钻的几何形状

3.麻花钻刃磨的要求及对钻孔质量的影响

(1)麻花钻的刃磨要求

刃磨麻花钻时,一般只刃磨两个主后刀面,同时要保证顶角、横刃斜角和后角正确。麻花钻刃磨后必须达到如下要求:

①麻花钻的两条主切削刃应该对称,即两条主切削刃跟钻头轴线成相同的角度,并且长度相等。

②横刃斜角为55°。

(2)麻花钻刃磨对钻孔质量的影响(图1-49)

①麻花钻顶角不对称。当顶角不对称钻削时,只有一个切削刃切削,而另一切削刃不起作用,两边受力不平衡,会使钻出的孔扩大和倾斜。

②麻花钻顶角对称，但切削刃长度不等。当切削刃长度不等进行钻削时，钻头工作中心移动，使钻出的孔扩大。

③麻花钻顶角不对称且切削刃长度不等。当麻花钻的顶角不对称且两切削刃长度不等时，钻出的孔不仅孔径扩大，还会产生台阶。

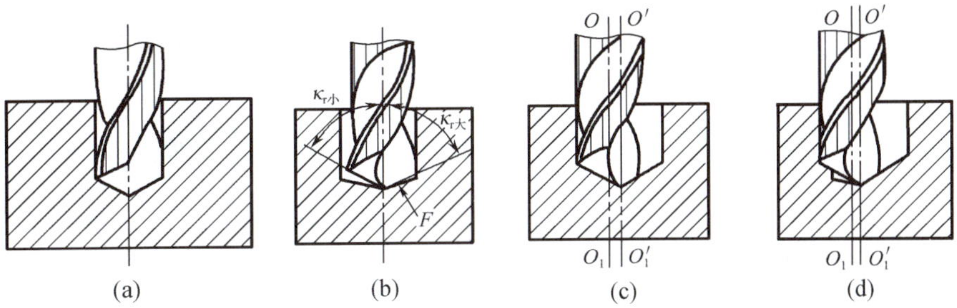

图1-49　麻花钻刃磨对钻孔质量的影响

4.麻花钻的缺点

(1)钻头主切削刃上各点的切削性能相差悬殊。

(2)横刃太长，切削条件较差。

(3)主切削刃全宽参与切削，排屑不顺利，切削液也不易注到切削刃上。

(4)棱刃上没有后角，摩擦最剧烈，产生热量多。

5.麻花钻的修磨

刃磨姿势：右手在前，左手在后，如图1-50所示。

刃磨位置：比砂轮中心稍高一点的水平位置，如图1-51所示。

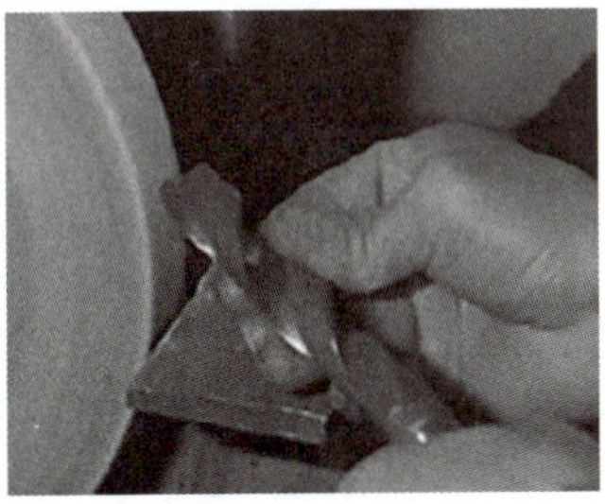

图1-50　刃磨姿势

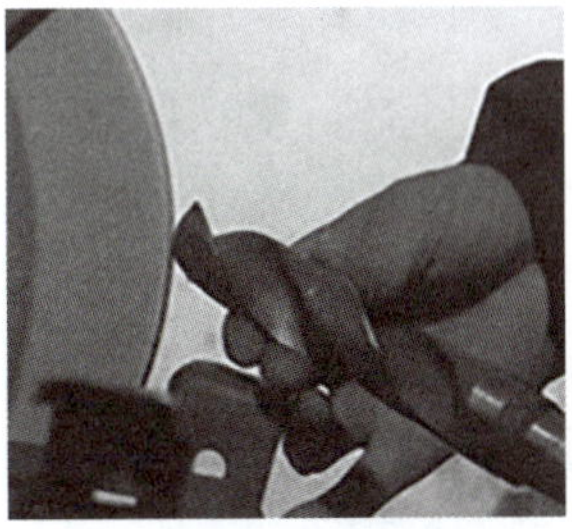

图1-51　刃磨位置

(1)修磨横刃

磨短横刃并增大靠近钻心处的前角，以减小钻削力。修磨横刃的部位如图1-52所示。修磨后横刃的长度b为原来的1/5～1/3，以减小轴向抗力和避免产生挤刮现象，提高钻头的定心作用和切削的稳定性。

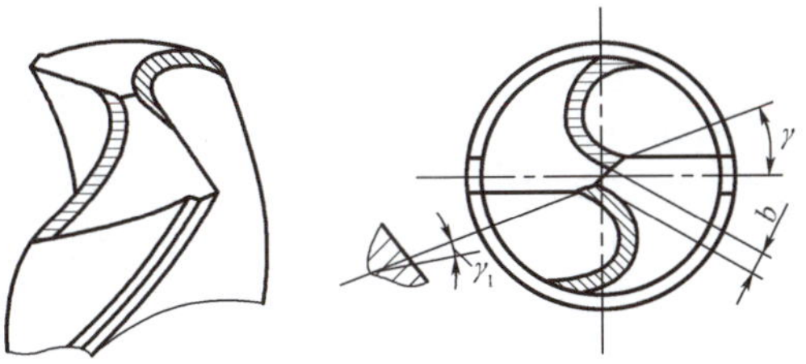

图1-52　修磨横刃的部位

修磨时钻头与砂轮的相对位置：钻头轴线在水平面内与砂轮侧面左倾约成15°夹角，在垂直平面内与刃磨点的砂轮半径方向约成55°下摆角，如图1-53所示。

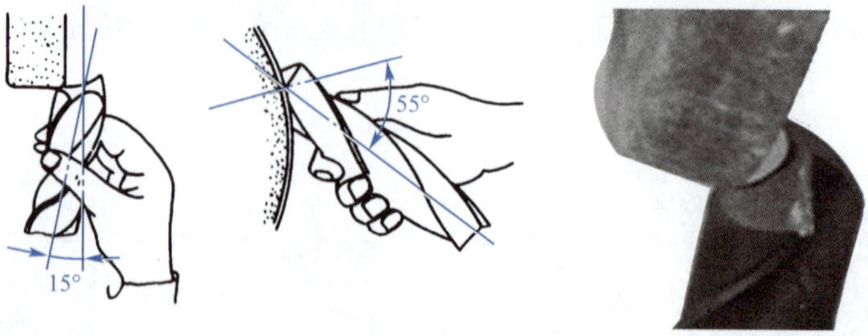

图1-53　修磨时钻头与砂轮的相对位置

修磨原则：工件材料较软时，横刃可修磨得短些；工件材料较硬时，横刃可少修磨些。

(2)修磨前刀面

修磨前刀面有修磨外缘处的前刀面（图1-54(a)）和修磨横刃处的前刀面（图1-54(b)）两种。修磨外缘处的前刀面是为了减小外缘处的前角，修磨横刃处的前刀面是为了增大横刃处的前角。

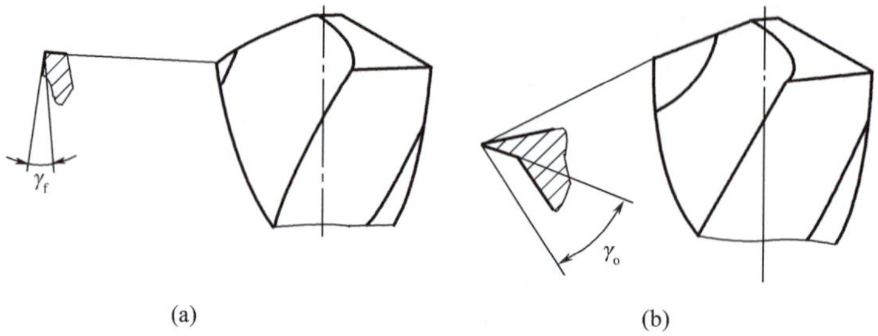

图1-54　修磨前刀面

修磨原则：工件材料较软时，可修磨横刃处的前刀面，以加大前角，减小切削力，使切削顺利；工件材料较硬时，可修磨外缘处的前刀面，以减小前角，增加钻头强度。用麻花钻扩孔时，为防止扎刀，应修磨外缘处的前刀面。

(3)修磨切削刃及断屑槽

①修磨过渡刃，如图1-55所示。

②修磨圆弧刃，如图1-56所示。

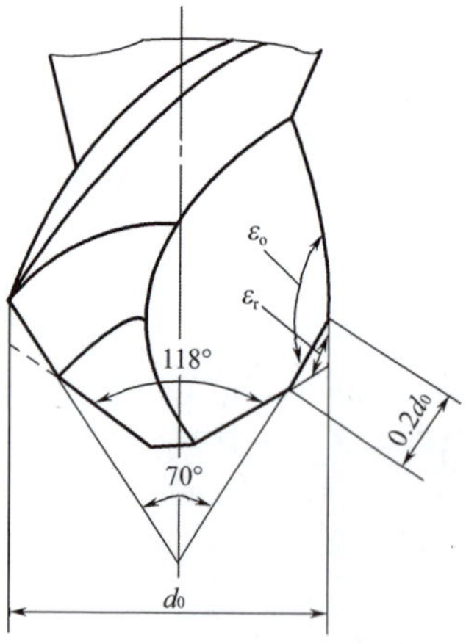

图1-55　修磨过渡刃

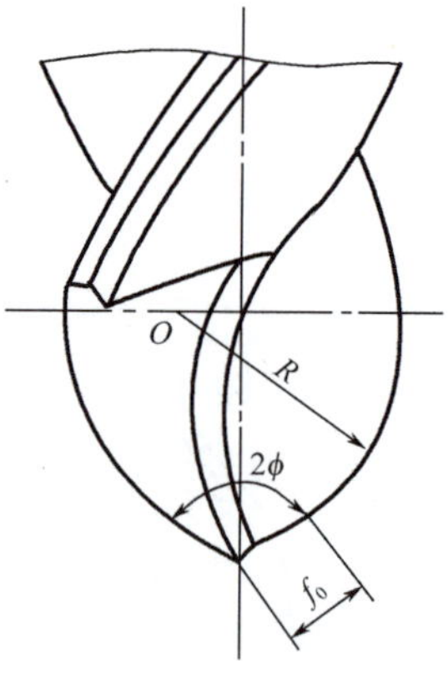

图1-56　修磨圆弧刃

③开分屑槽。当麻花钻直径较大时，可在钻头前刀面或主后刀面上开分屑槽。前刀面上的分屑槽（图1-57（a））在制造时已经做出，主后刀面上的分屑槽（图1-57（b））由工人在砂轮机上磨出来。

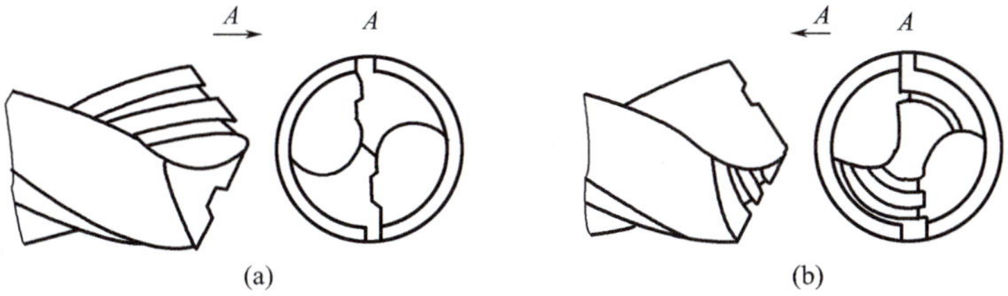

图1-57　分屑槽

④磨断屑槽。钻削塑性金属时，可以在邻近切削刃处磨出断屑槽来断屑，如图1-58所示。

⑤修磨棱边。标准麻花钻棱边上的副后角为0°，为减轻棱边与孔壁间的摩擦，对于钻头直径大于12 mm的钻头，可修磨出副后角α'_f=6°～8°、宽为0.1～0.2 mm的刃带，如图1-59所示。

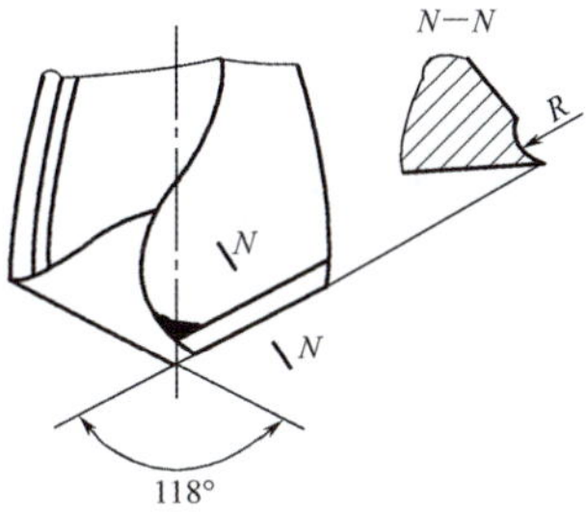

图1-58　磨断屑槽

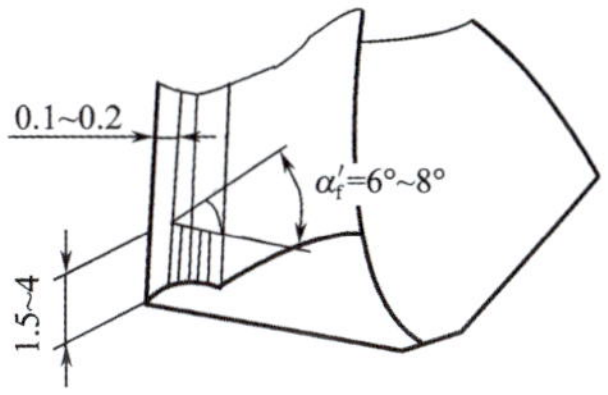

图1-59　修磨棱边

二　钻孔方法

1.工件的夹持

钻孔时应根据钻孔直径的大小以及工件的形状和大小，采用合适的夹持方法，以确保钻孔质量及安全生产。工件的夹持方法有图1-60所示的几种。

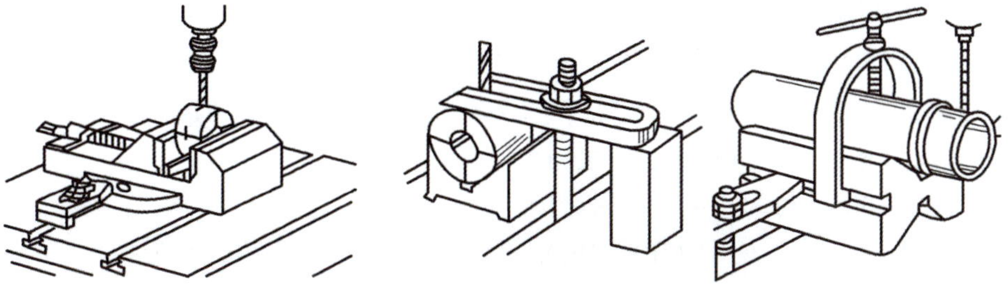

(a)用机用平口虎钳装夹　(b)用V形架装夹

图1-60　工件的夹持方法

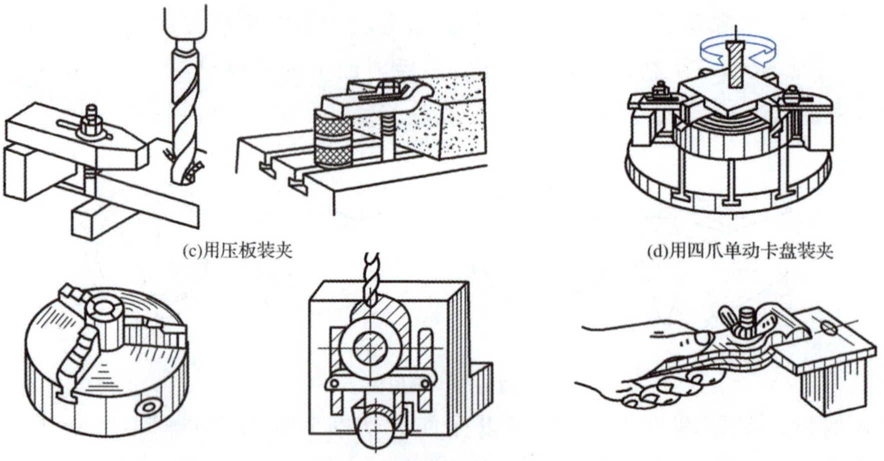

(c)用压板装夹　(d)用四爪单动卡盘装夹

(e)用三爪自定心卡盘装夹　(f)用角铁装夹　(g)用手虎钳装夹

续图 1-60　工件的夹持方法(续)

2.工件的钻孔

(1)在一般工件上钻孔

①试钻

起钻的位置是否准确,直接影响孔的加工质量。钻孔前,先把孔中心的样冲眼冲大一些,这样可使横刃在钻前落入样冲眼内,钻孔时钻头就不易偏离中心了。判断钻尖是否对准钻孔中心,先要在两个相互垂直的方向上观察。当观察到已对准后,先试钻一浅坑,看钻出的锥坑与所划的钻孔圆周线是否同心,如果同心,就可继续钻孔,否则应借正后再钻孔。

②借正

当发现试钻的锥坑与所划的钻孔圆周线不同心时,应及时借正。一般靠移动工件位置借正。当在摇臂钻床上钻孔时,要移动钻床主轴。如果偏离较多,也可用样冲或油槽錾在需要多钻去材料的部位錾几条槽,以减小此处的切削阻力而让钻头偏过来,达到借正的目的。

③限速限位

当通孔即将钻穿时,必须减小进给量,因为当钻尖刚钻穿工件材料时,轴向阻力突然减小,钻床进给机构的间隙和弹性变形的突然恢复将使钻头以很大的进给量自动切入,会造成钻头折断或钻孔质量下降等现象。如果钻不通孔,则可按孔的深度调整挡块,并通过测量实际尺寸来检查挡块的高度是否准确。

④钻削深孔要注意排屑

一般当钻进深度达到直径的3倍时,钻头就要退出排屑。且每钻进一定深度,钻头就要退刀排屑一次,以免钻头因切屑阻塞而扭断。

⑤直径超过30 mm的大孔可分两次钻削

先用直径为(0.5~0.7)D(D为孔径)的钻头钻孔,再用所需孔径的钻头扩孔。

(2)在圆柱形工件上钻孔

在轴类、套类工件上经常要钻出与工件轴线垂直并通过轴线的孔。当孔的中心与工件中心的对称度要求较高时,应选用V形架支承工件,并将工件的钻孔中心线校正到与钻床主轴的中心线在同一条铅垂线上。再在钻夹头上夹一个定心工具,并用百分表找正该定心工具,使之与主轴达到同轴度要求,然后调整V形架,使之与圆锥体结合,最后用压板将V形架固定。当对称度要求不太高时，可不用定心工具，而利用钻头的钻尖来找正V形架的位置，再用90°角尺借正工件端面的中心线，并使钻尖对准钻孔中心，进行试钻和正式钻孔。

(3)在斜面上钻孔

若直接用钻头在斜面上钻孔，则由于钻头在单向径向力的作用下，切削刃受力不均匀而产生偏切现象，致使钻孔偏歪、滑移，不易钻进，即使勉强钻进，钻出的孔的圆度和轴线的位置度也难以保证，甚至可能折断钻头。因此，在斜面上钻孔时，应先用立铣刀在斜面上铣出一个水平面，然后再钻孔，或用錾子在斜面上錾出一个小平面，接着用中心钻钻出一个锥坑，再用所需的钻头进行钻孔。

3.钻孔时的安全、文明生产

(1)钻孔前要清理工作台，要使用的刀具、量具和其他物品不应放在工作台面上。

(2)钻孔前要夹紧工件，钻通孔时要垫垫块或使钻头对准工作台的沟槽，以防止钻头损坏工作台。

(3)通孔快被钻穿时要减小进给量，以防发生事故。

(4)松紧钻夹头应在停车后进行，且要用钥匙来松紧而不能敲击。当钻头要从钻头套中退出时，要用斜铁敲出，并用手接住，以防止损坏钻头。

(5)钻床需变速时，应停车后再变速。

(6)钻孔时应戴安全帽，不可戴手套，以免被高速旋转的钻头或切屑卷入而造成伤害。

(7)切屑的清除应用刷子而不可用嘴吹，以防止切屑飞入眼中。

三、扩孔、锪孔、铰孔

1.扩孔

用扩孔钻或麻花钻等扩孔工具扩大工件孔径的方法称为扩孔，如图1-61所示。扩孔钻具有导向性较好、可以增大进给量和改善加工质量等特点。当孔径较大时，可用两把麻花钻分两次加工孔，即第一次用直径为(0.5～0.7)D的钻头钻孔，第二次用直径为D的钻头扩孔。若用扩孔钻扩孔，则扩孔前的钻孔直径约为0.9D。

2.锪孔

用锪孔钻在工件孔口表面加工出一定形状的孔称为锪孔，如图1-62所示。锪孔的类型主要有圆柱形沉孔、圆锥形沉孔以及锪孔口的凸台面。其作用是为了保证孔与连接件具有正确的相对位置，使连接更可靠。锪孔钻的类型有柱形锪孔钻、锥形锪孔钻、端面锪孔钻三种，如图1-62所示。

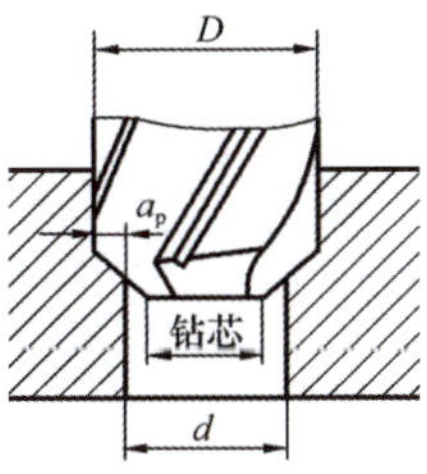

图1-61　扩孔

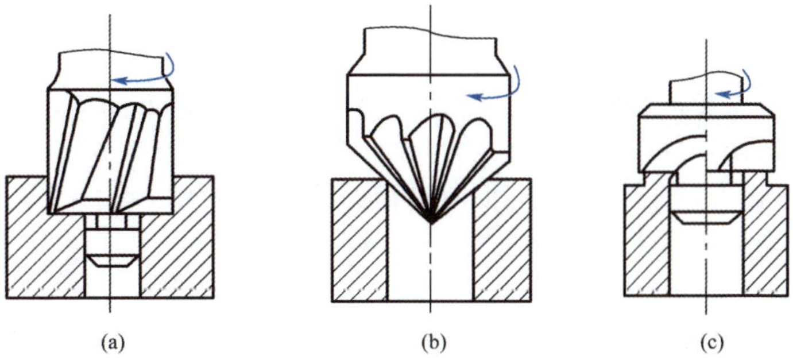

图1-62　锪孔

3.铰孔

用铰刀从工件的孔壁上切除微量金属层，以得到精度较高的孔的方法称为铰孔，如图1-63所示。铰孔后可获得精度为IT7～IT9的孔，表面粗糙度可达 Ra 0.8～Ra 25 μm。铰刀有机用和手用两种，如图1-64所示。

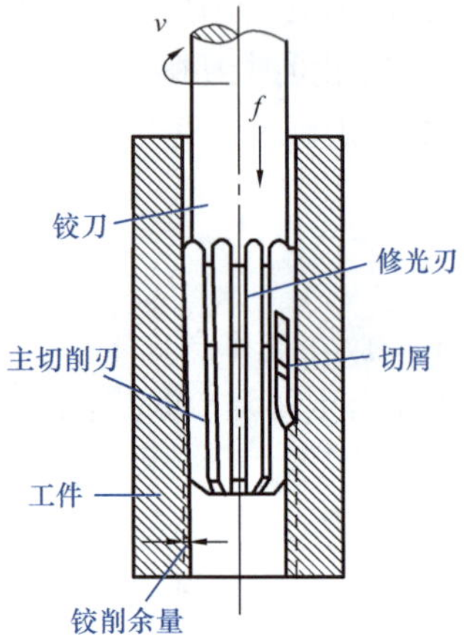

图1-63　铰孔

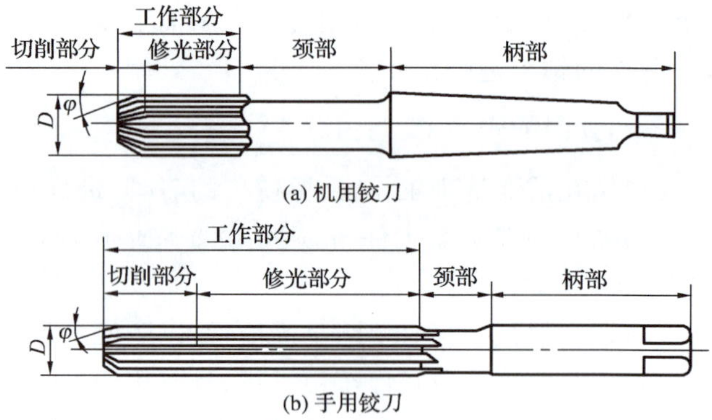

图1-64　铰刀

任务实施

1.准备工作

准备小锤子、钻头、钻床、平光眼镜、高度尺、样冲、游标卡尺、毛刷、切削液、角度尺或120°和145°角度样板等。

钻孔

2.操作步骤

(1)刃磨钻头。主切削刃处边缘的后角为8°～12°，将顶角 2φ 磨成118°±2°，顶角以钻头轴线为中心对称，两主切削刃长度要一致。

(2)划出孔的十字中心线，打样冲眼并划孔的检查线。

(3)装夹工件。

(4)装夹钻头(直柄)。錾口锤的钻孔尺寸如图1-2所示，图中螺纹孔为M10，所以钻头直径取8.5 mm(在本项目任务六中会讲述钻头直径的计算方法)。

(5)选择合适的转速开始钻孔，适当加切削液。

(6)用麻花钻修磨改装，倒角 C1.5 mm，钻孔即完毕。

3.注意事项

(1)接通开关后待砂轮转动正常，方可进行刃磨。

(2)钻头刃磨姿势正确，并达到要求的几何形状和角度。

(3)用钻夹头装夹钻头时要用配套的钻夹头钥匙，不可用扁铁和锤子敲击，以免损坏钻夹头和影响钻床主轴精度，同时必须做好装夹面的清洁工作。

(4)钻孔时手动进给力要适当，即将钻穿时进给力应适当减小，不可用力过猛，以免影响钻削质量或折断钻头。

(5)钻头用钝后应及时修磨锋利。

(6)注意操作安全。

任务六　攻螺纹

学习目标

- 了解攻螺纹前底孔直径的确定方法。
- 掌握攻螺纹的方法。
- 掌握丝锥折断和攻、套螺纹中常见问题的产生原因和预防措施。
- 理解从认识到实践的过程和重要性。

任务引入

本任务为对錾口锤攻螺纹。

任务分析

要完成錾口锤的攻螺纹，需要了解丝锥的使用及攻螺纹的方法，掌握攻螺纹的注意事项。

相关知识

用丝锥在孔中切削内螺纹的方法称为攻螺纹，用板牙在圆杆或管子上切削外螺纹的方法称为套螺纹。

一　攻螺纹

1.攻螺纹的工具

(1)丝锥

丝锥是一种加工内螺纹的刀具，因其制造简单、使用方便而被广泛应用。丝锥的种类较多，按使用方法不同，可分为手用丝锥和机用丝锥两大类。手用丝锥常用于单件小批量生产及各种修配工作中，机用丝锥是装夹在机床上使用的一种丝锥。常用丝锥如图1-65所示。

图1-65　常用丝锥

丝锥由工作部分和柄部组成。工作部分包括切削部分和校准部分，如图1-66所示。切削部分磨出锥角，以使切削负荷分布在几个刀齿上，这不仅可使工作省力，还不易产生崩齿或折断，而且攻螺纹时引导作用较好，也保证了螺孔的表面粗糙度。校准部分具有完整的齿形，用来校准已切出的螺纹，并引导丝锥沿轴向前进。柄部有方榫，被夹持在铰杠或攻丝机上，用来传递切削扭矩。攻螺纹操作过程中，为了使切屑顺利排出，在丝锥轴上一般还均布三四条容屑槽，有些较大的手用和机用丝锥及管螺纹丝锥有六条容屑槽。为了合理地分配攻螺纹的切削负荷，提高丝锥的耐用度和螺纹质量，攻螺纹时整个切削负荷由几支丝锥来承担。

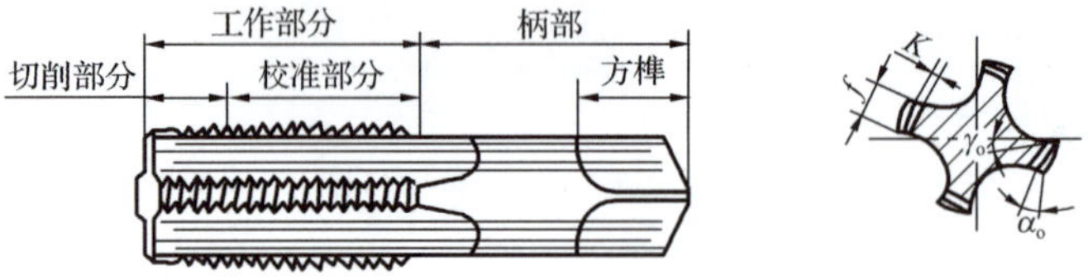

图1-66　丝锥的构造

(2)成套丝锥的切削用量分配

为减小切削力和延长丝锥使用寿命，提高耐用度和加工精度，通常在攻螺纹时将整个切削工作量分配给几支丝锥来分别承担切除工作，并按照切削顺序分别称为头攻、二攻和三攻。通常手用丝锥中，M6～M24的丝锥为两支一套；小于M6和大于M24的丝锥为三支一套，分别称为头锥、二锥、三锥。这是因为M6以下的丝锥强度低、易折断，分配给三个丝锥切削可使每支丝锥担负的切削余量小，所以产生的扭矩小，从而保护丝锥不易折断。而M24以上的丝锥要切除的余量大，分配给三支丝锥后可有效减小每支丝锥的切削阻力，以减轻操作者的体力劳动。

(3)铰杠

铰杠是手工攻螺纹用的一种辅助工具。铰杠分普通铰杠和丁字形铰杠两种，如图1-67和图1-68所示。当攻制带有台阶的工件侧边的螺纹孔或机体内部的螺纹时，采用丁字形铰杠。

图1-67　普通铰杠

图1-68　丁字形铰杠

2.攻螺纹的方法

(1)攻螺纹前螺纹底孔直径的确定

攻螺纹时，丝锥的切削刃除起切削作用外，还对工件材料产生挤压作用。被挤压出来的材料凸出为工件螺纹牙型的顶端，嵌在丝锥刀齿根部的空隙中。此时，如果丝锥刀齿根部与螺纹牙型顶端之间没有足够的空隙，丝锥就会被挤压出来的材料卡住，造成崩刃、折断和工件螺纹烂牙。因此，攻螺纹时螺纹底孔直径必须大于标准规定的螺纹内径。

螺纹底孔直径的大小应根据工件材料的塑性和钻孔时的扩张量来考虑，使攻螺纹时既有足够的空隙来容纳被挤出的材料，又能保证加工出来的螺纹具有完整的牙型。

①加工钢和塑性较好的(韧性)材料，扩张量中等条件下的螺纹底孔用钻头直径d_0为

$$d_0=D-P$$

式中　D——螺纹公称直径，mm；

　　P—螺距，mm。

②加工铸铁和塑性较差的(脆性)材料，扩张量较小条件下的螺纹底孔用钻头直径d_0为

$$d_0=D-(1.05\sim1.1)P$$

攻不通孔螺纹时，由于丝锥切削部分不能攻出完整的螺纹，因此钻孔深度至少要大于所需的螺孔深度，一般取钻孔深度=所需螺孔深度$+0.7d$。

(2)手工攻螺纹的要点

①攻螺纹前螺纹底孔口要倒角，通孔螺纹两端孔口都要倒角，这样可使丝锥容易切入，并可防止攻螺纹后孔口的螺纹崩裂。

②攻螺纹前工件的装夹位置要正确，应尽量将螺孔中心线置于水平或垂直位置，其目的是攻螺纹时便于判断丝锥是否垂直于工件平面。

③开始攻螺纹时，如图1-69所示，应把头锥放正，用右手掌按住铰杠中部，沿丝锥中心线用力加压，此时左手配合做顺向旋进。或两手握住铰杠两端平衡加压，并将丝锥顺向旋进，保持丝锥中心线与孔中心线重合，不能歪斜。当丝锥的切削部分切入工件1～2圈时，目测或用角尺检查和校正丝锥的位置，如图1-70所示。当丝锥的切削部分全部切入工件时，应停止对丝锥施加压力，只需平稳地转动铰杠，靠丝锥上的螺纹自然旋进。

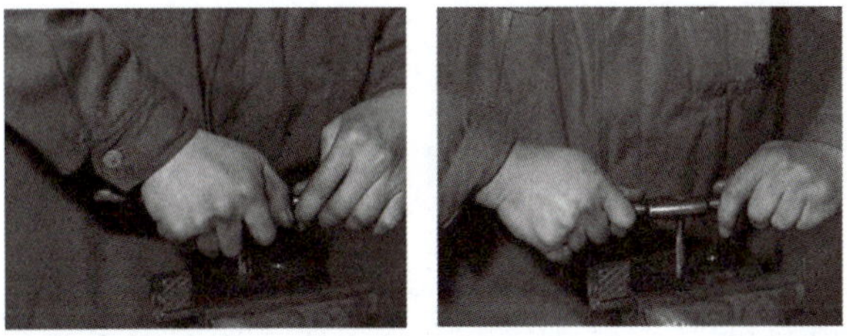

(a)　　(b)

图1-69　起攻方法

图1-70　检查攻螺纹的垂直度

④为了避免切屑过长而咬住丝锥，攻螺纹时应经常将丝锥反方向转动1/2圈左右，使切屑碎断后容易排出。

⑤攻不通孔螺纹时要经常退出丝锥，排出孔中的切屑。当将要攻到孔底时，更应及时排出孔底的积屑，以免攻到孔底时丝锥被轧住。攻通孔螺纹时，丝锥校准部分不应全部攻出

头,否则会扩大或损坏孔口最后几牙螺纹。

⑥丝锥退出时,应先用铰杠带动螺纹平稳地反向转动,当能用手直接旋动丝锥时,应停止使用铰杠,以防铰杠带动丝锥退出时产生摇摆和振动,破坏螺纹表面粗糙度。

⑦在攻螺纹的过程中,换用另一支丝锥时,应先将其用手握住并旋入已攻出的螺孔中,直到用手旋不动时,再用铰杠攻螺纹。

⑧攻材料硬度较高的螺孔时,应采用头锥、二锥交替切削,这样可减轻头锥切削部分的负荷,防止丝锥折断。

⑨攻塑性材料的螺孔时要加切削液,以减小切削阻力并提高螺纹的表面质量,延长丝锥的使用寿命。一般用机油或浓度较高的乳化液,要求高的螺孔也可用菜籽油或二硫化钼等。

二 套螺纹

1.套螺纹的工具

(1)圆板牙

圆板牙是加工外螺纹的工具,如图1-71所示,在它上面钻有几个排屑孔并形成切削刃,其两端的锥角2φ部分是切削部分。M3.5以上的圆板牙,其外圆上有四个紧定螺钉坑和一条V形槽。图中两条轴线通过圆板牙直径线的螺钉坑,用来将圆板牙固定在铰杠中以传递扭矩。圆板牙切削部分的一端磨损后可换另一端使用。当校准部分因磨损而使螺纹尺寸变大,以致超出公差范围时,可用锯片砂轮沿圆板牙V形槽切割出一条通槽,可通过板牙架的紧定螺钉使圆板牙孔径缩小。

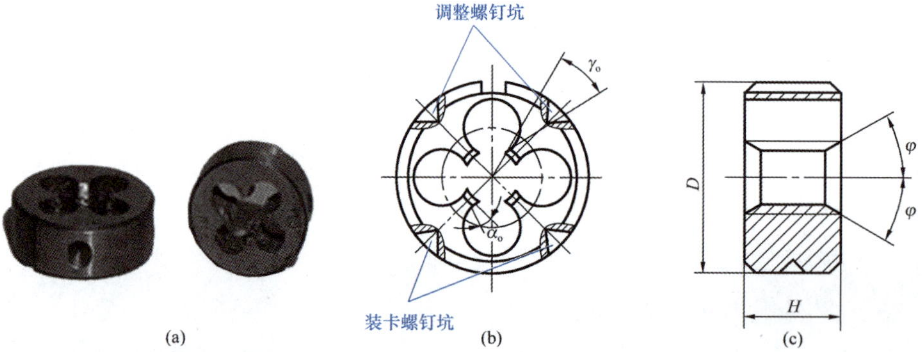

图1-71 圆板牙

(2)板牙架

板牙架是手工套螺纹时的辅助工具,如图1-72所示。板牙架的外圆旋有四个紧定螺钉和一个调整螺钉,使用时,紧定螺钉将圆板牙紧固在铰杠中,并传递套螺纹时的扭矩。当使用的圆板牙带有V形槽时,通过调节上面的两个紧定螺钉和调整螺钉,可使圆板牙螺纹直径在一定范围内变动。

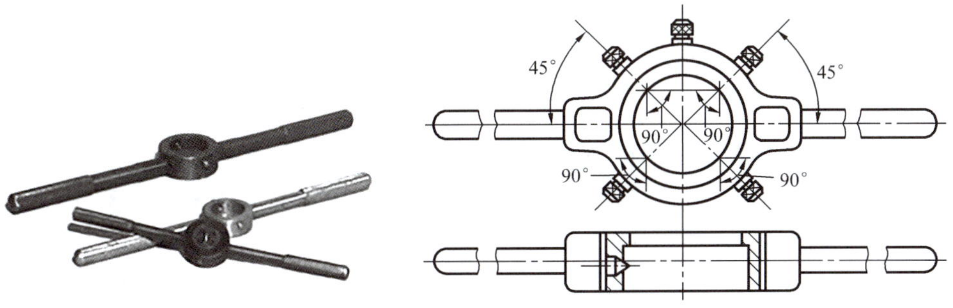

(a)　　(b)

图 1-72　板牙架

2. 套螺纹的方法

(1)套螺纹前圆杆直径的确定

与攻螺纹一样,用圆板牙在圆杆上套螺纹时,螺孔牙尖也要被挤高一些,所以圆杆直径应比螺纹大径小一些。其尺寸可通过查表确定,或用下列经验公式经计算确定:

$$d_0 = d - 0.13P$$

式中,d为螺纹公称直径,mm。

(2)套螺纹的要点

①为使圆板牙容易对准工件和切入工件,圆杆端部要倒成圆锥斜角为15°~20°的锥体。锥体的最小直径可以略小于螺纹小径,避免切出的螺纹端部出现锋口和卷边而影响螺母的拧入。

②为了防止圆杆夹持出现偏斜或夹出痕迹,圆杆应装在用硬木制成的V形钳口或用软金属制成的衬垫中,如图1-73所示。加衬垫时,圆杆套螺纹的部分离钳口要尽量近一些。

③套螺纹时应保持牙端面与圆杆轴线垂直,否则套出的螺纹两面会有深浅甚至烂牙。

④在开始套螺纹时,可用手掌按住圆板牙中心,适当施加压力并转动铰杠。如图1-74所示,当圆板牙切入圆杆1~2圈时,应目测检查和校正圆板牙的位置。当圆板牙切入圆杆3~4圈时,应停止施加压力,而仅平稳地转动铰杠,靠圆板牙螺纹自然旋进。

图 1-73　夹紧圆杆的方法

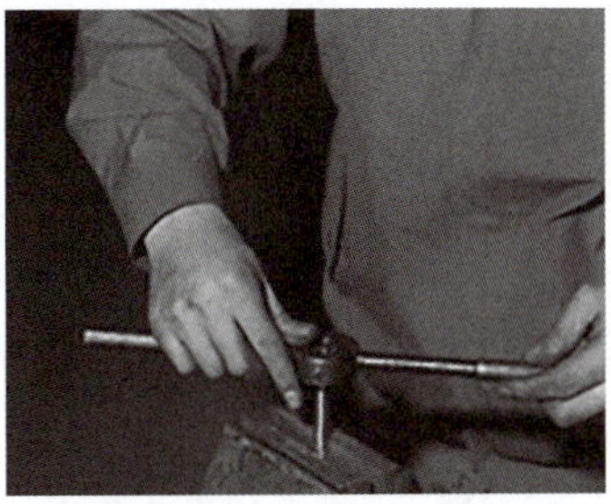

图 1-74　套螺纹的方法

⑤为了避免切屑过长,套螺纹的过程中应经常使圆板牙倒转断屑。

任务实施

1. 准备工作

准备已钻好孔的錾口锤、M10丝锥、铰杠、直角尺、切削液等。

攻螺纹

2.操作步骤

(1)錾口锤与钳口平齐装夹。

(2)选择铰杠。

(3)使用头锥,右手垂直于丝锥中心线施力,左手配合做顺向旋进。当丝锥攻入1～2圈后,要及时从前后、左右两个方向用直角尺进行检查,保证普通螺纹丝锥和螺纹基面垂直,攻丝过程中适当加切削液。

(4)丝锥攻入3～4圈后便可确定其方向,此时不再施加轴向压力,只需两手握住铰杠两端均匀施力,将丝锥顺向旋进。在旋进过程中,要努力使丝锥中心线与孔中心线重合。丝锥切削部分全部进入工件后,要经常反转1/4周,以便断屑、排屑。

(5)攻螺纹完成后,反向旋出丝锥。

(6)使用二锥攻螺纹,用手将二锥旋入孔中,再用铰杠进行攻削。

3.注意事项

(1)起攻、起套时,要从两个方向对垂直度进行及时矫正,以保证攻、套螺纹的质量。

(2)套螺纹时要控制两手用力均匀并掌握用力限度,防止孔口烂牙。

(3)攻螺纹后螺纹口要倒角去毛刺,以免影响测量精度。

(4)攻、套螺纹时要倒转断屑和清屑,防止丝锥折断。

(5)加切削液提高表面质量,钢铁用乳化液或机油,铸铁用煤油或不用。

任务七　装　配

学习目标

- 了解各种机构装配的要求和要点。
- 掌握各种机构装配的基本技术。
- 掌握产品装配的工作流程和精度检验方法。
- 培养精益、专注、创新的工匠精神。

任务引入

本任务为錾口锤及锤柄(在项目二中制作)的装配。

任务分析

要完成錾口锤及锤柄的装配,需要了解装配的工艺,掌握装配的注意事项。

相关知识

在生产过程中，按照一定的精度标准和技术要求，将若干个零件组合成部件或将若干个零部件组合成产品的过程称为装配。装配工作是产品生产过程中的最后一道工序，产品质量的好坏除了取决于零件的加工质量外，还取决于装配质量。

一　装配基础知识

1.装配组织形式

装配组织形式因生产纲领及产品复杂程度和技术要求的不同而不同，下面仅从生产纲领方面来说明装配组织形式。

(1)单件生产时的装配组织形式

单件生产时，产品几乎不重复，装配工作多在一定的地点，由一个或一组工人完成。这种装配组织形式对工人的技术要求高，装配周期长，生产率低。

(2)成批生产时的装配组织形式

成批生产时，装配工作通常分为部件装配和总装配。每个部件由一个或一组工人完成装配，然后进行总装配。这种装配工作常采用移动方式进行流水线作业，因此装配效率较高。

(3)大量生产时的装配组织形式

在大量生产中，把产品的装配过程划分为部件、组件的装配。每道工序只由一个工人或一组工人来完成，只有当所有工人都按顺序完成了他们所负责的装配工序后，才能装配出产品。这种装配组织形式的装配质量好，效率高，生产周期短。

2.装配工艺过程

产品的装配工艺过程一般由四部分组成，包括装配前的准备工作、装配工作、调整试验及喷漆、涂油等。

3.装配工艺规程

装配工艺规程主要包括其作用、编制、内容和步骤等。

二　固定连接的装配工艺

1.螺纹连接的装配工艺

螺纹连接是一种可拆的固定连接，它具有结构简单、连接可靠、装拆方便及成本低等优点，因而在机械中得到了普遍应用。下面介绍螺纹连接的预紧和防松。

(1)螺纹连接的预紧

为了达到连接紧固、可靠的目的，连接时必须施加拧紧力矩，使螺纹副产生预紧力，从而使螺纹副具有一定的摩擦力矩。

(2)螺纹连接的防松

连接用的螺纹一般都有自锁能力，但在冲击、振动或变载荷作用下以及温度变化较大的场合很容易发生松脱，为了确保连接可靠，必须采取有效的防松措施。螺纹的防松装置按其工作原理可分为附加摩擦力防松和机械法防松两大类。附加摩擦力防松装置如图1-75所示，机械法防松装置如图1-76所示。

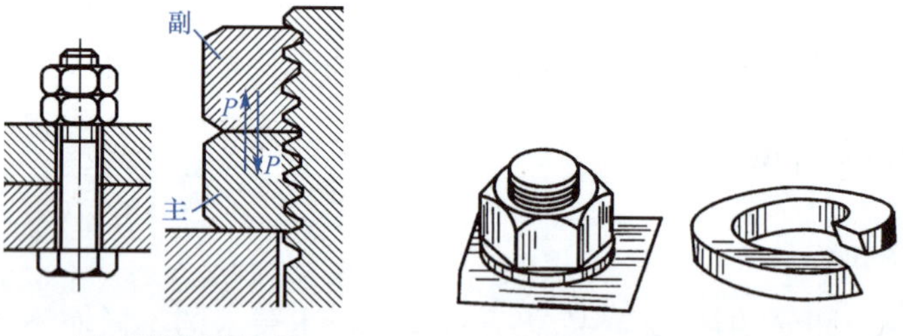

(a) 用锁紧螺母防松　　(b) 用弹簧垫圈防松

图1-75　附加摩擦力防松装置

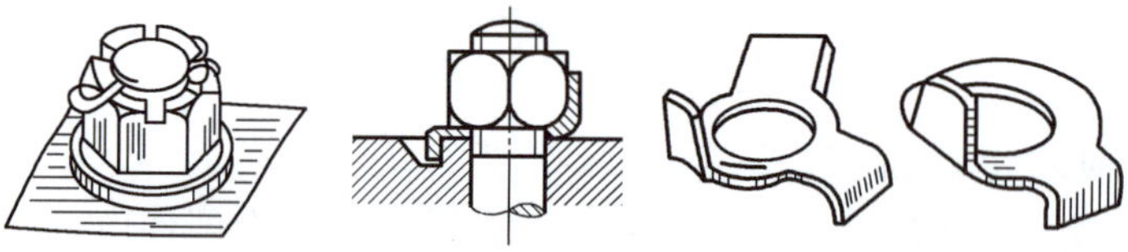

图1-76　机械法防松装置

2.键连接的装配工艺

键是用来连接轴和轴上零件，使它们在周向固定以传递扭矩的一种机械零件。根据键的结构特点和用途，可将键连接分为松键连接、紧键连接和花键连接三大类。

(1)松键连接的装配

松键连接时，键是靠其侧面来传递扭矩的，对轴上零件做周向固定，不能承受轴向力。松键连接所采用的键有普通型平键、导向型平键和普通型半圆键三种。

(2)紧键连接的装配

紧键连接常用楔键连接，即键的上表面和与它相接触的轮槽底面均有1∶100的斜度，键的侧面与键槽间有一定的间隙，如图1-77所示。装配时，将键打入而构成紧键连接。紧键连接能传递扭矩并能承受单向轴向力。

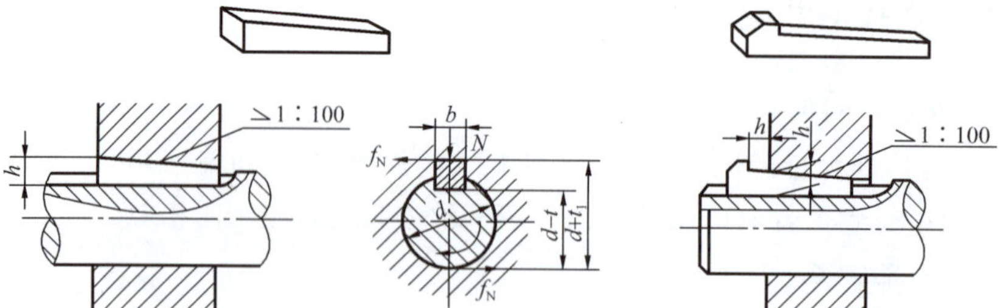

(a)普通楔键连接　　(b)钩头楔键连接

图1-77　楔键连接

(3)花键连接的装配

花键连接有静连接和动连接两种方式。花键按齿廓形状可分为矩形花键、渐开线花键和三角形花键三种，其中以矩形花键用得最多，其结构形状如图1-78所示。

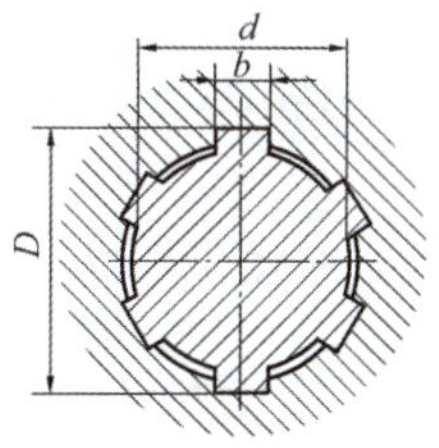

图1-78　矩形花键的结构形状

3.销连接的装配工艺

销连接可起到定位、连接和保障作用，如图1-79所示。

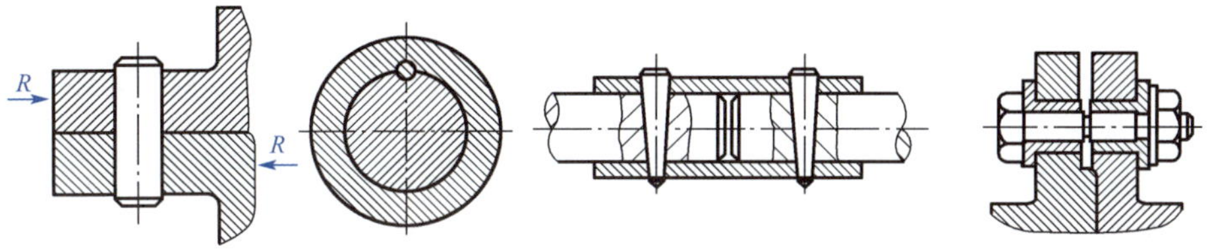

(a)起定位作用　(b)起连接作用　(c)起保障作用

图1-79　销连接

(1)圆柱销的装配

圆柱销可用来固定零件、传递动力或作为定位元件。圆柱销与销孔属于过盈配合，不宜多次装拆。用圆柱销定位时，为了保证连接质量，通常两孔同时钻、铰，并使孔壁表面粗糙度在Ra 1.6 μm以下。装配时，在销上涂机油，用铜棒垫在销子端面上，将销打入孔中。

(2)圆锥销的装配

圆锥销具有1:50的锥度，定位准确，可多次装拆。装配时，被连接的两孔也应同时铰出，但必须控制孔径，孔径的大小以销能自由插入孔中80%的长度为宜，然后用锤敲入。

4.过盈连接的装配工艺

(1)过盈连接的概念

过盈连接依靠包容件(孔)和被包容件(轴)配合后的过盈来达到紧固连接的目的。装配后，由于材料的弹性变形，在包容件和被包容件的配合面间会产生压力，依靠此压力产生的摩擦力来传递扭矩和轴向力。

(2)过盈连接的装配方法

过盈连接的常用装配方法有压入法、热胀法、冷缩法等。压入法及其设备如图1-80所示。

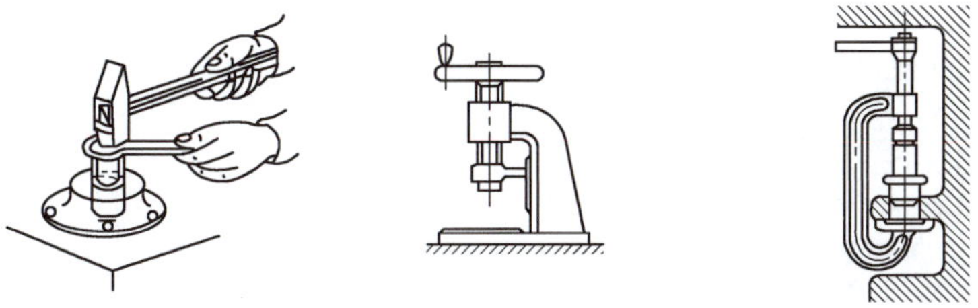

(a)手锤敲击压入　(b)螺旋压力机压入　(c)专用螺旋的C形夹头压入

图1-80　压入法及其设备

任务实施

1.准备工作

准备已加工的錾口锤及锤柄、开口扳手、润滑油。

2.操作步骤

(1)在台虎钳上夹持锤柄。

(2)加润滑油,安装。

装配完成后的錾口锤如图1-81所示。

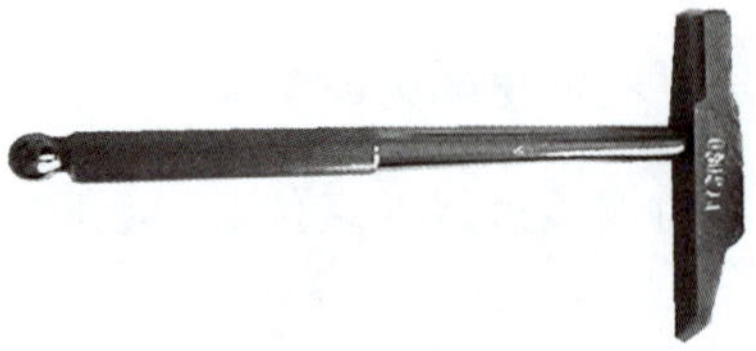

图1-81　錾口锤

3.注意事项

(1)在锤柄上锉两个平行面,便于拆装锤柄。

(2)装配前应检查螺纹有无滑丝、掉牙。

(3)旋紧螺纹时,旋转力量要适当,以免拧坏螺纹。

项目评价

本项目的评分标准见表1-1。

表1-1　制作錾口锤的评分标准

班级:		姓名:		学号:	
项目一:制作錾口锤				零件图:图1-2	
序号	检测内容	配分	评分标准	实测结果	得分
1	20±0.2 mm(两组)	20	一处超差扣10分		
2	100±0.5 mm	10	超差不得分		
3	65±0.3 mm	10	超差不得分		
4	M10	10	不符合要求不得分		
5	倒圆角 $R10$ mm、$R2.5$ mm(四处)	10	按正确、美观程度给分		
6	倒角 $4\times C2$ mm	10	按正确、美观程度给分		
7	表面粗糙度 Ra 6.3 μm	10	升高一级扣1分		
8	装配后使用情况	10	达不到使用功能酌情扣分		
9	安全、文明生产	10	每违反一项扣2分		
综合得分		100			

拓展资料

鬼斧神工

“鬼斧神工”出自《庄子·达生》,鲁国有个技艺非常高超的木匠,名叫庆,人称梓庆。他能制作各种精巧的木器,人们看了都很钦佩。有一次,他用木头削雕成一个鐻。它外形美观,花纹精细,见到它的人一致夸它好,并且非常惊奇,不相信这是人工做出来的,而像是出于鬼神之手。

鲁国的国君看到这个用木头制作的鐻后,也连声叫绝,特地问梓庆:“你是用法术制作它的吧?”

梓庆笑笑说:“我是一个凡人,哪里有什么法术?”

国君又问道:“那你是怎样制作它的?”

梓庆说:“我在设计这只鐻的时候,聚精会神,没有杂念。此时,连自己四肢的形态都忘了。然后再到山林去仔细观察,找到完全合用的木材。加工制作时,心里只想着鐻,把所有的心血都凝聚在它上面,避免主观成见。经过这样的专心致志和精雕细刻,就能制作出好的鐻了。”

项目二 车削手柄

项目导读

车削利用工件的旋转运动和刀具的进给运动来改变毛坯的形状和尺寸，将其加工成符合图纸要求的零件。车削是最基本、最常见的切削加工方法之一，在生产中占有十分重要的地位。车削的加工范围很广，常用于加工回转表面，其基本的工作内容有车内外圆柱面、车内外圆锥面、车端面、切槽、钻中心孔、钻孔、镗孔、铰孔、车螺纹、车成形面、滚花等。

在各类金属切削机床中，车床是应用最广泛的一类，约占机床总数的50%。按工艺特点、布局形式和结构特性等的不同，车床可分为卧式车床、落地车床、立式车床、转塔车床、仿形车床等，其中CA6140卧式车床是最常用的车床。

通过本项目錾口锤锤柄的加工，掌握车工的基本操作技能，能熟练地使用、调整车工的主要设备，能正确使用工、夹、量、刀具并掌握安全生产知识和养成文明生产的习惯，培养耐心细致、脚踏实地的工匠精神，磨练认真严格、沉心静气的做事品格。

项目任务

该手柄为项目一中制作的錾口锤的锤柄，其加工要求如图2-1所示。

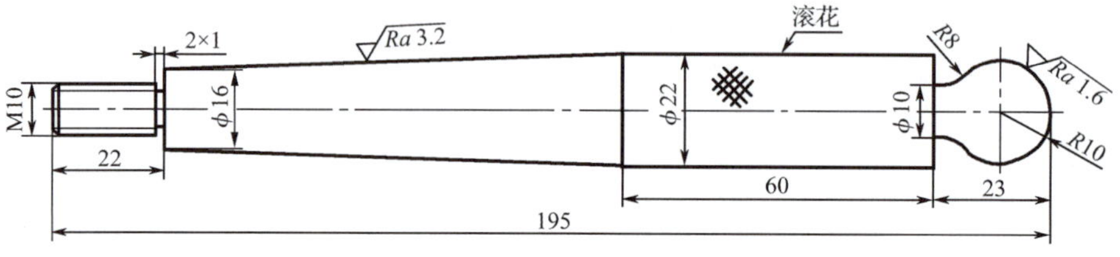

图2-1　手柄零件图

工艺分析

该零件包括外圆柱面、外圆锥面、外螺纹、切槽、$R10$ mm球面和滚花等，其毛坯为$\phi30$ mm×200 mm的圆钢(图2-2)，需采用两次装夹完成粗、精加工。

图2-2　手柄毛坯

任务一 车外圆面与端面

学习目标

- 能在车床上正确安装工件和车刀。
- 能正确选择车外圆面与端面时的切削用量。
- 掌握车外圆面与端面的方法。
- 熟悉并能正确地使用测量工具。
- 在实际操作中培养严谨专注、注重细节的工匠精神。

任务引入

完成图2-3所示零件外圆面与端面的加工。

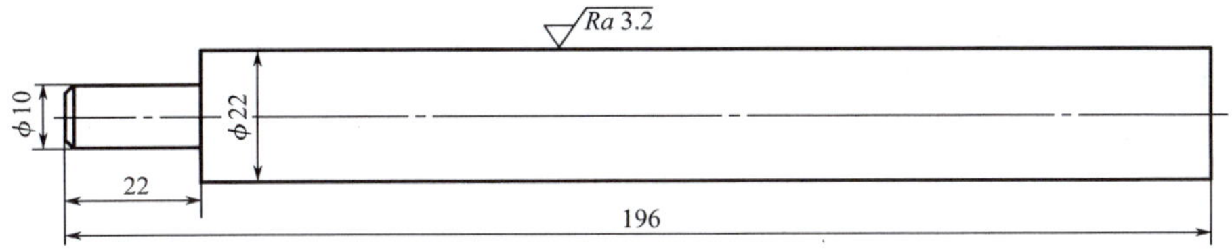

图2-3 零件图(车外圆面与端面)

任务分析

完成图2-3所示零件的车削加工,操作步骤:准备工件和车削工具→装夹工件→车外圆面与端面→精度检测。

相关知识

一 车削的基本知识

1.车削运动

车削工件时,必须使工件和刀具做相对运动。根据运动的性质和作用,车削运动可分为工件的旋转运动(主运动)和车刀的直线运动(进给运动),车刀的直线运动又分为纵向进给运动和横向进给运动。

(1)主运动

直接切除工件上的切削层,使之变成切屑而形成工件新表面的运动为主运动。车削时的主运动速度较高,消耗功率较大。

(2)进给运动

使工件上多余材料不断被切除的运动为进给运动。车外圆面是纵向进给运动，车端面、切断、车槽是横向进给运动。

2. 切削用量

切削用量(又称切削三要素)是衡量切削运动大小的参数。切削用量包括切削速度、进给量和背吃刀量。

(1)切削速度 v_c

切削速度是切削刃上的选定点相对于工件的主运动的瞬时速度，它是衡量主运动大小的参数，单位为m/min。

$$v_c=\frac{\pi dn}{1\,000}$$

式中　d——工件待加工表面的最大直径，mm；

n—主运动每分钟的转数，r/min。

(2)进给量 f

进给量是工件每转一周，车刀沿进给方向移动的距离，它是衡量进给运动大小的参数，单位为mm/r。

(3)背吃刀量 a_p

车削工件上已加工表面和待加工表面之间的垂直距离为背吃刀量。

$$a_p=(d_w-d_m)/2$$

式中　d_w——待加工表面的直径，mm；

d_m——已加工表面的直径，mm。

3. 切削液

车削过程中合理选择切削液，可减小车削过程中的摩擦力和降低切削温度，减小工件的热变形及表面粗糙度值，保证加工精度，延长车刀使用寿命和提高生产率。切削液的作用包括：

(1)冷却。切削液可带走车削时产生的大量热量，改善切削条件，起到冷却工件和刀具的作用。

(2)润滑。切削液可渗透到工件表面与后刀面之间以及切屑与前刀面之间的微小间隙中，减小工件表面与后刀面以及切屑与前刀面之间的摩擦力。

(3)防锈。在切削液中加入防锈剂，可保护工件、车床、刀具免受腐蚀，起到防锈的作用。

(4)清洗。切削液能把沾到工件和刀具上的细小切屑冲掉，防止拉毛工件，起到清洗的作用。

二 外圆车刀的种类、特征及用途

外圆车刀常用主偏角有90°、75°、45°，具体特征及用途见表2-1。

表 2-1　　常用外圆车刀的种类、特征及用途

种类		特征	用途	图示
90°外圆车刀	左偏刀	主切削刃在刀体右侧，由左向右纵向进给（反向进刀），又称反偏刀	一般用于车削端面、左向台阶及外圆面	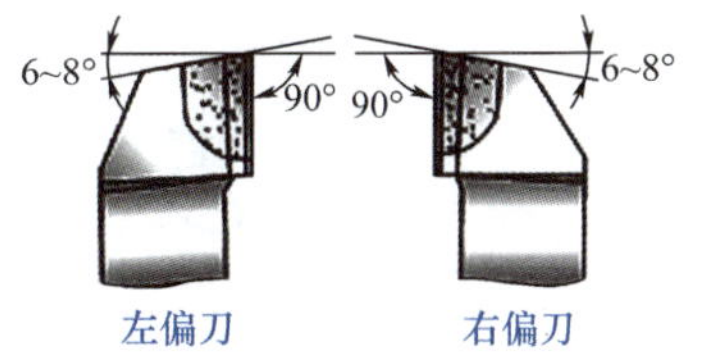
	右偏刀	主切削刃在刀体左侧，由右向左纵向进给，又称正偏刀	一般用于车削外圆面、端面及右向台阶	
75°外圆车刀		刀尖角大于90°，刀头强度高，耐用	用于粗车轴类工件的外圆面和强力切削铸件、锻件等余量较大的工件，其左偏角还可用来车削铸件、锻件的大平面	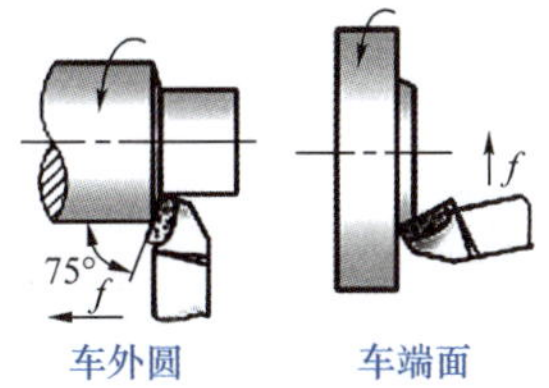
45°外圆车刀（弯头刀）		分为左、右两种，其刀尖角为90°，所以刀体强度和散热都比90°外圆车刀好	用于车削端面、倒角及没有台阶的轴类零件外圆面的粗加工	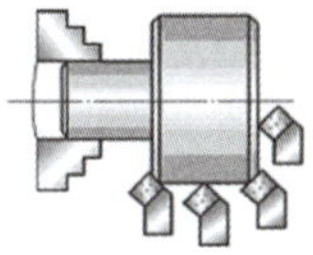

三　外圆车刀的安装

在车削加工前，必须正确安装好车刀，否则即便是车刀的各个角度刃磨得合理，若其工作角度发生了改变，也会直接影响切削的顺利进行和工件的加工质量，所以在安装车刀时要注意下列事项：

（1）车刀的悬伸长度要尽量缩短，以增强其刚性。一般悬伸长度为车刀厚度的1~1.5倍，车刀下面的垫片要尽量少，且与刀架边缘对齐。

（2）车刀一定要夹紧，至少用两个螺钉平整压紧，否则车刀崩出，后果不堪设想。

（3）车刀刀尖应与工件旋转轴线等高，否则将使车刀工作时的前角和后角发生改变，如图2-4所示。车外圆面时，如果车刀刀尖高于工件旋转轴线，则会使前角增大，后角减小，这样加大了后刀面与工件之间的摩擦；如果车刀刀尖低于工件旋转轴线，则会使后角增大，前角减小，这样切削的阻力增大，切削不顺畅；若刀尖不对中，则当车削至端面中心时会留有凸台，若使用硬质合金车刀，则有可能导致刀尖崩碎。

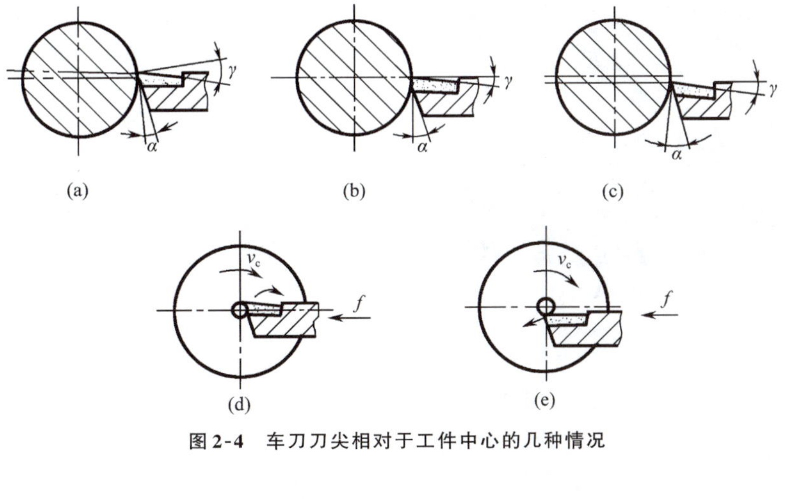

图 2-4　车刀刀尖相对于工件中心的几种情况

(4)车刀刀杆中心线应与进给运动方向垂直,如图2-5(b)所示,否则将使车刀工作时的主偏角和副偏角发生改变。主偏角减小,进给力增大;副偏角减小,加剧摩擦。

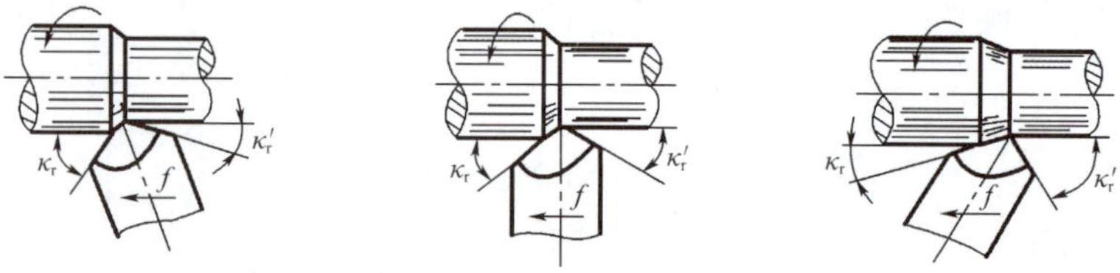

(a) 主偏角增大,副偏角减小　　(b) 正确　　(c) 主偏角减小,副偏角增大

图2-5　车刀装偏对主、副偏角的影响

四 工件的装夹

切削加工时,工件必须在机床夹具中定位和夹紧,使它在整个切削过程中始终保持正确的位置。

根据轴类工件形状、大小和加工数量的不同,常用以下几种方法装夹工件。

1.用三爪自定心卡盘(俗称三爪卡盘)装夹

车床上安装工件的通用夹具(车床附件)很多,其中三爪自定心卡盘用得最多。由于三爪自定心卡盘的三个卡爪是同时移动、自行对中的,因此适宜安装短棒或盘类工件。工件安装是否正确、可靠,直接影响生产率和加工质量。用三爪自定心卡盘装夹工件如图2-6所示,具体操作如下:

(1)工件在卡爪间放正,轻轻夹紧。

(2)开机,使主轴低速旋转,检查工件有无偏摆。若有偏摆,则应停车后轻敲工件纠正,然后拧紧三个卡爪,固紧后须随即取下扳手,以保证安全。

(3)移动车刀至车削行程的最左端,用手转动卡盘,检查其是否与刀架相撞。

2.用单动卡盘(俗称四爪卡盘)装夹

单动卡盘的四个卡爪能各自独立地径向移动,分别通过四个调整螺钉进行调整。其夹紧力较大,但校正工件较麻烦,如图2-7所示。单动卡盘的卡爪也可装成正爪或反爪。

图2-6　用三爪自定心卡盘装夹工件

图2-7　用单动卡盘校正工件

3.用两顶尖装夹

对于较长或必须经过多道工序才能加工完成的轴类工件,为保证每次安装时的精度,可用两顶尖装夹,如图2-8所示。该方法适用于几何公差要求较高的工件和大批量生产。

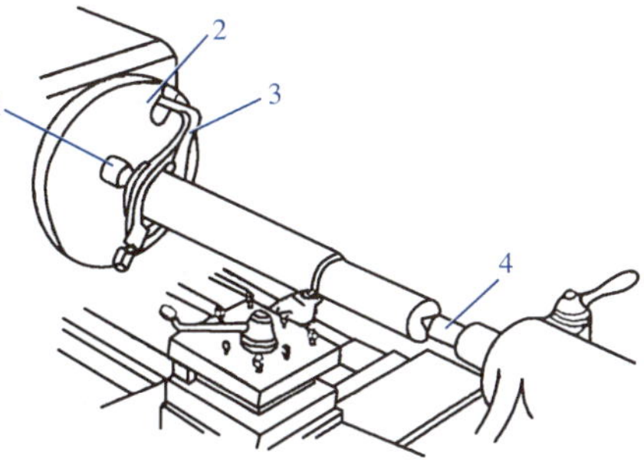

图 2-8　用两顶尖装夹工件

1—前顶尖；2—拨盘；3—卡箍；4—后顶尖

(1)中心孔的种类

用顶尖安装工件，必须先在工件端面钻出中心孔。国家标准规定中心孔有 A 型(不带保护锥)、B 型(带保护锥)、C 型(带螺纹)、R 型(圆弧型)四种，如图 2-9 所示。

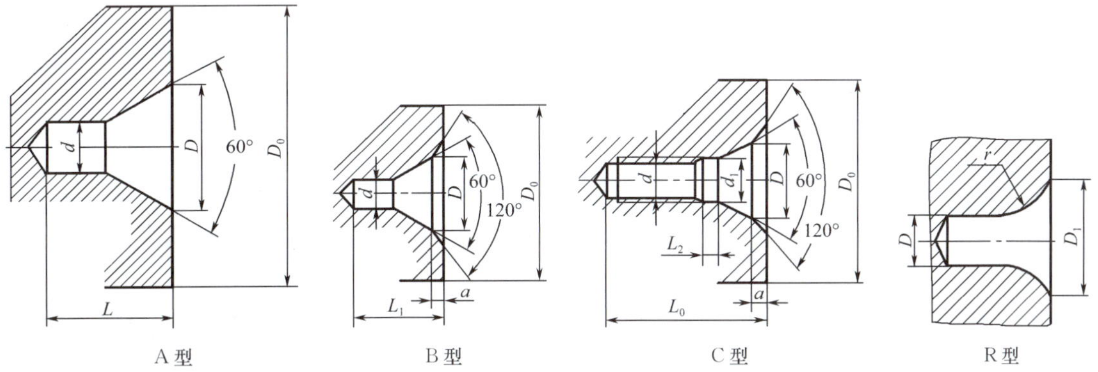

图 2-9　中心孔的种类

A 型是普通中心孔，用于精度要求一般的工件。

B 型是带保护锥的中心孔，精度要求较高并需多次使用中心孔的工件一般都采用 B 型中心孔。

C 型是带螺纹的中心孔，需要把其他零件轴向固定在轴上时采用。

R 型中心孔是将 A 型中心孔的圆锥母线改为圆弧线，以减小中心孔与顶尖的接触面积，减小摩擦力。它和顶针的接触形式为线接触，提高了重复定位精度。

(2)钻中心孔的方法

①用钻夹头安装中心钻。用钻夹头钥匙沿逆时针方向旋转钻夹头的外套，使钻夹头的三个夹爪张开，然后将中心钻插入三个夹爪中间，再用钻夹头钥匙沿顺时针方向转动钻夹头的外套，通过三个夹爪将中心钻夹紧，如图 2-10 所示。

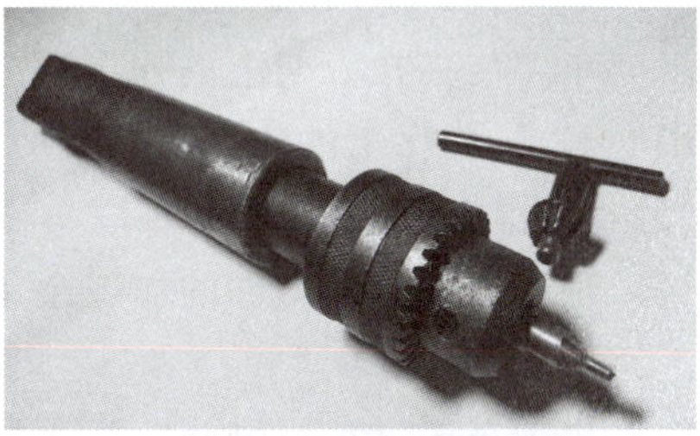

图 2-10　用钻夹头安装中心钻

②在尾座锥孔中安装钻夹头。先擦净钻夹头柄部和尾座锥孔，然后用左手推钻夹头，沿尾座套筒轴线方向将钻夹头柄部用力插入尾座锥孔中，如钻夹头柄部与尾座锥孔大小不吻合，则可增加一合适过渡锥套后再插入尾座套筒的锥孔内。

③找正尾座中心。工件装夹在卡盘上，启动车床，移动尾座，使中心钻接近工件端面，观

察中心钻钻头是否与工件旋转中心一致，然后紧固尾座。

④选择转速并钻削。由于中心钻直径小，因此钻削时应取较高的转速，进给量应小而均匀，切勿用力过猛。当中心钻钻入工件后，应及时加切削液冷却润滑；钻完后，中心钻在孔中应稍作停留，然后退出，以修光中心孔，提高中心孔的形状精度和表面质量。

(3)中心钻折断的原因

①中心钻轴线与工件旋转中心不一致，使中心钻受到一个附加力而折断。

②工件端面没车平，或中心留有凸台，中心钻不能正确定心而折断。

③切削用量选用不合适，如工件转速过低而中心钻进给太快，致使中心钻折断。

④中心钻磨损以后，钻孔时强行钻入工件也会使中心钻折断。

⑤没有浇注充分的切削液或及时清除切屑，会影响顺利排屑，使切屑堵塞在中心孔内而折断中心钻。

(4)用两顶尖装夹工件时的注意事项

①车床主轴轴线应在前、后顶尖的连线上，否则车出的工件会产生锥度。

②在不影响车刀切削的前提下，尾座套筒应尽量伸出短些，以增加刚性，减小振动。

③中心孔的形状应正确，表面粗糙度要小。

④由于中心孔与顶尖间会产生滑动摩擦，因此若后顶尖采用固定顶尖，则应在中心孔内加工业润滑脂(黄油)。

⑤两顶尖与中心孔的配合必须松紧合适。

4.一夹一顶装夹

用两顶尖装夹工件虽然精度高，但刚性较差，影响切削用量的提高。因此车削一般轴类工件，尤其是较重的工件，不能用两顶尖装夹，而用一端夹住，另一端用后顶尖顶住的装夹方法，如图2-11所示。这种方法较安全，能承受较大的轴向切削力，因此应用很广泛。

图2-11　一夹一顶装夹工件

五 车外圆面

1.车外圆面的步骤

(1)安装车刀和工件

车刀装夹在刀架上的伸出部分应尽量短些，一般为刀柄厚度的1～1.5倍，车刀刀尖应与中心等高，确保工件装夹牢靠。

(2)准备

根据图样检查工件的加工余量，做到车削前心中有数，大致确定纵向进给的次数。

(3)对刀

启动车床，使工件旋转，左手摇动床鞍手轮，右手摇动中滑板手柄，使车刀刀尖趋近并轻轻接触工件右端待加工表面，以此作为切削深度的零点位置。然后反向摇动床鞍手轮(此时中滑板手柄不动)，使车刀向右离开工件3～5 mm。

(4)进刀

摇动中滑板手柄,使车刀横向进给,如图2-12所示。进给量即背吃刀量,其大小通过中滑板上的刻度盘进行控制和调整。

图2-12　车外圆面进刀

(5)试切

试切的方法与步骤如图2-13所示。

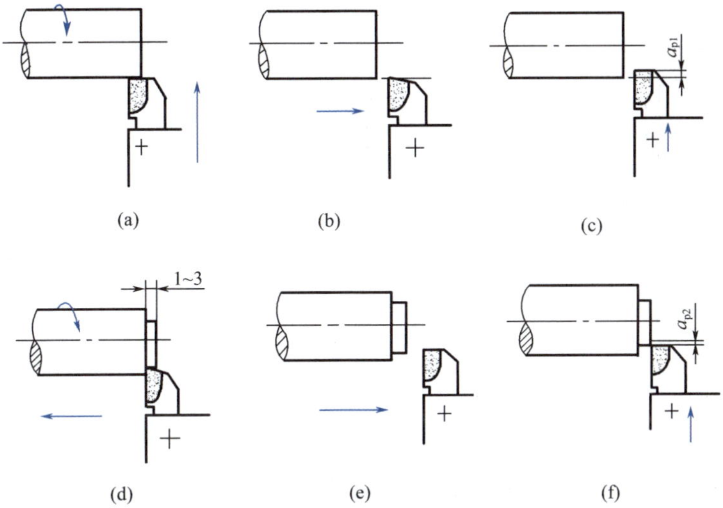

图2-13　试切的方法与步骤

(6)切削

在试切的基础上调整好背吃刀量,然后扳动自动进给手柄进行自动走刀。当车刀进给到距尺寸末端3~5 mm时,应提前改为手动进给,以免走刀超长或使车刀碰到卡盘的卡爪上。如此循环直至尺寸合格,然后退出车刀,最后停车。

2.外圆面的测量

(1)外径的测量

测量外径时,一般精度尺寸常选用游标卡尺,精度要求较高时选用千分尺。

(2)径向圆跳动的测量

将工件支承在车床上的两顶尖之间,如图2-14所示,使百分表的测头与工件被测部分的外圆面接触,预先将测头压下1 mm以消除间隙,当工件转过一圈,百分表读数的最大差值就是该测量面上的径向圆跳动。按上述方法测量若干个截面,各截面上测得的径向圆跳动量中的最大值就是工件的径向圆跳动。

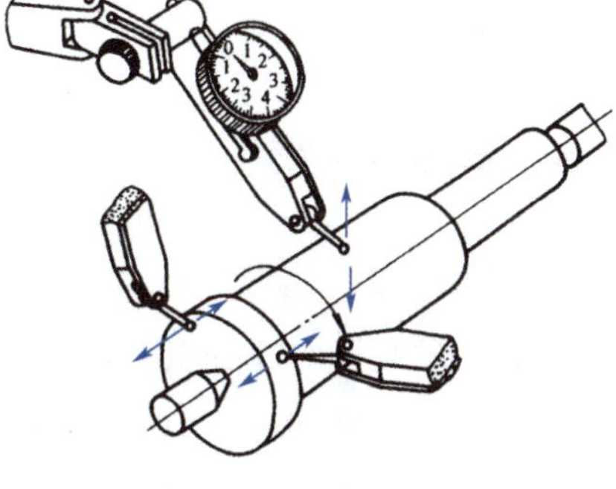
图2-14　用百分表测量径向圆跳动

(3)端面圆跳动的测量

使百分表的测头与所测量的端面接触,并预先使测头压下1 mm,当工件转过一圈时,百分表读数的最大差值即该直径测量面上的端面圆跳动。按上述方法测量若干直径处,其端面圆跳动量中的最大值就是工件的端面圆跳动。

六 车端面

1.车端面的类型

车端面时，刀具的主切削刃要与端面有一定的夹角。工件伸出卡盘外的部分应尽可能短些，车削时用中拖板横向走刀，走刀次数根据加工余量而定，可采用自外向中心走刀的方法，也可以采用自中心向外走刀的方法。常见端面车削时的几种情况如图2-15所示。

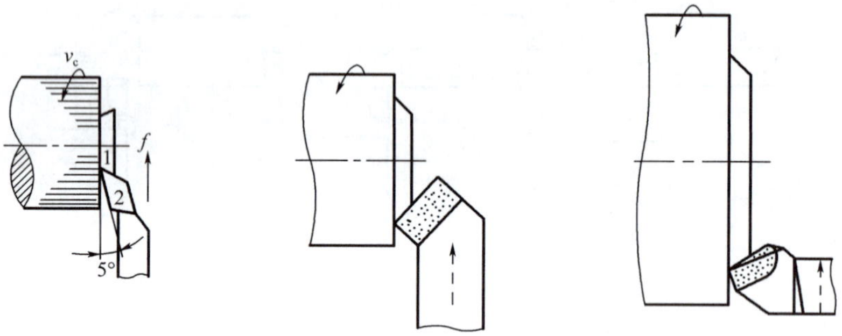

(a) 用右偏刀车端面　(b) 用45°外圆车刀车端面　(c) 用左偏刀车端面

图2-15　常见的端面车削

2.车端面时的注意事项

（1）车刀的刀尖应对准工件中心，以免车出的端面中心留有凸台。

（2）若用偏刀车端面，则当背吃刀量较大时容易扎刀。背吃刀量a_p的选择：粗车时a_p=0.2～1.0 mm，精车时a_p=0.05～0.20 mm。

（3）端面的直径自外向中心是变化的，切削速度也在改变，必须按端面的最大直径计算切削速度。

（4）车直径较大的端面时，若出现凹心或凸肚，则应检查车刀、方刀架及大拖板是否锁紧。

3.车端面的质量分析

（1）端面不平，产生凸凹现象或端面中心留有凸台。其原因是车刀刃磨或安装不正确，刀尖没有对准工件中心，吃刀深度过大，车床有间隙或拖板移动。

（2）表面粗糙度差。其原因是车刀不锋利，手动走刀摇动不均匀或太快，自动走刀切削用量选择不当。

任务实施

1.准备工作

准备长度为200 mm的ϕ30 mm棒料、90°外圆车刀、45°外圆车刀、0.02 mm游标卡尺、0～30 mm千分尺、CA6140车床。

车外圆面

2.操作步骤

（1）用三爪自定心卡盘夹住工件外圆面，伸出长度为125 mm左右，找正并夹紧。

(2)车端面，粗、精车外圆至ϕ22 mm×115 mm，表面粗糙度达Ra 3.2 μm，倒角C1 mm。

(3)调头夹外圆面并找正。粗、精车平面并保证总长196 mm，钻中心孔，车外圆面ϕ22 mm×85 mm。

(4)粗、精车外圆面至ϕ10 mm×22 mm，表面粗糙度达Ra 3.2 μm。

(5)检查外径、长度和同轴度，达到要求后取下工件。

车端面

3.注意事项

(1)注意车刀是否装夹正确。

(2)开车前检查工件装夹是否牢靠，卡盘扳手是否取下。

(3)变换转速时应先停车，否则容易打坏主轴箱内的齿轮。

(4)切削时应先开车、后进刀，切削完毕时应先退刀、后停车，否则车刀容易损坏。

(5)车未停稳时不能使用游标卡尺测量工件。

任务二　车　槽

学习目标

- 掌握车槽刀的种类和几何形状。
- 能够正确选择车外沟槽时的切削用量。
- 能够正确、熟练地车外沟槽。
- 懂得车外沟槽时产生废品的原因及预防措施。
- 养成细节处精益求精、实践中脚踏实地的品质。

任务引入

完成图2-16所示零件的车槽加工。

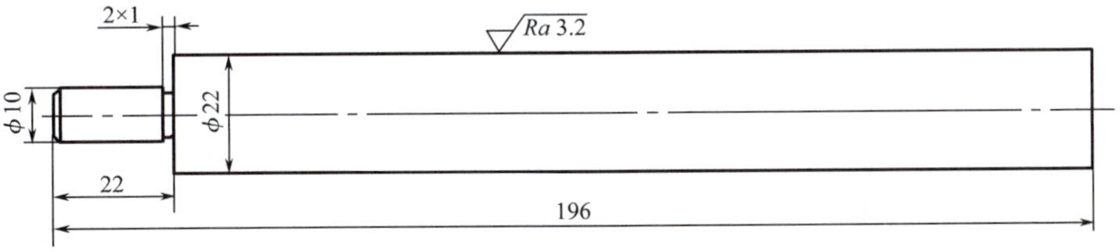

图2-16　零件图(车槽)

任务分析

在任务一的基础上完成图2-16所示零件的车槽加工，操作步骤：准备工件和车削工具→装夹工件→车槽→精度检测。

相关知识

在工件的外圆面或端面上切削出来的各种形式的槽称为外沟槽，在工件的内孔里面切削出来的各种形式的槽称为内沟槽。常见的外沟槽如图 2-17 所示。内沟槽的截面形状有矩形（直槽）、圆弧形、梯形等几种，内沟槽在机器零件中起退刀、密封、定位、通气等作用。

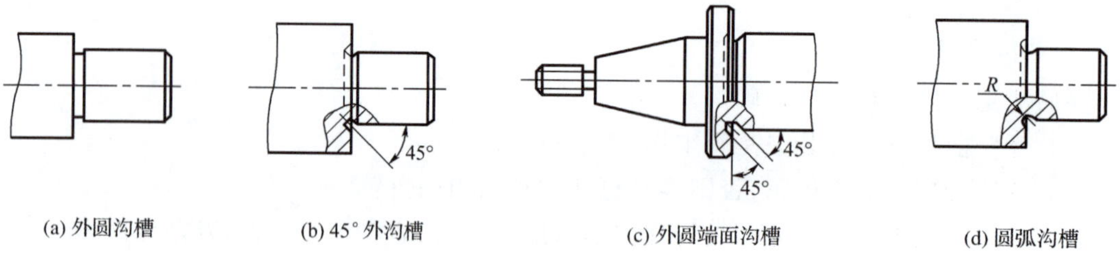

图 2-17　常见的外沟槽

一 车外沟槽

1. 切槽（断）刀的几何形状与刃磨

切槽（断）刀刃磨得好坏直接影响切槽（断）加工的顺利程度。

(1) 切槽（断）刀的几何形状

通常使用的切槽（断）刀都以横向进给为主，前端的切削刃是主切削刃，两侧的切削刃是副切削刃。为了减少工件材料的浪费和切断时能切到工件的中心，一般切槽（断）刀的主切削刃较窄，刀头较长。

①高速工具钢切槽（断）刀（图 2-18）

前角：切断中碳钢时，$\gamma_o=20°\sim30°$；切断铸铁时，$\gamma_o=0°\sim10°$。

主后角：$\alpha_o=6°\sim8°$。

副后角：切槽（断）刀有两个对称的副后角，$\alpha'_o=1°\sim2°$，其作用是减小副后刀面与工件两侧面间的摩擦。

主偏角：切槽（断）刀以横向进给为主，因此 $\kappa_r=90°$。

副偏角：$\kappa'_r=1°\sim1°30'$，两副偏角也必须对称，其作用是减小副切削刃与工件两侧面间的摩擦。副偏角过大会削弱切槽（断）刀刀头的强度。

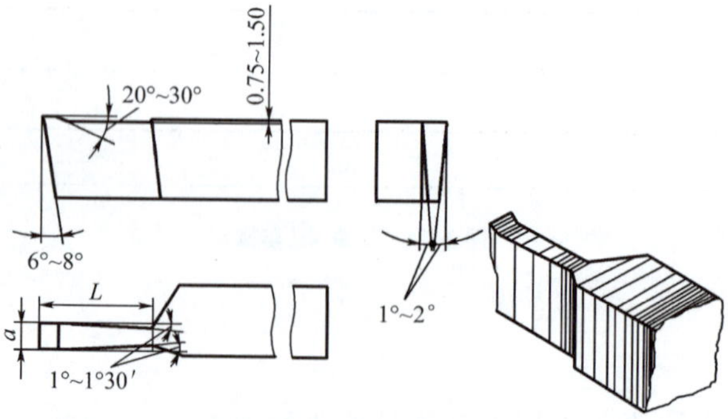

图 2-18　高速工具钢切槽（断）刀

主切削刃宽度：主切削刃不能太宽，以免浪费工件材料和引起振动，但太窄又容易使刀头折断。

为了使切削顺利，切槽（断）刀的前刀面上应磨出一个浅的卷屑槽，该槽的深度一般为0.75～1.50 mm，长度应超过切入深度。卷屑槽过深，会削弱刀头强度，使刀头容易折断。

②硬质合金切槽（断）刀（图2-19）

由于高速切削的普遍采用，硬质合金切槽（断）刀的应用越来越广泛。一般切槽时，由于切屑的宽度和槽宽相等，因此切屑容易堵塞在槽内。为了使切削顺利，可以对主切削刃两边倒角，或把主切削刃磨成人字形，如图2-19所示。

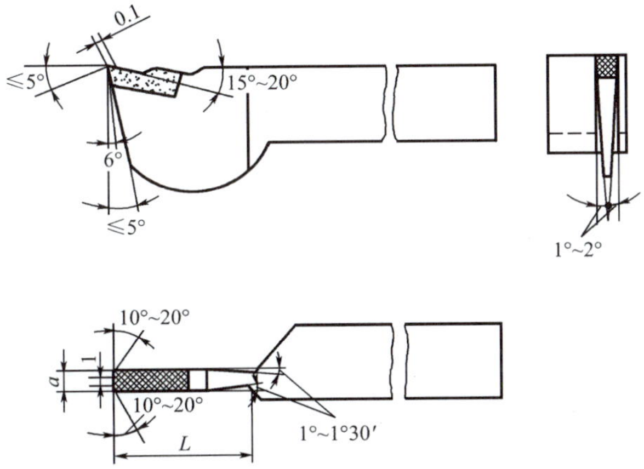

图2-19　硬质合金切槽（断）刀

③弹性切槽（断）刀（图2-20）

为了节省高速工具钢，切槽（断）刀可以做成片状，这样既节约了刀具材料，又使刀杆富有弹性。当进给量太大时，由于弹性刀杆受力变形时刀杆弯曲中心在上面，刀头会自动退让出一些，因此切割时不容易扎刀，切槽（断）刀不易折断。

④反切刀（图2-21）

切断直径较大的工件时，因刀头很长，刚性差，容易引起振动，故可采用反切断法，即用反切刀，以使工件反转。这样切断时的切削力跟工件重力方向一致，不容易引起振动，并且反切刀切断时的切屑向下面排出，不容易堵塞在工件槽中。在使用反切断法时，卡盘跟主轴连接的部分必须装有保险装置，否则卡盘会因倒车而从主轴上脱开，从而造成事故。

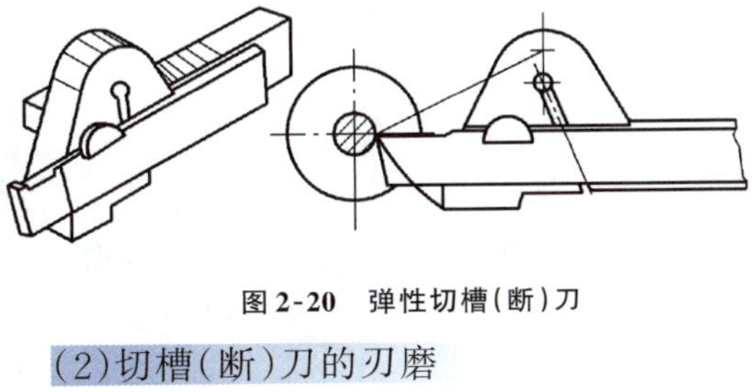

图2-20　弹性切槽（断）刀

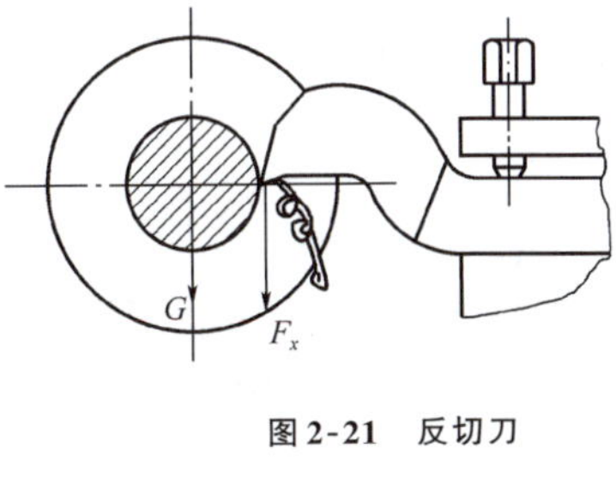

图2-21　反切刀

(2)切槽（断）刀的刃磨

切槽（断）刀的刃磨方法如图2-22所示。

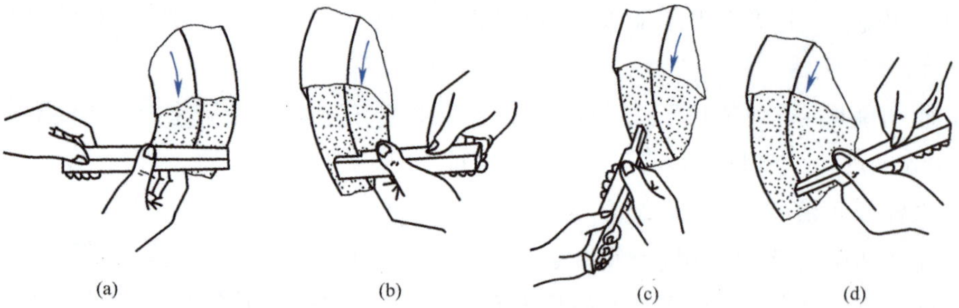

图 2-22 切槽(断)刀的刃磨方法

①刃磨左侧副后刀面，两手握刀，车刀前面向上，同时磨出左侧副后角和副偏角。

②刃磨右侧副后刀面，两手握刀，车刀前面向上，同时磨出右侧副后角和副偏角。

③刃磨主后刀面，同时磨出主后角。

④刃磨前刀面和前角，车刀前面对着砂轮磨削表面。

2.车外沟槽的方法

(1)直沟槽的车削

回转体零件内、外表面宽度在5 mm以下的窄槽，一般用主切削刃宽度等于槽宽的切槽刀通过横向进给来加工，如图2-23(a)所示。

车削较宽的沟槽可采用多次直进法，如图2-23(b)所示。用多次直进法车削时，两侧要留一定的精车余量，然后根据槽深、槽宽精车至尺寸。

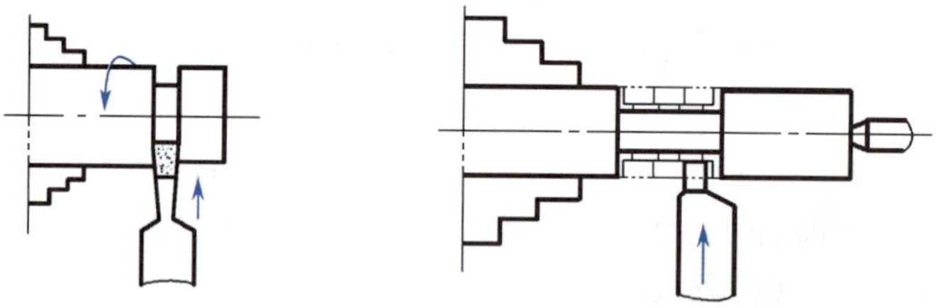

(a) 窄槽的车削　　(b) 宽槽的车削

图 2-23 直沟槽的车削

(2)45°斜沟槽的车削

如图2-24(a)所示，45°斜沟槽车刀与一般端面直沟槽车刀的几何形状相同，刀尖 a 处的副后刀面应磨成相应的圆弧。

(3)圆弧沟槽的车削

如图2-24(b)所示，圆弧沟槽车刀可根据沟槽圆弧的大小磨成相应的圆弧刀头来进行车削。

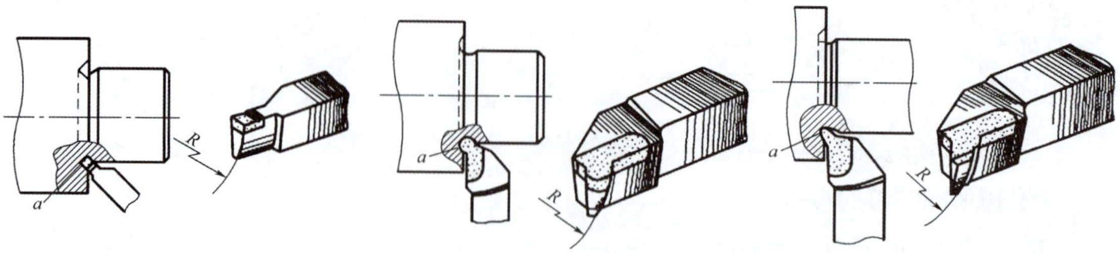

(a)　(b)　(c)

图 2-24 几种外沟槽的车削

(4)端面沟槽的车削

如图 2-24(c)所示,端面沟槽车刀的形状比较特殊。

3.车外沟槽时产生废品的原因及预防措施(表 2-2)

表 2-2　车外沟槽时产生废品的原因及预防措施

废品种类	产生原因	预防措施
沟槽的宽度不正确	(1)刀体磨得太宽或太窄 (2)测量不准确	(1)根据沟槽宽度刃磨刀体宽度 (2)仔细、正确地测量
沟槽的位置不对	测量和定位不准确	正确定位并仔细测量
沟槽的深度不正确	(1)没有及时测量 (2)尺寸计算错误	(1)切槽过程中及时测量 (2)认真计算尺寸,对留有磨削余量的工件,切槽时必须把磨削余量考虑进去
表面粗糙度达不到要求	(1)两副偏角太小,产生摩擦 (2)切削速度选择不当,没有加切削液 (3)切削时产生振动 (4)切屑拉毛已加工表面	(1)正确选择两副偏角 (2)选择适当的切削速度,并浇注切削液 (3)采取防振措施控制切屑的形状和排出方向

二、车内沟槽

1.内沟槽车刀

内沟槽车刀与切断刀的几何形状相似,只是装夹方向相反,且在内孔中车槽。加工小孔的内沟槽车刀做成整体式(图 2-25(a));在大直径内孔中车内沟槽的车刀可做成车槽刀刀体,然后装夹在刀柄上使用(图 2-25(b))。由于内沟槽通常与孔的轴线垂直,因此要求内沟槽车刀的刀体与刀柄轴线垂直。

(a)　　(b)

图 2-25　内沟槽车刀

装夹内沟槽车刀时,应使主切削刃与内孔中心等高或略高,两侧副偏角必须对称。

2.车内沟槽的方法

宽度较小和要求不高的内沟槽,可用主切削刃宽度等于槽宽的内沟槽车刀采用直进法一次车出(图 2-26(a))。要求较高或较宽的内沟槽,可采用直进法分几次车出。粗车时,槽壁和槽底留精车余量,然后根据槽宽、槽深进行精车(图 2-26(b))。若内沟槽深度较浅,则可用内孔车刀先车出凹槽,再用内沟槽车刀车沟槽两端的垂直面(图 2-26(c))。

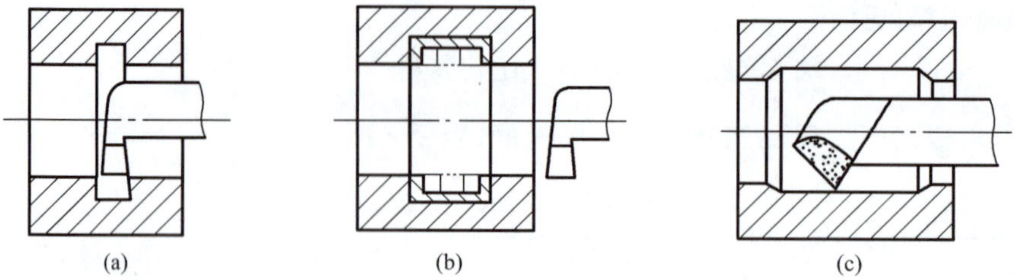

图 2-26　车内沟槽的方法

3.内沟槽的测量

内沟槽的深度一般用弹簧内卡钳测量(图 2-27(a)),测量时,先将弹簧内卡钳收缩,放入内沟槽,然后调整卡钳螺母,使卡脚与槽底表面接触。测出内沟槽直径,然后将弹簧内卡钳取出,恢复到原来尺寸,再用游标卡尺或外径千分尺测出弹簧内卡钳的张开尺寸。当内沟槽直径较大时,可用弯脚游标卡尺测量(图 2-27(b))。内沟槽的轴向尺寸可用钩形深度游标卡尺测量(图 2-27(c)),内沟槽的宽度可用样板或游标卡尺(当孔径较大时)测量(图 2-27(d))。

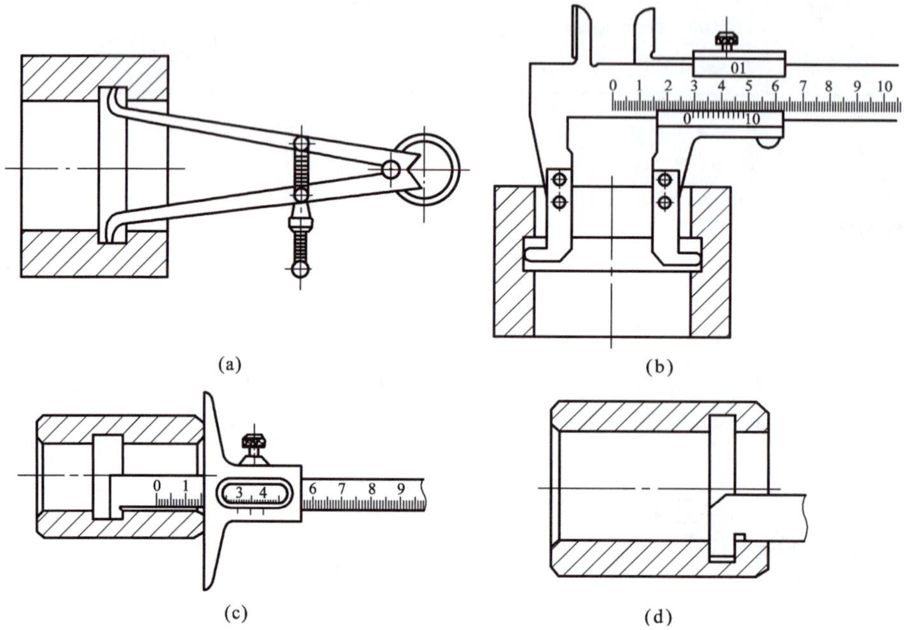

图 2-27　内沟槽的测量

4.注意事项

(1)刀尖应严格对准工件旋转中心,否则底平面无法车平。

(2)车刀纵向切削至接近底平面时,应停止机动进给,用手动进给代替,以防碰撞底平面。

(3)因视线受影响,故车底平面时可以通过手感和听觉来判断切削情况。

(4)用塞规检查盲孔孔径应开排气槽,否则会影响测量。

(5)控制沟槽之间的距离,应选定统一的测量基准。

(6)车底槽时,注意与底平面平滑连接。

(7)应利用中滑板刻度盘的读数控制沟槽的深度和退刀的距离。

任务实施

1.准备工作

准备任务一中加工完成的零件、切槽刀、0.02 mm游标卡尺、千分尺、CA6140车床。

车外沟槽

2.操作步骤

(1)根据图纸要求，选择切槽刀宽度为2 mm，并安装刀具。

(2)用三爪自定心卡盘夹住工件外圆ϕ22 mm，外伸85 mm左右，另外一端用顶尖支顶。

(3)顺时针摇中溜板手柄径向进给，切槽。

(4)检查质量合格后取下工件。

3.注意事项

(1)若车槽刀主切削刃和轴线不平行，则车成的槽底一侧直径大，另一侧直径小，成竹节形。

(2)要防止槽底和槽壁相交处出现圆角，或槽底中间尺寸小而靠近槽壁两侧直径大。

(3)若槽壁与轴线不垂直，则会出现内槽狭窄而外口大的喇叭形。

(4)槽壁与槽底产生小台阶，主要是接刀不当造成的。

(5)合理选择转速和进给量。

(6)正确使用切削液。

任务三　车外圆锥面

学习目标

- 了解圆锥面的作用和技术要求。
- 了解车外圆锥面的几种方法。
- 掌握转动小滑板车外圆锥面的方法。
- 能正确检查锥度。
- 养成恪守标准、敬业负责的品格。

任务引入

完成图2-28所示零件外圆锥面的加工。

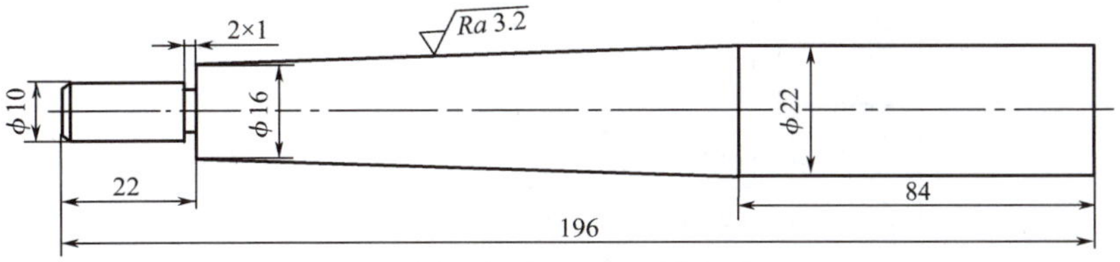

图2-28　零件图(车外圆锥面)

任务分析

在任务二的基础上完成图2-28所示零件的加工，操作步骤：准备工件和车削工具→装夹工件→车外圆锥面→精度检测。

相关知识

圆锥面配合的同轴度高，拆卸方便，当圆锥面较小（$\alpha<3°$）时能传递很大的扭矩，因此在机器制造中被广泛采用，如车床主轴前端锥孔、尾座套筒锥孔、锥度心轴、圆锥定位销等，都采用的是圆锥面配合。

一 圆锥的相关知识

1.标准圆锥

几何参数已标准化的圆锥称为标准圆锥，例如常用工具、刀具上的圆锥面。

2.标准圆锥的种类

标准圆锥有莫氏圆锥和米制圆锥，用号码表示。

莫氏圆锥：按尺寸由小到大有0、1、2、3、4、5、6七个号码。当号码不同时，圆锥角和尺寸都不同。

米制圆锥：有4、6、80、120、160、200六个号码。它的号码指大端直径，锥度固定不变，为1:20。

此外，一些常用配合圆锥面的锥度也已标准化，称为专用标准圆锥锥度。

3.圆锥的组成部分（图2-29）

（1）圆锥角α：在通过圆锥轴线的截面内，两条素线间的夹角为圆锥角。车削时经常用到的是圆锥半角$\alpha/2$。

（2）最大圆锥直径D：简称大端直径。

（3）最小圆锥直径d：简称小端直径。

（4）圆锥长度L：最大圆锥直径与最小圆锥直径之间的轴向距离。

（5）锥度C：最大圆锥直径与最小圆锥直径之差与圆锥长度之比，即$C=(D-d)/L$。

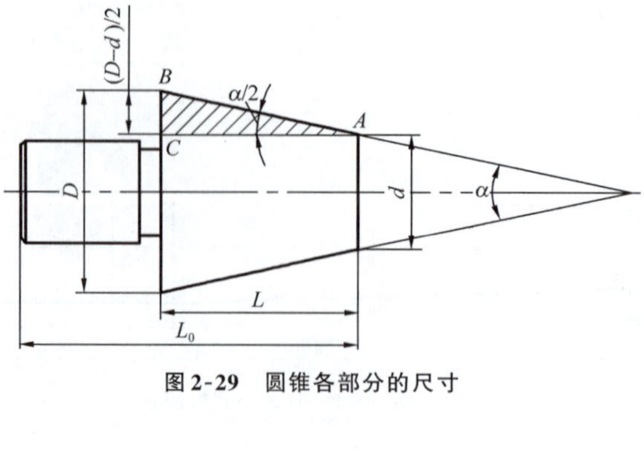

图2-29 圆锥各部分的尺寸

三 车外圆锥面的方法

1.转动小滑板法

当加工圆锥面不长的工件时，可采用转动小滑板法。车削时，将小滑板下面转盘上的螺母松开，把转盘转至所需要的圆锥半角$\alpha/2$的刻线上，与基准零线对齐，然后固定转盘上的螺母，如果圆锥半角不是整数，则可在圆锥面附近估计一个值，试车后逐步找正，如图2-30所示。

图2-30 用转动小滑板法车外圆锥面

(1)操作步骤

①车外圆柱面：按最大圆锥直径及圆锥长度车出外圆柱面。

②车外圆锥面

- 调整小滑板导轨间隙：清洗、修整、润滑小滑板导轨，使其摇动起来松紧合适，进退自如。
- 确定小滑板的行程：工作行程应大于圆锥长度。将小滑板后退至工作行程的起点，然后试移动一次，以检查工作行程是否足够。
- 粗车外圆锥面：粗车时应找正圆锥的角度，中滑板向前进给调整切削深度后开动机床，切削深度逐渐减小，粗车至圆锥小端，直径留1.5～2.0 mm余量。
- 粗车后检查圆锥角：此时表面粗糙度Ra值应小于3.2 μm，用套规检查。若大端有间隙，则说明角度太小；若小端有间隙，则说明角度太大。调整角度，精车外圆锥面。

(2)特点

①能车圆锥角较大的工件，可超出小滑板的刻度范围。

②能车出整个圆锥体和圆锥孔，操作简单。

③只能手动进给，劳动强度大，但不易保证表面质量，适合单件、小批量生产。

④受行程限制只能加工圆锥面不长的工件。

⑤在同一工件上车削不同圆锥角的圆锥面时，调整角度方便。

2.偏移尾座法

当车削锥度小、锥形部分较长的外圆锥面时，可采用偏移尾座的方法，此方法可以自动走刀，其缺点是不能车削整圆锥、内圆锥体以及锥度较大的工件。将尾座上的滑板横向偏移一个距离S，使偏位后两顶尖的连线与原来两顶尖的中心线相交一个$\alpha/2$角度，尾座的偏向取决于工件大、小头在两顶尖间的加工位置，如图2-31所示。

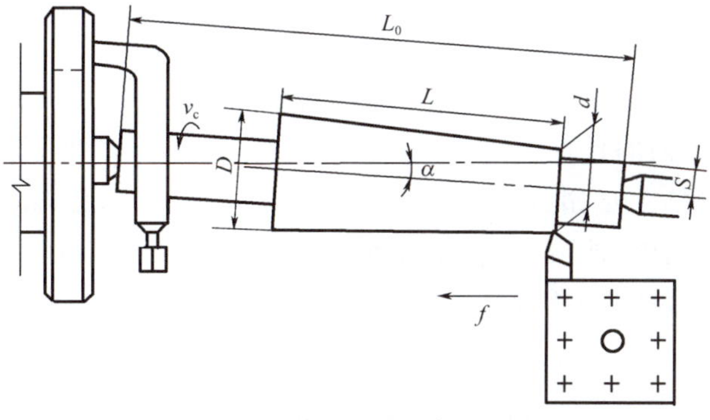

图2-31 用偏移尾座法车外圆锥面

尾座的偏移量与工件的总长有关，如图2-31所示，尾座的偏移量可用下列公式计算：

$$S=\frac{D-d}{2L}\cdot L_0$$

式中　S——尾座的偏移量，mm；

D——最大圆锥直径，mm；

d——最小圆锥直径，mm；

L——工件锥体部分长度，mm；

L_0——工件总长度，mm。

尾座的偏移方向由工件的锥体方向决定。当工件的小端靠近尾座时，尾座应向里移动；反之，尾座应向外移动。

用偏移尾座法车外圆锥面的特点：

(1)可以自动进给车削外圆锥面，使圆锥体表面质量较好，表面粗糙度值较小。

(2)适用于加工锥体较长的外圆锥体工件。

(3)因为顶尖在中心孔中是歪斜的，接触不良，所以顶尖和中心孔磨损不均匀。

(4)受尾座偏移量的限制，不能加工锥度太大的工件以及内锥孔和整圆锥。

(5)在批量生产时，受工件总长度L_0的影响，应注意锥度C的变化。

3.仿形法

仿形法又叫靠模法，靠模板装置是在车床上加工外圆锥面的附件。对于较长的外圆锥面和圆锥孔，当其精度要求较高且批量较大时，常采用仿形法加工，如图2-32所示。

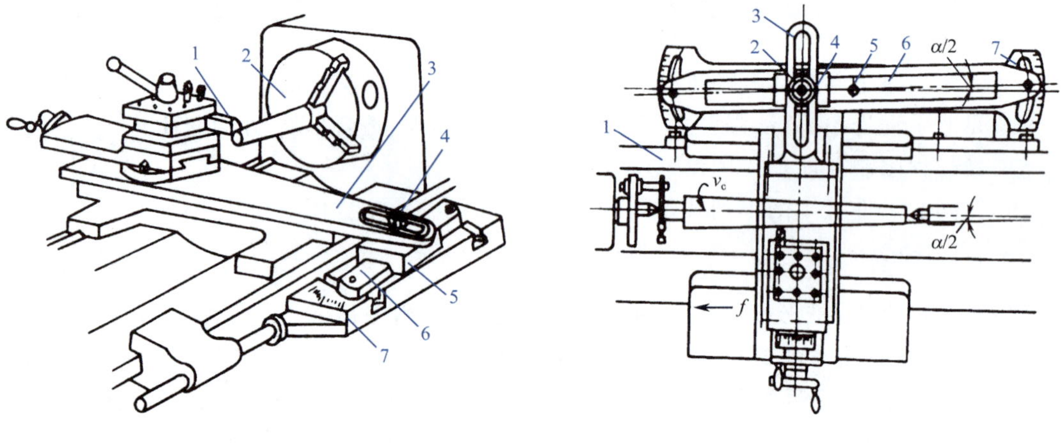

1—车刀；2—工件；3—中托板；4—固定螺钉；5—滑板；6—靠模板；7—托架

1—床身；2—螺母；3—连接板；4—滑块；5—中心轴；6—靠模板；7—底座

图2-32　用仿形法车外圆锥面

用仿形法车外圆锥面的特点：

(1)锥度仿形板调整方便、准确，生产率高，适用于批量生产，且加工精度较高。

(2)可自动进给车削内、外圆锥面，表面质量好，表面粗糙度值小。

(3)仿形装置的角度调节范围较小，一般$\alpha/2$在12°以下。

4.宽刃刀法

车削较短的外圆锥面时，可以用宽刃刀直接车出，如图2-33所示。其工作原理实质上是成形法，所以要求切削刃必须平直，切削刃与主轴轴线的夹角应等于工件圆锥半角 $\alpha/2$。同时要求车床具有较好的刚性，否则易引起振动。当工件的圆锥长度大于切削刃长度时，可采用多次接刀方法加工，接刀处必须平整。

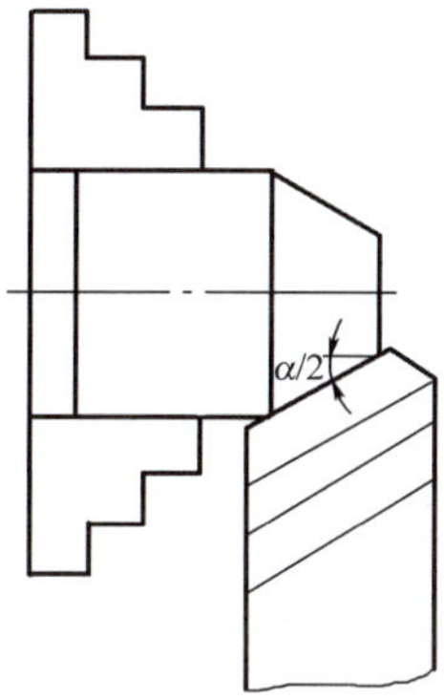

图 2-33　用宽刃刀车外圆锥面

三 加工锥度的方法

1. 对刀方法（图 2-34）

（1）车外圆锥面时，利用端面中心对刀。

（2）车内圆锥面时，可利用尾座顶尖对刀或者在孔端面上涂显示剂，用刀尖在端面上划一条直线，卡盘旋转 180°，再划一条直线，如果两线重合，则说明车刀已对准中心，否则应继续调整垫片厚度，以达到对准中心的目的。

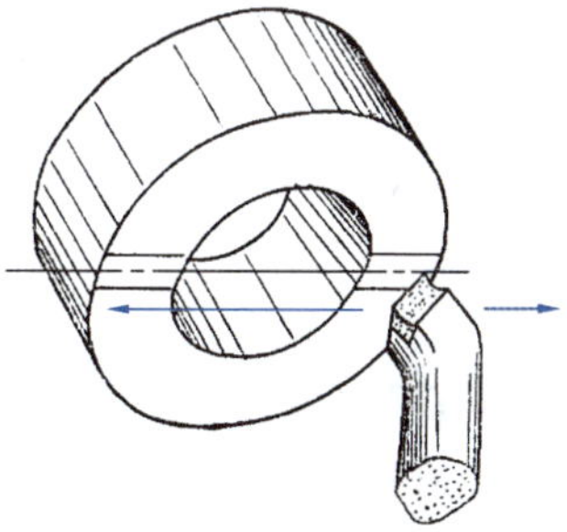

图 2-34　对刀方法

2. 加工锥度的方法

（1）百分表校验锥度法

将尾座套筒伸出一定长度，涂上显示剂，在尾座套筒上取一定尺（一般应大于圆锥长度），将百分表装在小滑板上，根据锥度要求计算出百分表在定尺上的伸缩量，然后紧固小滑板螺钉。此种方法一般不需要试切削。

（2）空对刀法

利用锥比关系先把锥度调整好，再车削。此种方法先车外圆，在外圆上涂色，取一个合适的长度并划线，然后调小滑板锥度，紧固小滑板螺钉，摇动中滑板使车刀轻微接触外圆，摇动小滑板使其从线的一端到另一端，再摇动中滑板前进刀具并记住刻度盘上的刻度，计算锥比关系，如果中滑板前进的刻度在计算值 ±0.1 格范围内，则说明锥度合格；如果中滑板前进的刻度大了，则说明锥度大了；如果中滑板前进的刻度小了，则说明锥度小了。

四 圆锥工件的测量

1. 角度与锥度的测量

（1）用游标万能角度尺测量

用游标万能角度尺测量外圆锥角度时，应根据工件角度的大小选择不同的测量方法，如图 2-35 所示。

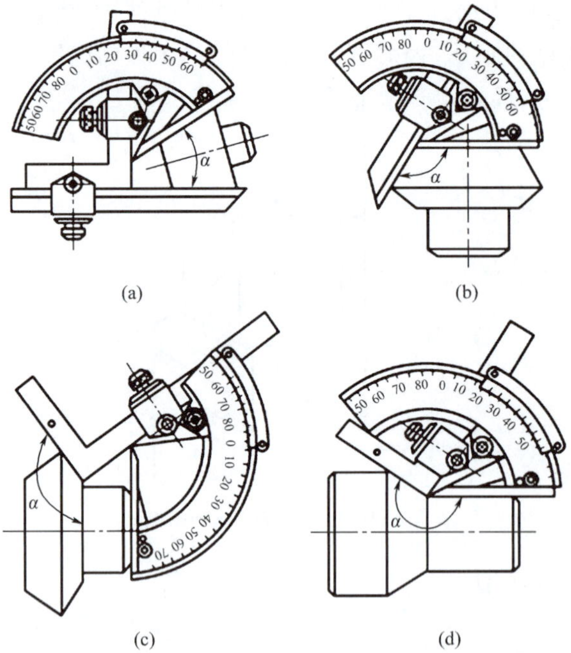

图 2-35　用游标万能角度尺测量角度的方法

(2)用角度样板测量

在成批和大量生产时,可用专用的角度样板来测量角度,如图 2-36 所示。

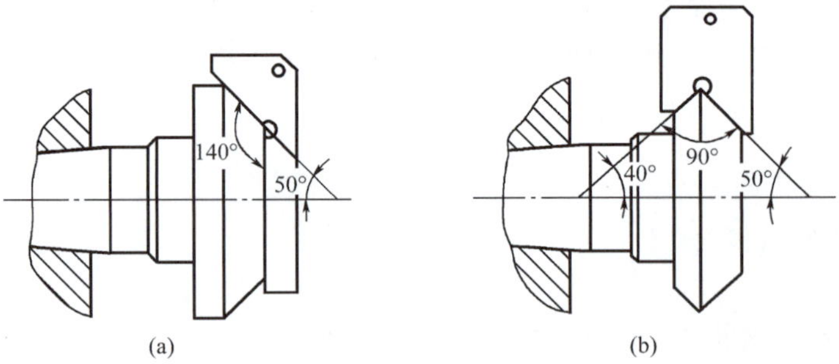

图 2-36　用角度样板测量锥齿轮坯角度的方法

(3)用正弦规测量

正弦规由工作台、两直径相同的精密圆柱、侧挡板和后挡板等零件组成,如图 2-37(a)所示,其使用方法如图 2-37(b)所示。

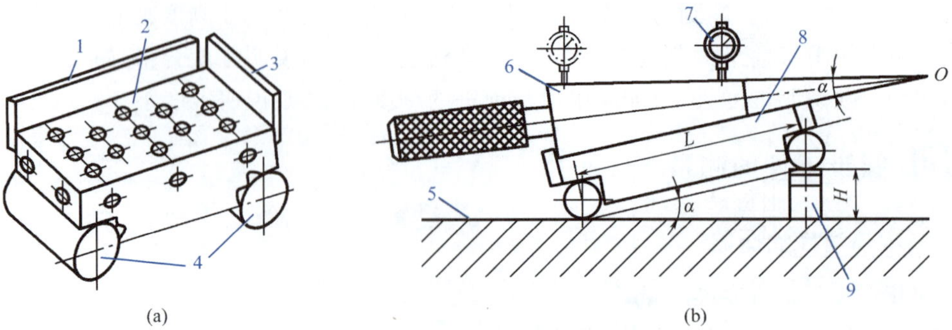

图 2-37　正弦规及测量方法

1—后挡板;2—工作台;3—侧挡板;4—圆柱;5—精密平板;6—工件;7—百分表;8—正弦规;9—量块

(4)用涂色法测量

①首先在工件的圆周上顺着圆锥素线薄而均匀地涂上三条显示剂(印油、红丹粉和润滑油等调和物),如图2-38所示。

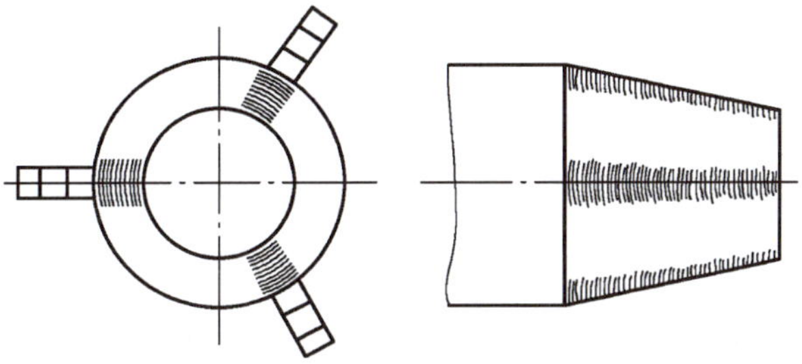

图2-38　涂色

②然后手握套规轻轻地套在工件上,稍加轴向推力,并将套规转动半周,如图2-39所示。

③最后取下套规,观察工件表面显示剂被擦去的情况。合格的圆锥展开图如图2-40所示。

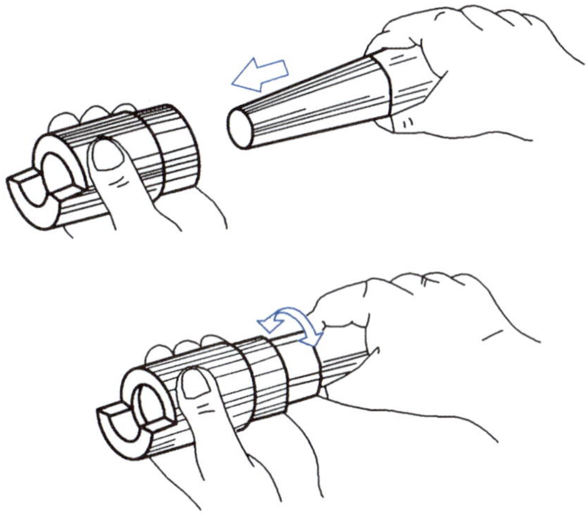

图2-39　用套规检查圆锥

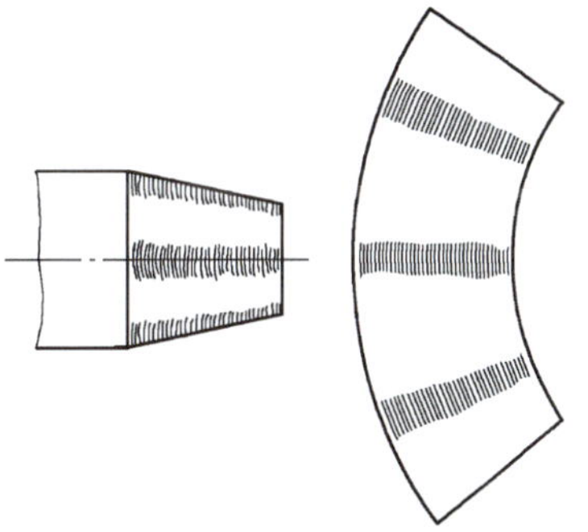

图2-40　合格的圆锥展开图

2.线性尺寸的测量

(1)用游标卡尺测量

略。

(2)用圆锥量规测量

图2-41、图2-42所示为用圆锥量规测量圆锥的线性尺寸。

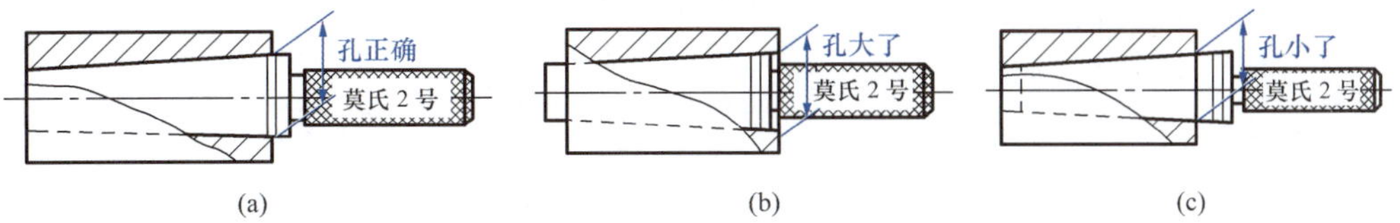

图2-41　用塞规测量圆锥孔的大端直径

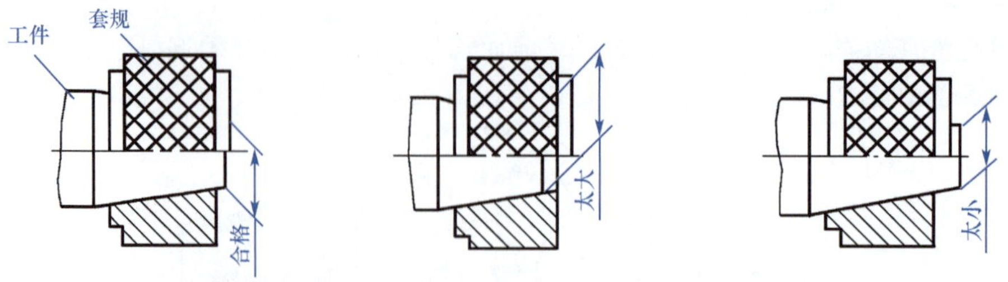

(a) (b) (c)

图 2-42 用套规测量外圆锥的小端直径

五 车外圆锥面时产生废品的原因及预防措施

车外圆锥面时产生废品的原因及预防措施见表2-3。

表2-3 车外圆锥面时产生废品的原因及预防措施

废品种类	产生原因	预防措施
锥度(角度)不正确	(1)用转动小滑板法车削时 ①小滑板转动角度计算有误或小滑板角度调整不当 ②车刀没有紧固 ③小滑板移动时松紧不均 (2)用偏移尾座法车削时 ①尾座偏移量不正确 ②工件长度不一致 (3)用仿形法车削时 ①靠模角度调整不正确 ②滑块与锥度靠模配合不良 (4)用宽刃刀法车削时 ①装刀不正确 ②切削刃不直 ③刃倾角不为0° (5)铰内圆锥面时 ①铰刀锥度不正确 ②铰刀轴线与主轴轴线不重合	①仔细计算小滑板应转动的角度和方向,反复试车找正 ②紧固车刀 ③调整镶条间隙,使小滑板移动均匀 ①重新计算和调整尾座偏移量 ②若工件数量较多,则其长度必须一致,或两端中心孔深度一致 ①重新调整靠模角度 ②调整滑块与锥度靠模之间的间隙 ①调整切削刃的角度和对准中心 ②修磨切削刃的直线度 ③重磨刃倾角,使其为0° ①修磨铰刀 ②用百分表和测量棒调整尾座套筒的轴线
大、小端尺寸不正确	(1)未经常测量大、小端直径 (2)控制刀具进给错误	(1)经常测量大、小端直径 (2)及时测量,用计算法或移动床鞍法控制背吃刀量
双曲线误差	车刀刀尖未对准工件轴线	车刀刀尖必须严格对准工件轴线
表面粗糙度达不到要求	(1)切削用量选择不当 (2)手动进给忽快忽慢 (3)车刀角度不正确,刀尖不锋利 (4)小滑板镶条间隙不当 (5)未留足精车或铰削余量	(1)正确选择切削用量 (2)手动进给应均匀,快慢一致 (3)刃磨车刀,角度要正确,刀尖要锋利 (4)调整小滑板镶条间隙 (5)要留有适当的精车或铰削余量

任务实施

1.准备工作

准备任务二中加工完成的零件、0.02 mm游标卡尺、千分尺、CA6140车床。

2.操作步骤

(1)用三爪自定心卡盘夹持ϕ22 mm外圆面,另一端用顶尖顶住。
(2)根据尾座偏移量偏移尾座,粗车修正偏移量,精车一端外圆锥面至尺寸要求。
(3)测量合格后卸下工件。

3.注意事项

(1)车刀应对准工件中心,以防母线不直。
(2)粗车时进刀不宜过深,应先找正锥度,以防工件被车小而报废。
(3)随时注意两顶尖间的松紧和前顶尖的磨损情况,以防工件飞出伤人。
(4)如果工件数量较多,则其长度和中心孔的深浅、大小必须一致。
(5)精加工外圆锥面时,a_p和f都不能太大,否则会影响外圆锥面的加工质量。
(6)当车刀在中途刃磨以后装夹时,必须重新调整,使刀尖严格对准中心。

任务四　车成形面

学习目标

- 掌握球面加工的步骤和方法。
- 掌握简单的表面修饰方法。
- 能对球面进行测量检查。
- 磨练认真严格、沉心静气的做事品格。

任务引入

在任务三的基础上加工图2-43所示的零件。

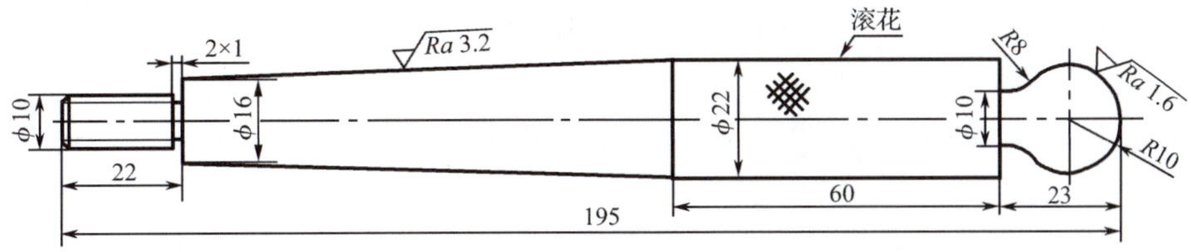

图2-43　零件图(车成形面)

任务分析

在任务三的基础上加工图2-43所示的零件，操作步骤：准备工件和车削工具→装夹工件→车成形面→精度检测。

相关知识

一 成形面

轴向剖面呈现曲线形特征的零件表面叫成形面，如单球手柄、三球手柄及内、外圆弧槽。下面介绍车削成形面的方法以及成形面的修光和质量分析。

1.车削成形面的方法

(1)双手控制法

用双手同时摇动小滑板和中滑板(或床鞍和中滑板)，通过双手的协调动作车出所要求的成形面的方法称为双手控制法，如图2-44所示。双手控制法车削成形面用于单件、小批量生产。若双手同时摇动中、小滑板，则中、小滑板不能连续进给，劳动强度大，故多用双手同时摇动床鞍和中滑板的方法来完成成形面的加工。

双手控制法的车削步骤如下：

①按圆球部分的直径和长度L车出两级外圆面(D,d)，均留0.3～0.5 mm余量，如图2-45所示。

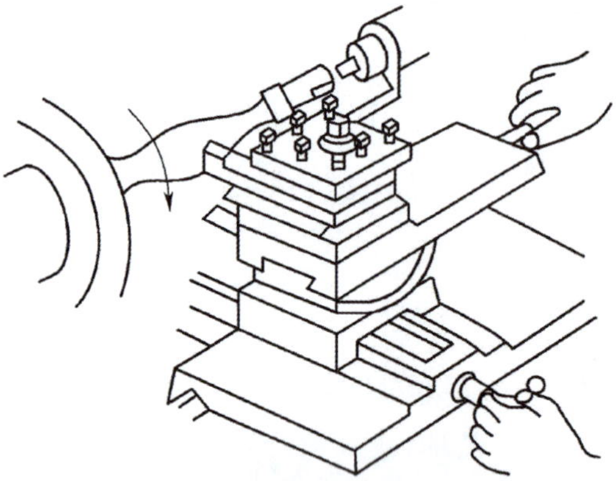

图2-44　双手控制法

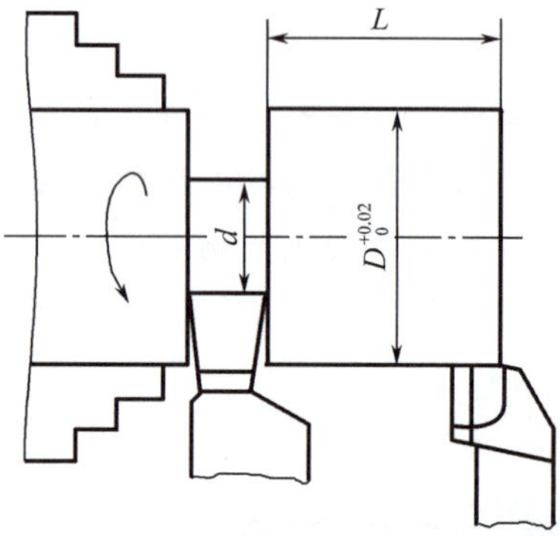

图2-45　车两级外圆面

②确定圆球的中心位置。车圆球前，用直尺量出圆球中心，并用车刀刻线痕。

③圆球部位倒角。用45°外圆车刀先在圆球的两侧倒角，以减小加工余量，如图2-46所示。

④双手同时转动中、小滑板手柄，通过纵、横向的合成运动车出球面形状，如图2-47所示。

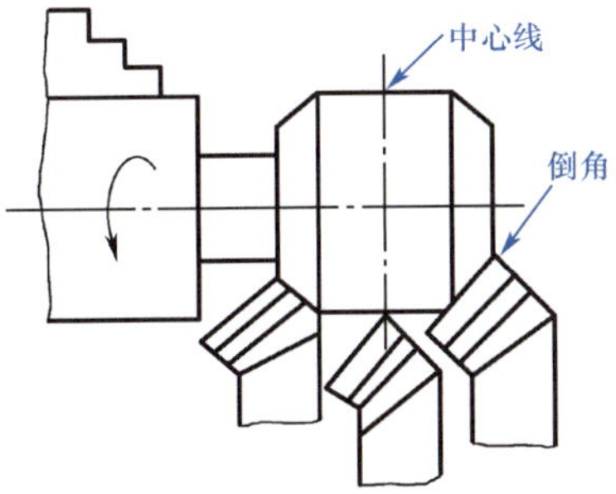

图 2-46　确定中心线并倒角

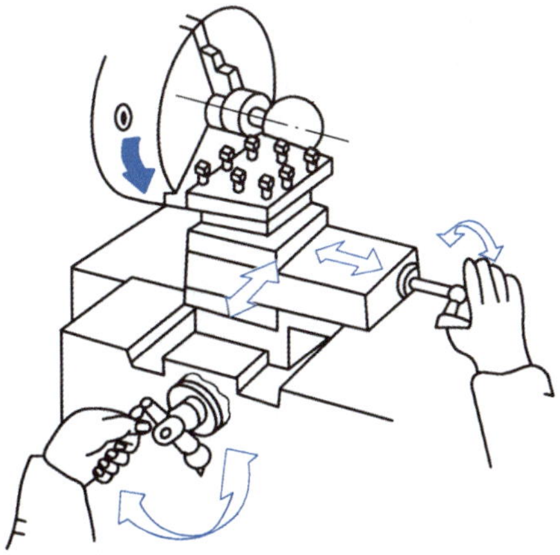

图 2-47　双手控制车球面

⑤粗、精车球面。用成形车刀粗、精车球面，如图 2-48 所示。

⑥修整。用矩形沟槽刀车连接部位，如图 2-49 所示。

⑦检验。用样板检验右半球，如图 2-50 所示。

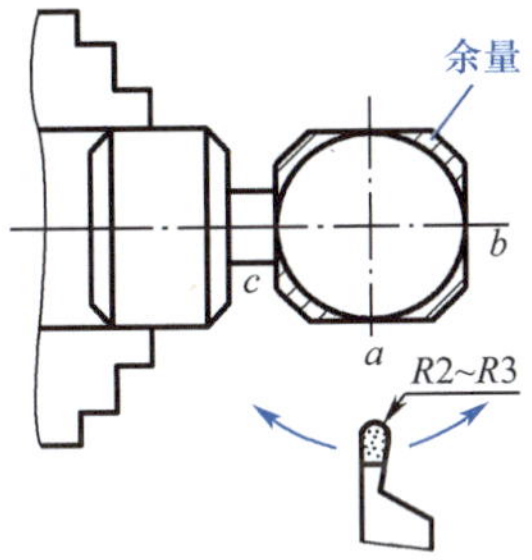

图 2-48　粗、精车球面

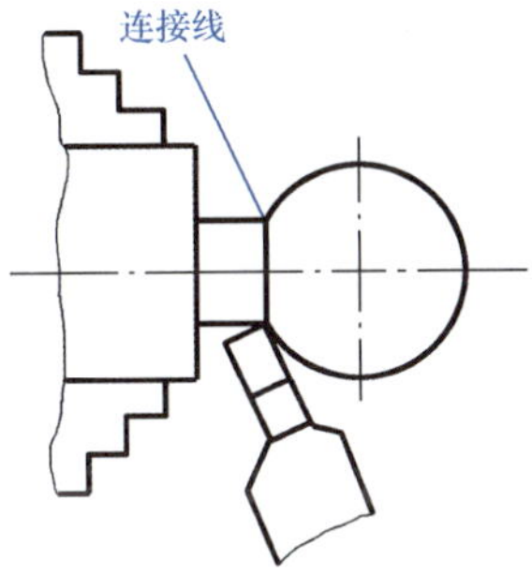

图 2-49　用矩形沟槽刀车连接部位

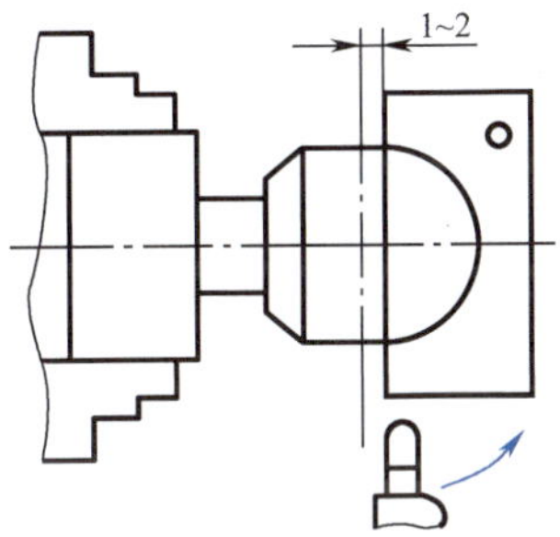

图 2-50　用样板检验右半球

(2)成形刀法

用成形刀车球面如图 2-51 所示，其加工精度主要由刀具保证。要注意因切削时接触面积较大，切削抗力也大，故易产生振动和工件移位。为此切削力要小些，工件必须夹紧。

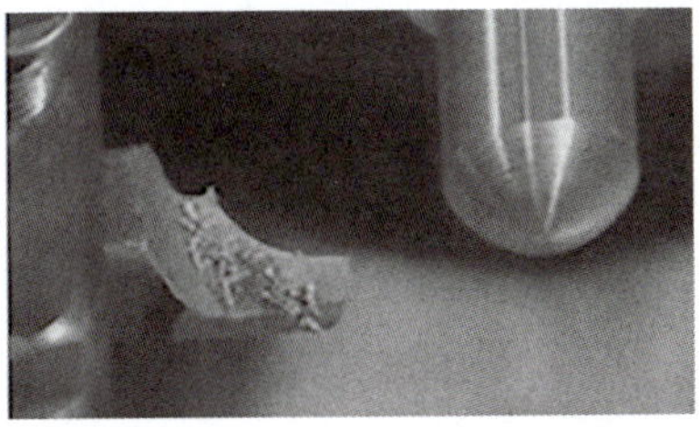

图 2-51　用成形刀车球面

这种方法生产率高，但刀具刃磨较困难，车削时容易振动，故只适用于批量较大的生产中车削刚性好、长度较短且较简单的成形面。

(3)靠模法

①靠板靠模法

如图 2-52 所示，与用靠板靠模车外圆锥面的方法相同，用靠板靠模车成形面只是把锥度靠模换成带曲线的靠模，把滑板换成滚柱即可。

②尾座靠模法

尾座靠模与靠板靠模不同的是靠模装在尾座套筒上，如图2-53所示，其车削原理和靠板靠模法相同。

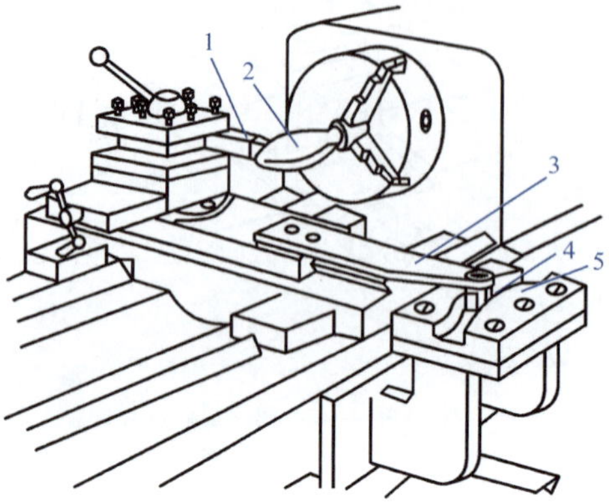

图2-52　用靠板靠模车成形面

1—车刀；2—成形面；3—拉杆；4—滚柱；5—靠模

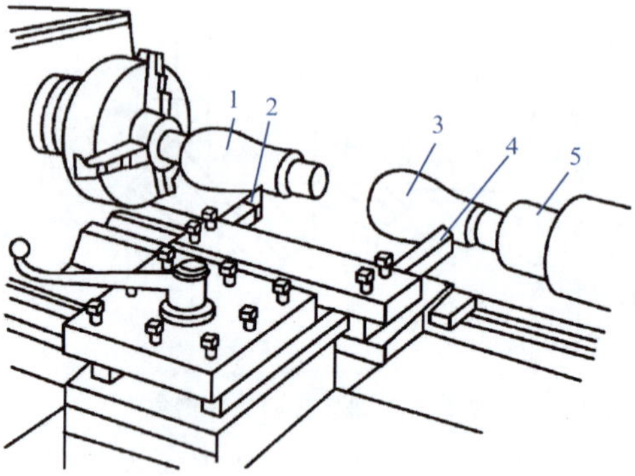

图2-53　用尾座靠模车手柄

1—成形面；2—车刀；3—靠模；4—靠模杆；5—尾座

2.成形面的修光

(1)锉刀修整。通常用细纹板锉和特细纹板锉(油光锉)进行修整，锉削余量一般在0.03 mm之内。

(2)砂布抛光。

3.质量分析

车成形面时产生废品的原因及预防措施见表2-4。

表2-4　车成形面时产生废品的原因及预防措施

废品种类	产生原因	预防措施
工件轮廓不正确	(1)用成形刀车削时，车刀形状刃磨得不正确，没有按主轴中心高度安装车刀，工件受切削力而产生变形，从而造成误差 (2)用双手控制进给车削时，横、纵向进给不协调 (3)用靠模加工时，靠模形状不准确，安装得不正确或靠模传动机构中存在间隙	(1)仔细刃磨成形刀，车刀高度安装准确，适当减小进给量 (2)加强车削练习，使横、纵向进给协调 (3)保证靠模形状准确、安装正确，调整靠模传动机构的间隙
工件表面粗糙	(1)车削复杂零件时进给量过大 (2)工件刚性差或刀头伸出过长，切削时产生振动 (3)刀具几何角度不合理 (4)材料切削性能差，未经过预备热处理，难以加工；如产生积屑瘤，则表面更粗糙 (5)切削液选择不当	(1)减小进给量 (2)加强工件安装刚度及刀具安装刚度 (3)合理选择刀具几何角度 (4)对材料进行预备热处理，改善其切削性能；合理选择切削液，避免产生积屑瘤 (5)合理选择切削液

二、表面修饰(滚花)

为了便于握持和更加美观，常在各种工具和机器零件手握部分的表面上加工出各种不同的花纹，如千分尺的套管、铰杠扳手以及螺纹量规等。这些花纹一般是在车床上用滚花刀滚压而成的，如图 2-54 所示。滚花是用滚花刀来挤压工件，使其表面产生塑性变形而形成花纹。滚花的径向挤压力很大，因此加工时工件的转速要低些。滚花需要充分供给切削液，以免研坏滚花刀并防止细屑滞塞在滚花刀内而产生乱纹。

图 2-54　滚花

1.滚花花纹的种类

滚花花纹有直纹和网纹两种，如图 2-55 所示。

2.滚花刀的种类

滚花刀有单轮、双轮和六轮三种，如图 2-56 所示。单轮滚花刀滚直纹，双轮滚花刀滚网纹。双轮滚花刀由一个左旋和一个右旋滚花刀组成。六轮滚花刀也用于滚网纹，它是将三组不同节距的双轮滚花刀装在同一特制的刀杆上而形成的，使用时可根据需要选用粗、中、细不同的节距。

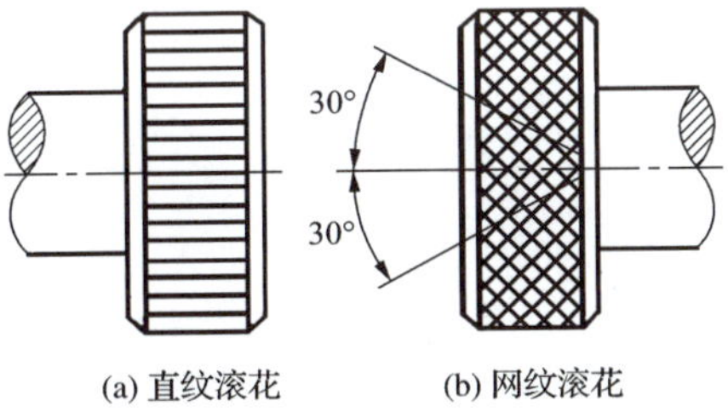

图 2-55　滚花花纹的种类

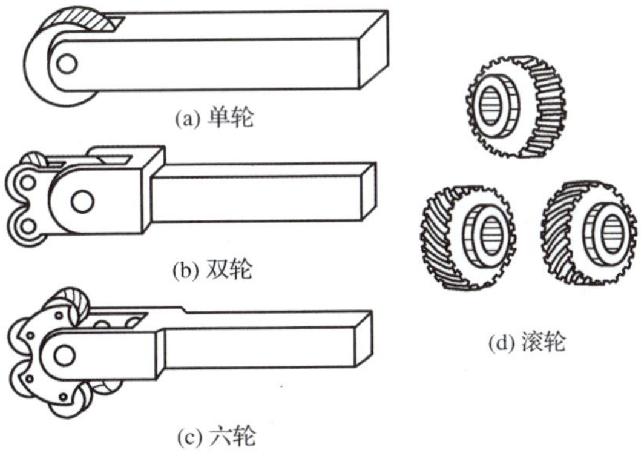

图 2-56　滚花刀及滚轮

3.滚花操作要点

（1）滚花刀接触工件开始滚压时，挤压力要大且猛一些，使工件圆周上一开始就形成较深的花纹，不易产生乱纹。

（2）先使滚轮表面宽度的 1/3～1/2 与工件接触，使滚花刀容易切入工件表面，在停车检查花纹符合要求后再纵向机动进给，反复滚压 1～3 次，直至花纹凸出达到要求为止。

（3）滚花时应选择低的切削速度，一般为 5～10 m/min。纵向进给量可选择大些，一般为 0.3～0.6 mm/r。

（4）滚花时应充分浇注切削液以润滑和冷却滚轮，并经常清除滚压产生的切屑。

（5）滚花时径向力很大，所用设备的刚度应较高，工件必须装夹牢靠。为避免滚花时因工件移位而产生精度误差，车削带有滚花表面的工件时，滚花应安排在粗车之后、精车之前进行。

4.产生乱纹的原因及预防措施

滚花时若操作方法不当，则很容易产生乱纹。产生乱纹的原因及预防措施见表2-5。

表2-5　产生乱纹的原因及预防措施

废品种类	产生原因	预防措施
乱纹	工件外径周长不能被滚花刀的节距除尽	可把外圆略车小些，使工件外径周长被滚花刀的节距除尽
	滚花开始时，吃刀压力太小或滚花刀跟工件表面接触面积过大	开始滚花时就要使用较大的压力或把滚花刀偏一个很小的角度
	滚花刀转动不灵活，或滚花刀跟刀杆小轴的配合间隙太大	检查原因或调换小轴
	工件转速太高，滚花刀跟工件表面产生滑动	降低转速
	滚花前没有清除滚花刀中的细屑，或滚花刀刀齿磨损	清除细屑或更换滚花刀

任务实施

1.准备工作

准备任务三中加工完成的零件、45°外圆车刀、90°外圆车刀、切槽刀、成形刀、滚花刀、0.02 mm游标卡尺、千分尺、CA6140车床。

2.操作步骤

(1)采用两顶尖装夹加中心架。

(2)滚网面。

(3)粗、精车外圆面至ϕ20 mm。

(4)圆球部位倒角。

(5)用成形刀协调双手控制粗、精车球面至尺寸要求。

(6)检测尺寸。

3.注意事项

(1)要培养目测球形的能力和协调双手控制进给动作的技能，否则容易把球面车成橄榄形或算盘珠形。

(2)用锉刀锉削弧形工件时，锉刀的运动要绕弧面进行。

(3)锉削时，为防止锉屑散落到床面上而影响床身精度，应垫护床板或护床纸。

(4)滚压过程中，不能用手或棉纱接触滚压表面，以防发生绞手事故；清除切屑时，应避免毛刷接触工件与滚轮的咬合处，以防止毛刷被卷入。

任务五　车螺纹

学习目标

- 能正确认识三角形螺纹车刀的几何形状。
- 能正确装夹螺纹车刀。
- 能正确车削螺纹。
- 掌握螺纹的测量方法。
- 养成耐心细致、脚踏实地的工匠精神。

任务引入

在任务四的基础上完成图2-1所示零件的螺纹加工。

任务分析

完成图2-1所示零件车螺纹任务的操作步骤：准备工件和车削工具→装夹工件→车螺纹→精度检测。

相关知识

在各种机械产品中，带有螺纹的零件应用较广泛，主要起连接（或固定）和传递动力的作用。螺纹的加工方法有多种，大规模生产的直径较小的三角形螺纹，常采用滚丝、搓丝或轧丝的方法；对于数量较少或批量不大的螺纹工件，常采用车削的方法。

一　螺纹的种类

螺纹的种类很多，按用途不同可分为连接螺纹和传递螺纹；按牙型特点可分为三角形螺纹、锯齿形螺纹、矩形螺纹和梯形螺纹等（图2-57）；按螺旋方向可分为右旋螺纹和左旋螺纹；按螺旋线数可分为单线螺纹和多线螺纹。

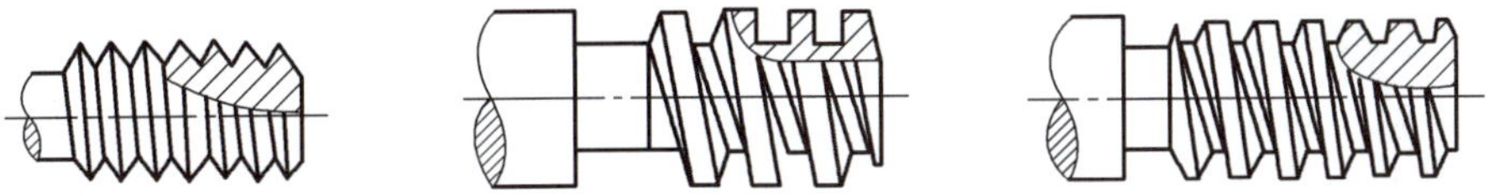

(a) 三角形　　(b) 矩形　　(c) 梯形

图2-57　螺纹的牙型

二　螺纹车刀

要车好螺纹，必须正确刃磨螺纹车刀。螺纹车刀按加工性质属于成形刀具，其切削部分的形状应当和螺纹牙型的轴向剖面形状相符，即车刀的刀尖角应等于牙型角。

1.螺纹车刀的几何角度

(1)刀尖角应等于牙型角。车削普通螺纹时为60°,车削英制螺纹时为55°。

(2)前角一般为0°～15°。因为螺纹车刀的纵向前角对牙型角有很大影响,所以精车时或精度要求高的螺纹,其径向前角应取得小些,为0°～5°。

(3)后角一般为5°～10°。受螺纹升角的影响,进刀方向一面的后角应磨得稍大些。但对于大直径、小螺距的三角形螺纹,这种影响可忽略不计。

2.螺纹车刀的刃磨

(1)刃磨要求

①根据粗、精车的要求刃磨出合理的前、后角。粗车刀前角大、后角小,精车刀则相反。

②车刀的左、右刀刃必须都是直线,无崩刃。

③刀头不歪斜,牙型半角相等。

④内螺纹车刀的刀尖角平分线必须与刀杆垂直。

⑤内螺纹车刀的后角应适当大些,一般磨有两个后角。

(2)刀尖角的刃磨和检查

由于螺纹车刀刀尖角的要求高,刀头体积小,因此刃磨起来比一般车刀困难。刃磨高速钢螺纹车刀时,若感到发热烫手,则必须及时用水冷却,否则容易引起刀尖退火;刃磨硬质合金车刀时,应注意刃磨顺序,一般是先将刀头后面适当粗磨,随后再刃磨两侧面,以免产生刀尖爆裂。在精磨时,应注意防止压力过大而振碎刀片,同时要防止刀具在刃磨时骤冷而被损坏。

为了保证磨出准确的刀尖角,在刃磨时可用螺纹角度样板进行测量,如图2-58所示。测量时把刀尖角与样板贴合,对准光源,仔细观察两边贴合的间隙,并进行修磨。

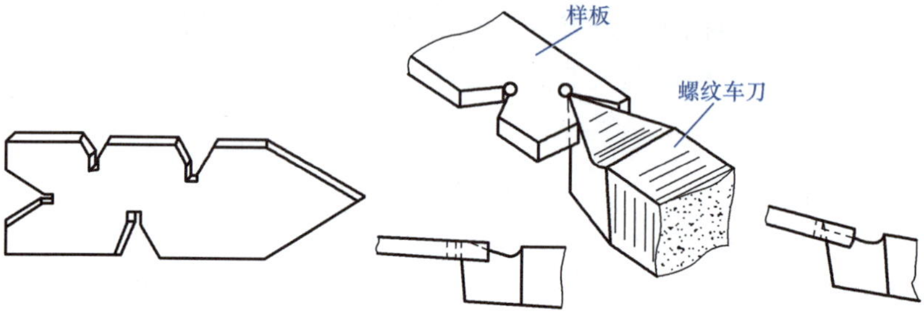

图2-58　测量螺纹角度

(3)刃磨时的注意事项

①磨刀时,人的站立位置要正确,特别在刃磨整体式内螺纹车刀内侧的切削刃时,不小心就会使刀尖角磨歪。

②刃磨高速钢车刀时,宜选用80#氧化铝砂轮,刃磨时压力应小于一般车刀,并及时用水冷却,以免过热而降低切削刃硬度。

③粗磨时也要用样板检查刀尖角。对于磨有纵向前角的螺纹车刀,粗磨后的刀尖角略大于牙型角,待磨好前角后再修正刀尖角。也可以先磨出正确的刀尖角,再磨前角,磨好前角后,刀尖角应略小于牙型角。

④刃磨螺纹车刀的切削刃时要稍带移动,这样容易使切削刃平直。

三、车三角形外螺纹

1.螺纹车刀的装夹

(1)装夹螺纹车刀时,刀尖一般应对准工件中心(可根据尾座顶尖高度进行检查)。

(2)螺纹车刀刀尖角的对称中心线必须与工件轴线垂直,装刀时可用样板来对刀,如图2-59所示。如果把车刀装歪,就会产生牙型歪斜。

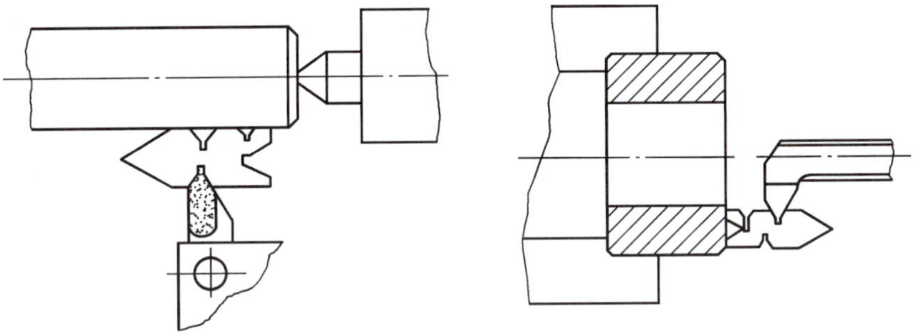

(a)　　(b)

图2-59　螺纹车刀的装夹

(3)刀头伸出不要过长,一般为20～25 mm(约为刀杆厚度的1.5倍)。

2.车螺纹前的准备

(1)按螺纹规格车螺纹外圆,并按所需长度刻出螺纹长度终止线。先将螺纹外径车至尺寸,然后用刀尖在工件上的螺纹终止处刻一条微可见线,以它作为车螺纹的退刀标记。

(2)变换手柄位置。一般按工件螺距在进给箱铭牌上找到交换齿轮的齿数和手柄位置,并把手柄转到所需的位置上。

(3)调整交换齿轮。根据工件的螺距查机床上的铭牌,然后调整进给箱上手柄的位置并配换挂轮箱齿轮的齿数,以获得所需要的工件螺距。其方法如下:

①切断机床电源,将车头变速手柄放在中间空挡位置。

②识别有关齿轮、齿数及上、中、下轴。

③了解齿轮装拆的程序及单式、复式交换齿轮的组装方法。

④在调整交换齿轮时,必须先把齿轮套筒和小轴擦干净,并使其相互间隙稍大些,再涂上润滑油(有油杯的应装满黄油,定期用手旋进)。套筒的长度要小于小轴台阶的长度,否则螺母压紧套筒后,中间轮就不能转动,开车时会损坏齿轮或扇形板。

⑤交换齿轮啮合间隙的调整。图2-60所示为变动齿轮在交换齿轮架上的位置及交换齿轮架本身的位置,使各齿轮的啮合间隙保持为0.10～0.15 mm。如果太紧,挂轮在转动时会产生很大的噪声并损坏齿轮。

(4)调整滑板间隙。调整中、小滑板的镶条时,不能太紧,也不能太松。太紧则摇动滑板费力,操作不灵活;太松则车螺纹时容易扎刀。顺时针方向旋转小滑板手柄,消除小滑板丝杠与螺母的间隙。

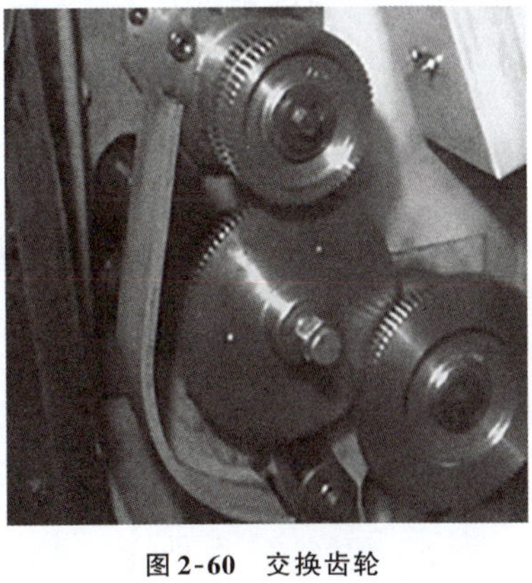

图2-60　交换齿轮

3. 螺纹的加工方法

(1)直进法

如图 2-61(a)所示,车螺纹时,螺纹车刀刀尖及左、右两侧切削刃都参与切削。每次切削由中滑板做径向进给,随着螺纹深度的增大,切削深度相应减小。这种切削方法操作简单,可以得到比较正确的牙型,适用于螺距小于 2 mm 和脆性材料的螺纹车削。

(2)左右切削法

如图 2-61(b)所示,车削过程中,除了中滑板做径向进给外,应同时使用小滑板使车刀做左、右微量进给,这样重复切削几次,直至螺纹全部车好。

(3)斜进法

如图 2-61(c)所示,粗车螺纹时,为了操作方便,除了中滑板做径向进给外,小滑板也应沿同一方向做微量进给。

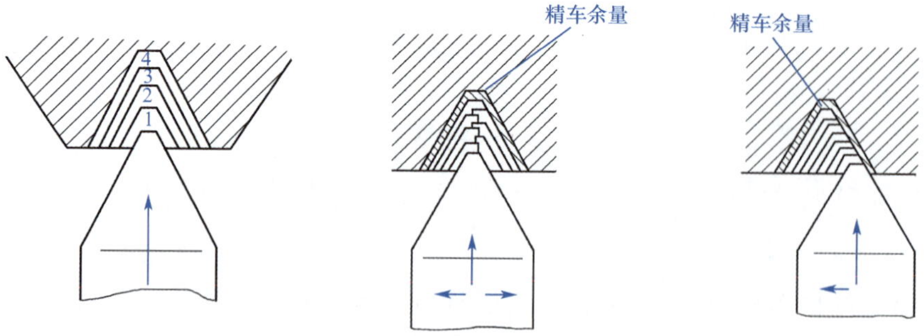

(a) 直进法　(b) 左右切削法　(c) 斜进法

图 2-61　螺纹的加工方法

4. 乱扣及其避免方法

在第一次进刀完毕后,第二刀按下开合螺母时,螺纹车刀的刀尖已不在第一刀的螺旋槽里,而是偏左或偏右,结果把螺纹车乱而报废,这就叫乱扣。乱扣是由丝杠转过一转时,工件未转过整数转而造成的。因此在加工前,应首先确定被加工螺纹的螺距是否是乱扣的。如果是乱扣的,则采用开倒顺车法予以弥补,即每车一刀后,立即将车刀径向退出,不提起开合螺母,开倒车使车刀纵向退回到第一刀开始切削的位置,然后让中滑板进给,再开顺车走第二刀,这样反复几次,直到把螺纹车好。

5. 车螺纹的步骤

(1)确定螺纹切削深度的起始位置,将中滑板刻度调至零位,开车,使刀尖轻微接触工件表面,然后迅速将中滑板刻度调至零位,以便于进刀记数。

(2)试切第一条螺旋线并检查螺距。将床鞍摇至离工件端面 8~10 牙处,横向进刀 0.05 mm 左右。选择主轴转速为 200 r/min 左右,开动车床,将主轴倒、顺转数次;合上开合螺母,在工件表面车出一条螺旋线,至螺纹终止线处退出车刀,开倒车把车刀退到工件右端;停车,用钢尺检查螺距是否正确,如图 2-62 所示。

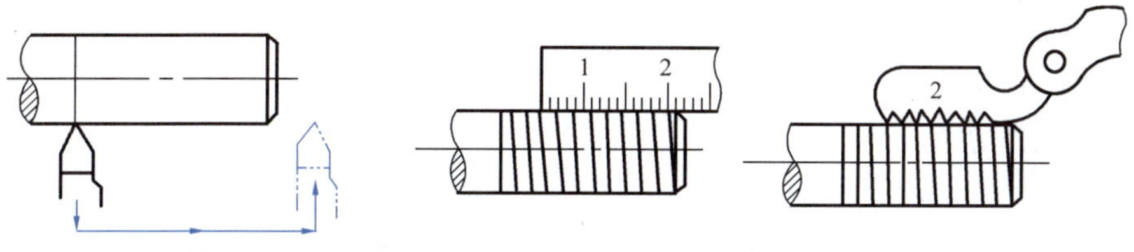

(a)　　(b)

图 2-62　试切螺纹并检查螺距

(3)用刻度盘调整背吃刀量,开车切削。螺纹的总背吃刀量 a_p 与螺距的关系遵照经验公式 $a_p \approx 0.65P$,每次的背吃刀量约 0.1 mm。

(4)刀将至终点时做好退刀停车准备,先快速退出车刀,然后开倒车退出刀架。

(5)再次横向进刀,继续切削直至车出正确的牙型。

6. 螺纹的测量

(1)螺纹大径的测量

螺纹大径的公差较大,一般可用游标卡尺或千分尺测量。

(2)螺距的测量

螺距一般用钢板尺测量,普通螺纹的螺距较小,在测量时,根据螺距的大小,最好量 2~10 个螺距的长度,然后除以 2~10,就得出一个螺距的尺寸。如果螺距太小,则用螺距规测量,测量时把螺距规平行于工件轴线方向嵌入牙中,如果完全符合,则说明螺距是正确的。

(3)螺纹中径的测量

精度较高的三角形螺纹可用螺纹千分尺测量,所测得的千分尺读数就是该螺纹的中径实际尺寸,如图 2-63 所示。

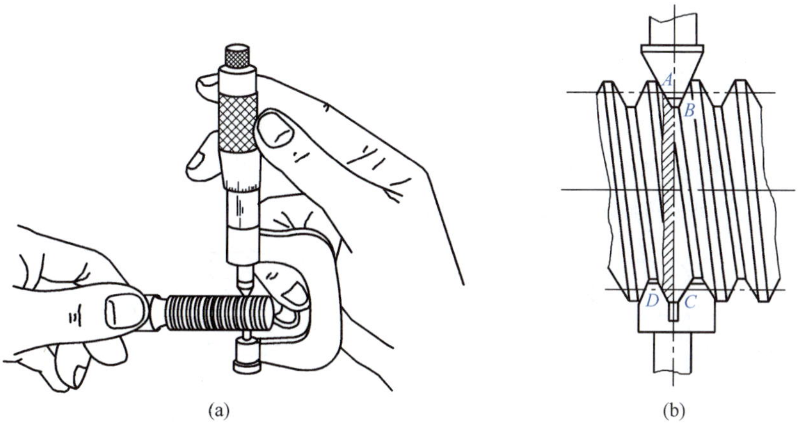

(a)　　(b)

图 2-63　用螺纹千分尺测量螺纹中径

(4)综合测量

可用螺纹环规(图 2-64)综合检查三角形外螺纹。如果环规通端能拧进去而止端拧不进去,则说明螺纹精度合格。对精度要求不高的螺纹也可用标准螺母检查,以拧上工件时是否顺利和松动的感觉来判断螺纹精度是否合格。

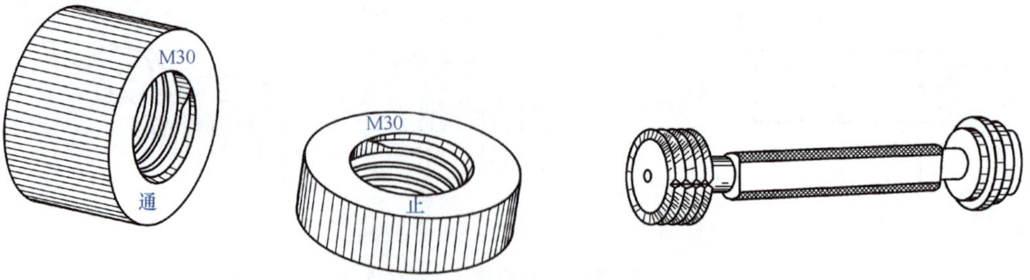

(a) (b)

图 2-64 螺纹环规

四 车三角形内螺纹

1. 内螺纹车刀的选择

内螺纹车刀是根据它的车削方法和工件材料及形状来选择的。它的尺寸大小受螺纹孔径尺寸的限制，一般其刀头径向长度应比孔径小 3～5 mm，否则退刀时会碰伤牙顶，甚至不能车削。刀杆在保证排屑的前提下要粗壮些。

2. 内螺纹车刀的刃磨和装夹

内螺纹车刀的刃磨方法和外螺纹车刀基本相同。刃磨刀尖时要注意它的平分线必须与刀杆垂直，否则车内螺纹时会出现刀杆碰伤内孔的现象，如图 2-65 所示。刀尖宽度应符合要求，一般为 $0.1P$。

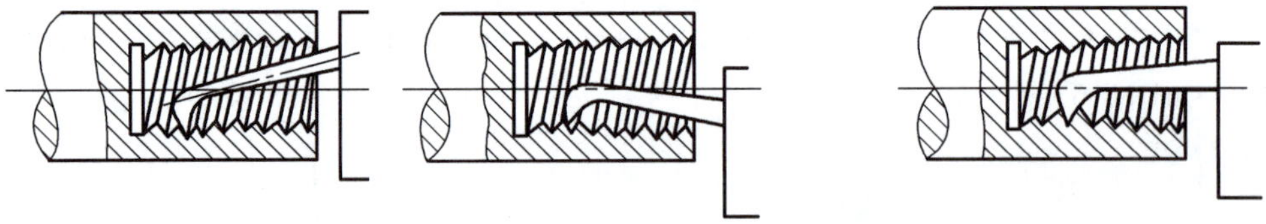

(a) 错误　(b) 正确

图 2-65 内螺纹车刀的刃磨

装刀时必须严格按样板找正刀尖，否则车削后会出现倒牙现象。刀装好后，应在孔内摇动床鞍至终点，以检查是否碰撞，如图 2-66 所示。

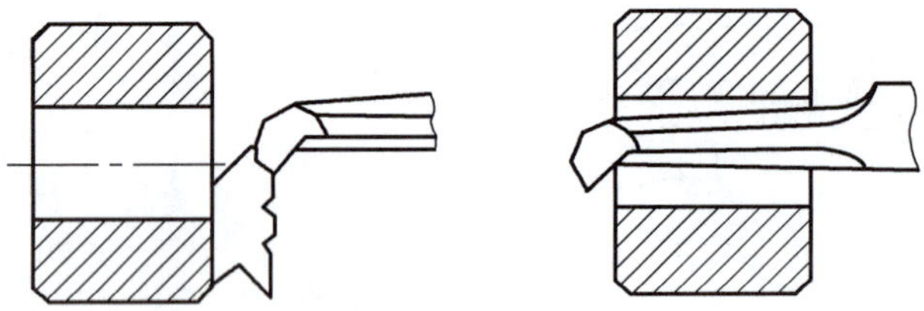

(a) (b)

图 2-66 装刀

3. 车内螺纹的方法

(1)车内螺纹前，先把工件的内孔、平面及倒角车好。

(2)开车空刀练习进刀、退刀动作，车内螺纹时的进刀、退刀方向和车外螺纹时相反，按图 2-67 进行练习。练习时，需在中滑板刻度盘上做好退刀和进刀。

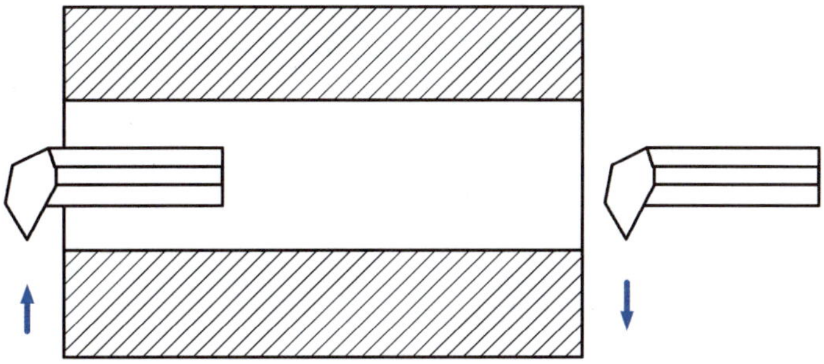

图 2-67　空车练习对刀

(3)内螺纹的进刀切削方式和外螺纹相同，螺距小于 1.5 mm 或铸铁螺纹采用直进法，螺距大于 2 mm 采用左右切削法。为避免刀杆受切削力而产生变形，它的大部分余量应先在尾座方向上切削掉，然后车另一面，最后车螺纹大径。车内螺纹时目测困难，一般根据排屑情况进行左右赶刀切削，并判断螺纹的表面粗糙度。

4.车盲孔或台阶孔内螺纹

(1)车退刀槽，它的直径应大于内螺纹大径，槽宽为 2～3 个螺距，并与台阶平面切平。

(2)选择盲孔车刀。

(3)根据螺纹长度加上 1/2 槽宽在刀杆上做好记号，作为退刀、开合螺母起闸之用。

(4)车削时，中滑板手柄的退刀和开合螺母的开合动作要迅速、准确、协调，保证刀尖从槽中退出。

(5)切削用量和切削液的选择与车三角形外螺纹时相同。

五　车梯形螺纹

1.梯形螺纹的作用及种类

梯形螺纹的轴向剖面形状是等腰梯形，精度要求比较高，是机械设备中应用广泛的传动性螺纹，如车床上的长丝杠和中小滑板的丝杠等。梯形螺纹有两种，国家标准规定梯形螺纹的牙型角为 30°；英制梯形螺纹的牙型角为 29°，在我国较少采用。

2.梯形螺纹的标记

梯形螺纹的标记由螺纹代号、公差带代号及旋合长度代号组成。梯形螺纹代号用字母 Tr 及公称直径×螺距与旋向(左旋螺纹标“LH”，右旋不标)表示。梯形螺纹公差带代号仅标注中径公差带，如 7H、7e，大写为内螺纹，小写为外螺纹。梯形螺纹的旋合长度代号分 N、L 两组，N 表示中等旋合长度，L 表示长旋合长度。

标记示例：Tr22×5-7H，表示梯形螺纹，公称直径为 22 mm，螺距为 5 mm，中径公差带代号为 7H。

3.梯形螺纹的技术要求

(1)梯形螺纹的中径必须与基准轴颈同轴，其大径尺寸应小于公称尺寸。

(2)车削梯形螺纹必须保证中径尺寸公差。

(3)梯形螺纹的牙型角要正确。

(4)梯形螺纹牙型两侧面的表面粗糙度较小。

4.梯形螺纹车刀的刃磨要求

(1)用样板校对刃磨两刀刃夹角。

(2)有纵向前角的梯形螺纹车刀的刀尖角应进行修正。

(3)车刀刃口要平直、光滑,两侧刀刃必须对称。

(4)用油石研磨,研去刀刃上的毛刺。

5.梯形螺纹车刀的装夹

(1)车刀切削刃必须与工件轴线等高(若用弹性刀杆,则应高于工件轴线约0.2 mm),同时应和工件轴线平行。

(2)刀头的角平分线要垂直于工件轴线。一般用样板找正装夹(图2-68),以免产生螺纹半角误差。

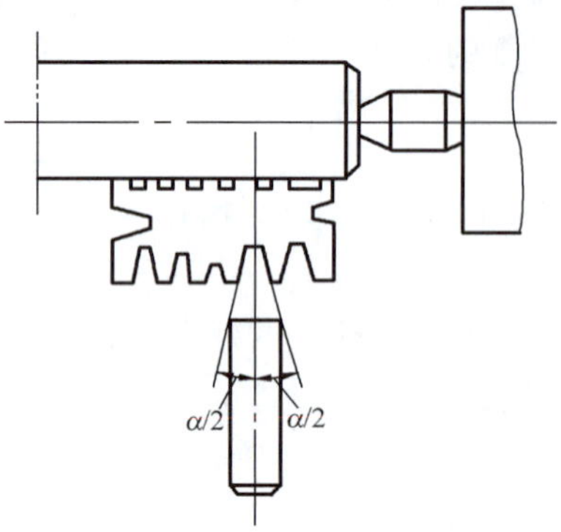

图2-68　用样板找正装夹

6.梯形螺纹的车削方法

梯形螺纹的车削方法一般有左右切削法、车直槽法、车阶梯槽法,如图2-69所示。

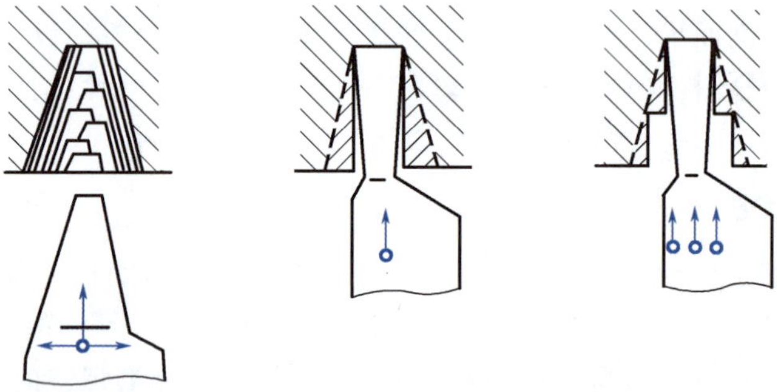

(a)左右切削法　(b)车直槽法　(c)车阶梯槽法

图2-69　梯形螺纹的车削方法

(1)梯形外螺纹的车削

①螺距小于4 mm和精度要求不高的工件,可用一把梯形螺纹车刀,用左右切削法进行少量地车削。

②螺距大于4 mm和精度要求高的梯形外螺纹,一般采用车直槽法,分刀车削,先用车槽刀车出螺旋槽,再用梯形螺纹车刀进行车削。具体做法如下:

- 车梯形外螺纹时,螺纹顶径留0.3 mm左右的余量,且倒角与端面成15°。

● 选用刀头宽度稍小于槽底宽的车槽刀粗车螺纹(每边留0.25～0.35 mm的余量)。

● 用梯形螺纹车刀采用左右切削法车削梯形螺纹牙型的两侧面,每边留0.1～0.2 mm的精车余量,并车准螺纹小径尺寸。

● 精车大径至图样要求。

● 选用梯形螺纹精车刀,采用左右切削法完成螺纹的加工。

(2)梯形内螺纹的车削

梯形内螺纹的车削与三角形内螺纹的车削基本相同。车削时进刀深度不易掌握,可先车准螺纹孔径尺寸,然后粗车。精车时应不进刀车削2～3次,以消除刀杆的弹性变形,保证螺纹的精度要求。

7. 梯形螺纹的测量方法

(1)综合测量法

综合测量法是用标准螺纹量规对螺纹各主要参数进行综合性测量。螺纹量规包括螺纹塞规和螺纹环规,二者都分通端和止端,在使用中不能搞错。如果通端难以旋入,则应对螺纹的各直径尺寸、牙型角、牙型半角和螺距进行检查,修正后再用量规检验。

(2)单项测量法

①大径、小径的测量:一般用游标卡尺或千分尺直接测量。

②螺纹中径的测量:一般采用三针测量法或单针测量法。三针测量法适用于测量一些精度要求较高、螺纹升角小于4°的螺纹工件。测量时把三根直径相等的量针放在螺纹相对应的螺旋槽中,用千分尺量出两边量针顶点之间的距离M,如图2-70(a)所示。单针测量法只需用一根量针,将其放置在螺旋槽中,用千分尺量出螺纹大径与量针顶点之间的距离A,如图2-70(b)所示。

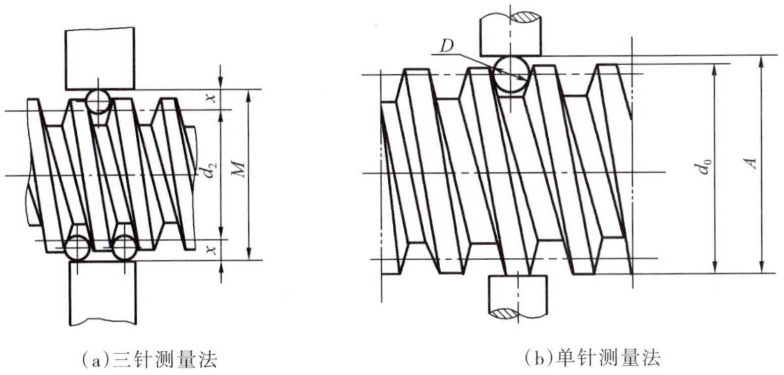

(a)三针测量法　　(b)单针测量法

图2-70　单项测量法

六、车螺纹时产生废品的原因及预防措施

车螺纹的主要质量问题是尺寸不对或牙型不正确,从而产生废品,其原因及预防措施见表2-6。

表 2-6　　车螺纹时产生废品的原因及预防措施

废品种类	产生原因	预防措施
尺寸不正确	(1)车外螺纹前的直径不对 (2)车内螺纹前的孔径不对 (3)车刀刀尖磨损 (4)螺纹车刀切深过大或过小	(1)根据计算尺寸车削外圆与内孔 (2)经常检查车刀并及时修磨 (3)车削时严格掌握螺纹切入深度
螺纹不正确	(1)挂轮在计算或搭配时错误 (2)进给箱手柄放错位置 (3)车床丝杠和主轴窜动 (4)开合螺母塞铁松动	(1)车螺纹时先车出很浅的螺旋线,检查螺距是否正确 (2)检查进给箱手柄位置,确保正确 (3)调整好车床主轴和丝杠的轴向窜动量 (4)调整开合螺母塞铁,必要时在手柄上挂重物
牙型不正确	(1)车刀安装不正确,产生半角误差 (2)车刀刀尖角刃磨不正确 (3)车刀磨损	(1)用样板对刀 (2)正确刃磨和测量刀尖角 (3)合理选择切削用量并及时修磨车刀
螺纹表面不光洁	(1)切削用量选择不当 (2)切屑流出方向不对 (3)产生的积屑瘤拉毛螺纹侧面 (4)刀杆刚性不够而产生振动	(1)用高速钢车刀车螺纹的切削速度不能太快,切削厚度应小于0.06 mm,并加切削液 (2)用硬质合金车刀高速车螺纹时,最后一刀的切削厚度要大于0.1 mm,切屑要垂直于轴线方向排出 (3)调整切削速度,减小切削深度,刀具刃磨时适当增大后角和刃倾角,并且根据材质选择正确的切削液,避免产生积屑瘤 (4)刀杆不能伸出过长,并应选用粗壮的刀杆
扎刀和顶弯工作	(1)车刀的径向前角太大 (2)工件刚性差,而切削用量选择得太大	(1)减小车刀的径向前角,调整中滑板丝杠与螺母的间隙 (2)合理选择切削用量,增加工件装夹刚性

任务实施

1.准备工作

准备任务四中加工完成的零件、0.02 mm游标卡尺、千分尺、CA6140车床。

车三角形外螺纹

2.操作步骤

(1)用两顶尖装夹工件。

(2)粗、精车三角形外螺纹M10×1,长21 mm至尺寸要求。

(3)倒角。

(4)检查(配螺母)。

3.注意事项

(1)车螺纹前要检查主轴手柄的位置,用手旋转主轴(正、反),看其是否过重或空转量过大。

(2)因初学者操作不熟练,故宜采用较低的切削速度,并注意在练习时思想要集中。

(3)车螺纹时,开合螺母必须闸到位,如感到未闸好,则应立即起闸,重新操作。

(4)车螺纹时应注意不能用手去摸正在旋转的工件,更不能用棉纱去擦正在旋转的工件。

(5)车完螺纹后应提起开合螺母,并把手柄拨到纵向进刀位置,以免在开车时撞车。

(6)车螺纹应保持刀刃锋利。如中途换刀或磨刀,则必须重新对刀,并重新调整中滑板刻度。

(7)粗车螺纹时要留适当的精车余量。

(8)精车时应首先用最少的赶刀量车光一个侧面,把余量留给另一侧面。

项目评价

本项目的评分标准见表2-7。

表2-7　　**车削手柄的评分标准**

班级:			姓名:	学号:	
项目二:车削手柄				零件图:图2-1	
序号	检测内容	配分	评分标准	实测结果	得分
1	工件装夹方法正确	5	不符合要求酌情扣分		
2	工、量具放置位置正确,排列整齐	5	不符合要求酌情扣分		
3	长度、同轴度达到要求	10	不符合要求酌情扣分		
4	槽底直径达到尺寸	10	不符合要求酌情扣分		
5	锥度满足要求	10	总体评定		
6	球面尺寸正确	15	不符合要求酌情扣分		
7	滚花无乱纹	10	不符合要求酌情扣分		
8	螺距(导程)尺寸正确	10	不符合要求酌情扣分		
9	牙型正确	5	总体评定		
10	表面粗糙度准确	10	不符合要求酌情扣分		
11	安全、文明生产	10	每违反一项扣2分		
综合得分		100			

拓展资料

中国古代的车床

早在唐朝时,我国就有了最原始的车床。到了明代,中国人发明的畜力车床已经是世界上最先进的,加工的工件精度已经达到了现在精度的2～5丝,精度和表面粗糙度都达到了很高的水平。此外,箭杆、枪杆等得到了大批量生产,车削代替了以前的磨削。

项目三
车削衬套

项目导读

套类零件是一种应用范围很广的常见机械零件，在机器中主要起支承和导向作用，例如支承回转轴的各种形式的滑动轴承、夹具体中的导向套、液压系统中的液压缸以及内燃机上的气缸套等。套类零件由于功用不同，其结构和尺寸有较大差别，但也有共同之处：零件结构不太复杂，主要由具有较高同轴度要求的内、外圆柱面组成，零件的壁厚较小，易产生变形，轴向尺寸一般大于外圆直径，长径比大于5的深孔比较多。在实际操作中，可以感受对精度的把握和要求，千磨百炼，在不断重复和积累中掌握方法，提高效率和质量。

项目任务

完成图3-1所示衬套的加工。

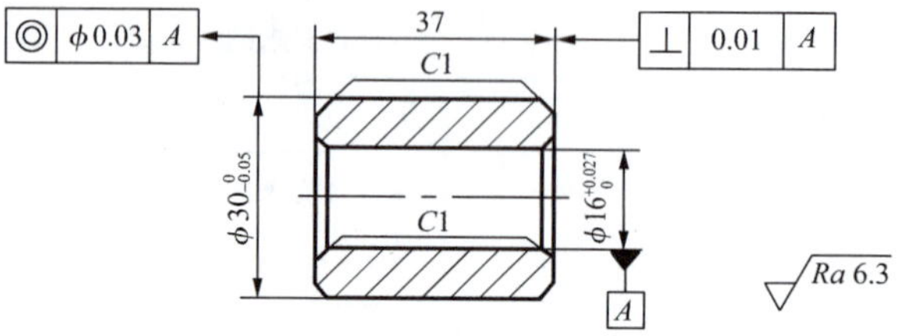

图3-1　衬套零件图

工艺分析

该零件包括内、外圆柱面及内、外倒角等，其毛坯为落料45热轧圆钢，规格为ϕ35 mm×85 mm(图3-2)，加工后的衬套如图3-3所示。

图3-2　衬套毛坯

图3-3　加工后的衬套

任务一 钻 孔

学习目标

- 掌握麻花钻切削部分的刃磨方法。
- 能正确安装与拆卸钻头。
- 能正确选择钻孔的方法。
- 了解钻孔时产生废品的原因及预防措施。
- 在实践中积累提升和创新方法。

任务引入

完成图3-4所示零件内孔的钻削加工。

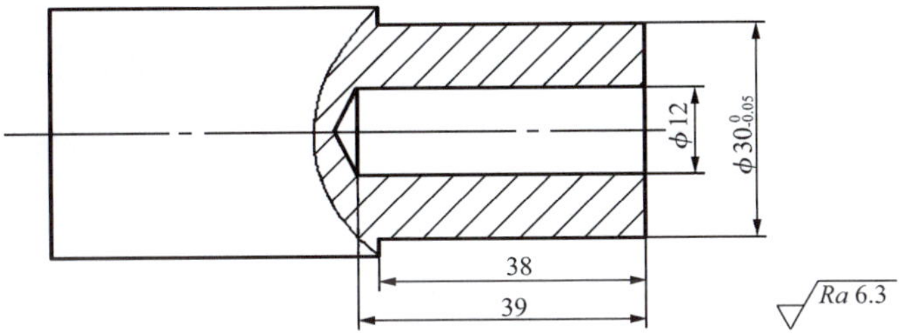

图3-4 零件图(钻孔)

任务分析

完成该零件钻孔任务的操作步骤:准备工件和钻孔工具→装夹工件→钻孔加工→精度检测。

相关知识

一 麻花钻的选用

对于精度要求不高的内孔,可用麻花钻直接钻出;对于精度要求较高的内孔,钻孔时还要经过车孔或扩孔、铰孔等加工才能完成。在选用麻花钻直径时,应根据后续工序的要求留出加工余量。选用麻花钻的长度时,一般应使导向部分略长于孔深。麻花钻过长则刚度低;麻花钻过短则排屑困难,也不宜钻通孔。

二 麻花钻的装夹

1.直柄麻花钻的装夹

直柄麻花钻常用钻夹头装夹，将钻夹头锥柄装入车床尾座套筒锥孔中即可进行钻削，如图3-5所示。

2.锥柄麻花钻的装夹

锥柄麻花钻的柄部是莫氏圆锥。当钻头锥柄的规格与尾座套筒锥孔的规格相同时，可直接把钻柄装入尾座套筒锥孔内，如图3-6所示。当两者的规格不相同时，就必须在钻柄处装一个与尾座套筒规格相同的过渡锥套，然后再将过渡锥套装入尾座套筒锥孔内。

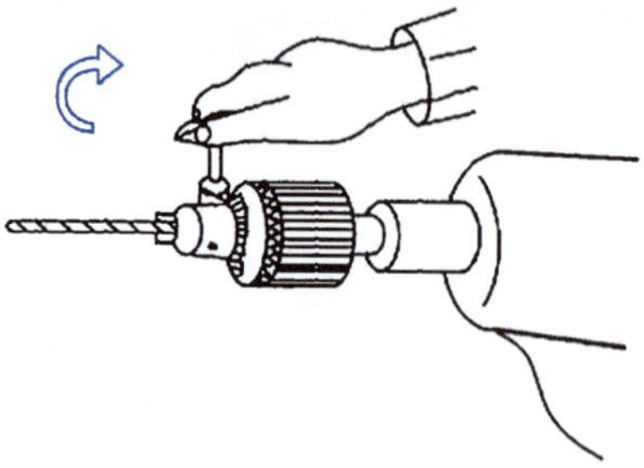

图3-5　直柄麻花钻的装夹

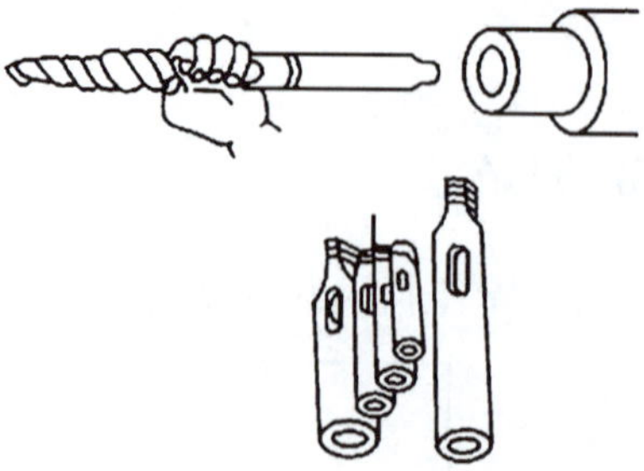

图3-6　锥柄麻花钻的装夹

3.用V形架装夹

用两块V形架将直柄钻头装夹在刀架上，钻孔前先校准中心，钻孔时可利用床鞍的自动纵向进给进行操作。

4.用专用夹具装夹

将专用夹具装夹在刀架上，锥柄钻头可插入专用夹具的锥孔中，如装夹直柄钻头，则专用夹具应具有圆柱孔，侧面用螺钉紧固。钻削前应先校准中心，然后利用床鞍的自动纵向进给进行钻孔，如图3-7所示。

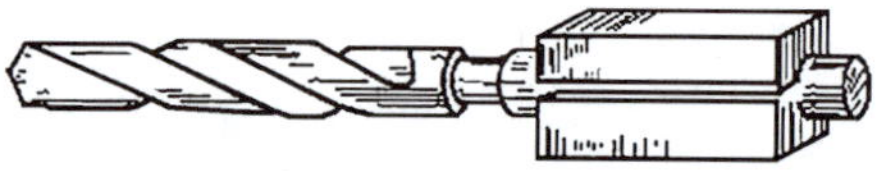

(a)

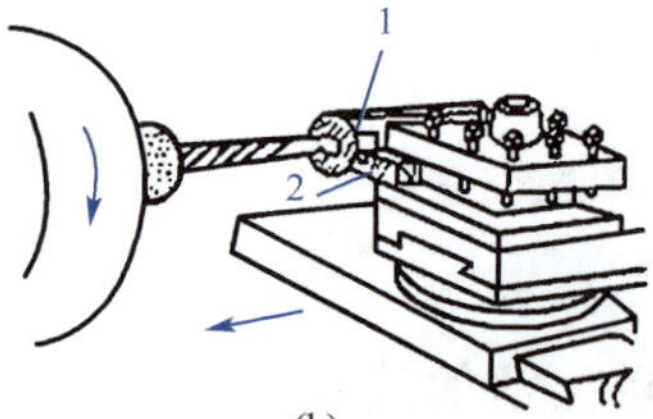

(b)

图3-7　用专用夹具装夹钻头

1—锥柄钻头；2—专用夹具

三 钻孔

1.钻孔时的切削用量

(1)背吃刀量：钻孔时的背吃刀量是钻头直径的一半。

(2)切削速度：用高速钢钻头钻钢料时，切削速度一般为 20～40 m/min；钻铸铁时，切削速度应稍低些。

(3)进给量：用直径为 30 mm 的钻头钻钢料时，进给量选 0.10～0.35 mm/r；钻铸铁时，进给量选 0.15～0.40 mm/r。

2.钻孔的方法

(1)钻孔前必须把端面车平。

(2)将钻头装入尾座套筒后，必须检查钻头轴线是否和工件的旋转轴线重合。

(3)当使用细长钻头钻孔时，应事先用中心钻钻出一个定心孔。

(4)钻较深的孔时，要经常把钻头退出以清除切屑。

(5)通孔快要钻透时，要减小进给量。

(6)钻钢料时，必须浇注充分的切削液。

(7)钻了一段深度之后，应该把钻头退出，停机测量孔径。

(8)把钻头引向工件端面时，引入力不可过大。

(9)当钻较长但要求不高的通孔时，可以调头钻孔。

四 扩孔

扩孔指用扩孔钻对工件上已有的孔进行扩大加工，如图 3-8 所示。

1.用麻花钻扩孔

在实心工件上钻孔时，如果孔径较小，则可以一次钻出；如果孔径较大，钻头直径也较大，横刃较长，轴向切削力增大，钻削时很费力，可以分两次或多次钻削。

用麻花钻扩孔时，由于钻头横刃不参与切削，轴向切削力小，进给省力，但钻头外缘处的前角较大，容易把钻头拉进去，使钻头在尾座套筒内打滑，因此应把钻头外缘处的前角修磨得小些，并适当地控制进给量，防止因钻削轻松而使进给过快。

2.用扩孔钻扩孔

扩孔钻有高速钢扩孔钻和硬质合金扩孔钻两种，如图 3-9(a)所示。

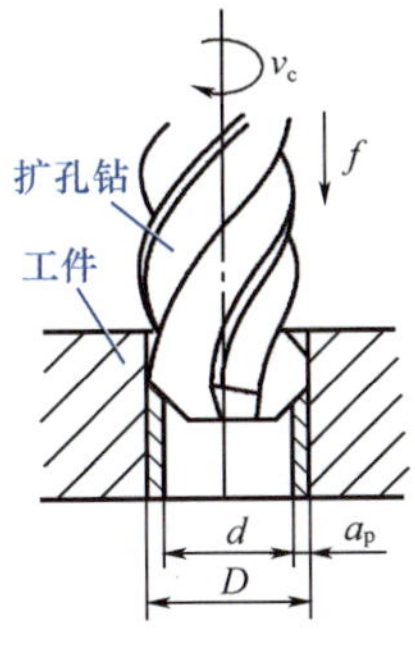

图 3-8　扩孔

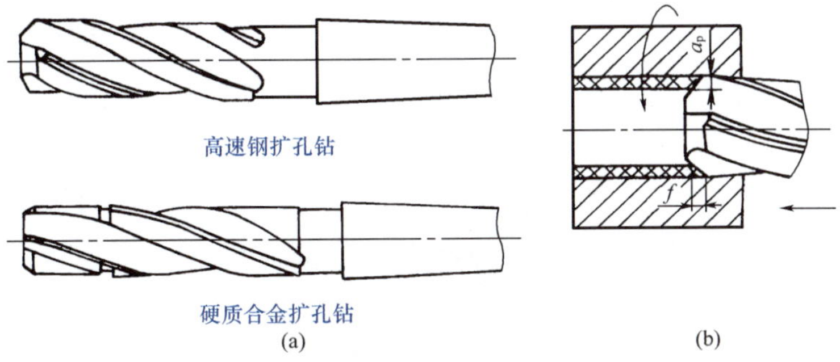

图 3-9　扩孔钻和扩孔

由于扩孔的切削条件大大改善，所以扩孔钻的结构与麻花钻相比有较大不同。图 3-9(b)所示为扩孔钻工作部分的结构简图，其结构特点如下：

(1)因中心不切削,故没有横刃,切削刃只做成靠边缘的一段。

(2)因扩孔产生的切屑体积小,不需要大的容屑槽,故扩孔钻可以加粗钻芯,以提高刚度,使工作平稳。

(3)因容屑槽较小,故扩孔钻可做出较多刀齿,以增强导向作用。一般整体式扩孔钻为3~4齿。

(4)因背吃刀量较小,故切削角度可取较大值,以使切削省力。

五 锪孔

锪孔是用锪钻刮平孔的端面或切出沉孔的加工方法。锪钻有圆柱形沉头孔锪钻、圆锥形锪钻和端面锪钻等几种,如图3-10所示。有些工件钻孔后需要在孔口处倒角,有些工件要用顶尖顶住孔口加工外圆,这时可用圆锥形锪钻将孔口锪出内圆锥面。

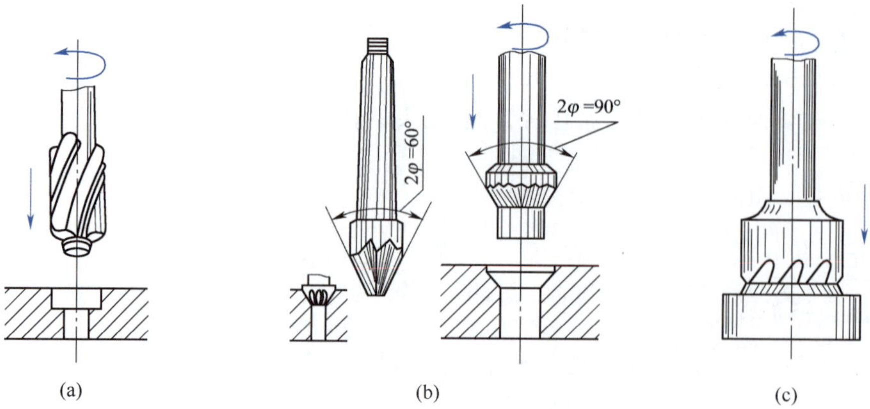

图3-10　锪孔的应用

圆锥形锪钻有60°、75°、90°、120°等几种。60°、120°圆锥形锪钻及其工作情况如图3-11所示,75°圆锥形锪钻用于锪埋头铆钉孔,90°圆锥形锪钻用于锪埋头螺钉孔。

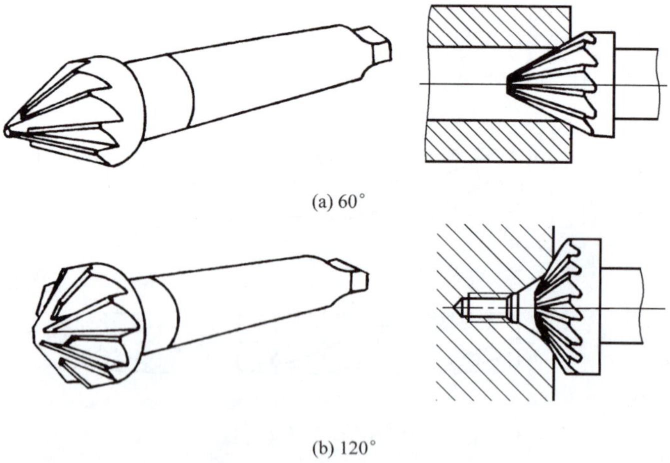

图3-11　圆锥形锪钻及其工作情况

任务实施

1.准备工作

准备ϕ35 mm×85 mm棒料、ϕ12 mm钻头、ϕ3 mm A型中心钻、90°外圆车刀、0.02 mm游标卡尺、千分尺、CA6140车床。

2.操作步骤

(1)夹住外圆校正并夹紧,伸出约40 mm。

(2)车端面(车平即可)。

(3)钻A型中心孔。

(4)钻孔深度约39 mm。

(5)粗、精车ϕ30 mm外圆面至尺寸要求,外圆长度应大于37 mm。

(6)检查并测量。

3.注意事项

(1)起钻时进给量要小,在钻头切削部分完全进入工件后方可正常钻削。

(2)当通孔即将钻穿时,进给量要小,以防钻头折断。

(3)钻削钢件时,必须充分浇注切削液冷却钻头,以防钻头发热退火。

任务二　车内孔

学习目标

- 掌握孔的车削加工方法。
- 掌握内孔车刀的几何形状及加工原理。
- 正确装夹内孔车刀。
- 掌握测量内孔的常用量具及要领。
- 掌握切削液的使用方法。
- 塑造工匠品格,扎实技术学习,灵活改进不足。

任务引入

完成图3-12所示零件内孔的车削加工。

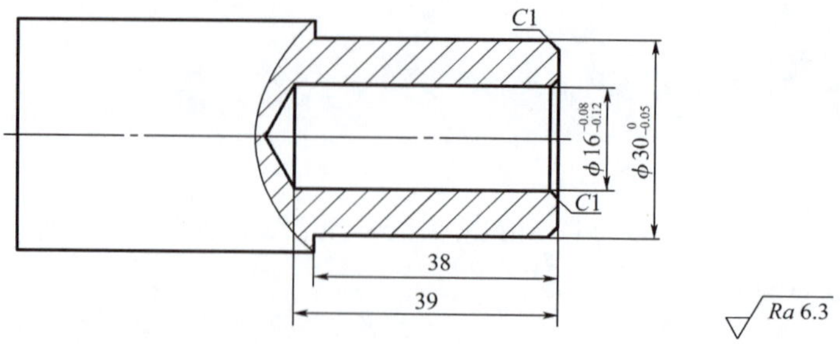

图 3-12　零件图(车内孔)

任务分析

在任务一的基础上完成图 3-12 所示零件的车孔任务，操作步骤：准备工件和车孔工具→装夹工件→车孔加工→精度检测。

相关知识

对于铸造孔、锻造孔或用钻头钻出的孔，为达到所要求的尺寸精度、位置精度和表面粗糙度，可采用车孔的方法。车孔是车削加工的主要内容之一，也可作为半精加工和精加工。车孔后精度一般可达 IT7～IT8，表面粗糙度可达 Ra 1.6～Ra 3.2 μm，精车可达 Ra 0.8 μm。

一　内孔车刀的种类、几何形状及刃磨

1. 内孔车刀的种类

根据不同的加工情况，内孔车刀可分为通孔车刀(图 3-13(a))和盲孔车刀(图 3-13(b))两种。

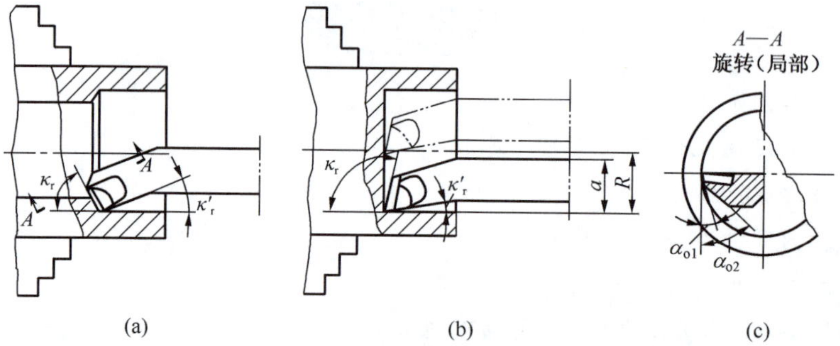

图 3-13　内孔车刀

2. 内孔车刀的几何形状

(1)通孔车刀

通孔车刀切削部分的几何形状如图 3-13(a)所示，为了减小径向切削抗力，防止车孔时产生振动，主偏角 κ_r 应取得大些，一般为 60°～75°，副偏角 κ'_r 一般为 15°～30°。为了防止内孔车刀的后刀面和孔壁产生摩擦且不使后角被磨得太大，一般磨成两个后角，如图 3-13(c)所示，其中 α_{o1} 取 6°～12°，α_{o2} 取 30°左右。为了便于排屑，刃倾角 λ_s 取正值(前排屑)。

(2)盲孔车刀

盲孔车刀用来车削盲孔或台阶孔,它的主偏角κ_r大于90°,一般为92°~95°(图3-13(b)),其后角的要求和通孔车刀一样。不同之处是盲孔车刀刀尖在刀杆的最前端,车平底孔的车刀刀尖到刀杆外端的距离a小于内孔半径R,否则无法车平孔的底面。为了便于排屑,刃倾角λ_s取负值(后排屑)。

3.内孔车刀的刃磨

内孔车刀的前角一般在主切削刃方向上刃磨,对纵向切削有利,一般用于精加工。若在轴向上刃磨前角,则对横向切削有利,且车削时内孔表面比较粗糙,一般用于粗加工。

内孔车刀的刃磨角度如图3-14所示。

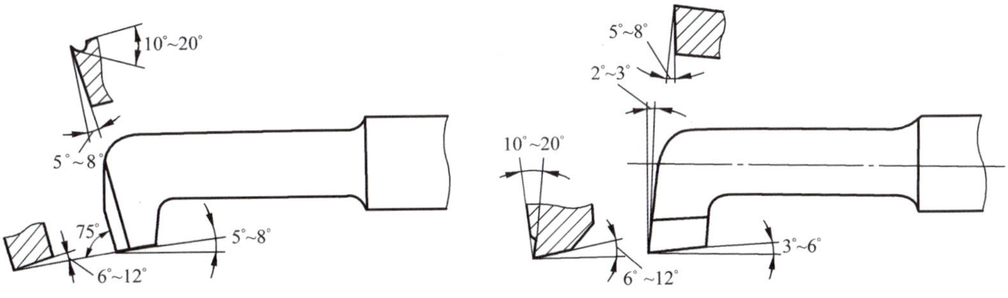

(a) 粗镗孔刀　　(b) 精镗孔刀

图3-14　内孔车刀的刃磨角度

二 内孔车刀的装夹

内孔车刀的装夹如图3-15所示,其装夹正确与否,直接影响车削情况及孔的精度。装夹时要注意以下几点:

(1)装夹内孔车刀时,刀尖应对准工件中心或略高些,这样可以避免内孔车刀受切削压力下弯而产生扎刀现象,从而把孔镗大。

(2)为了增加内孔车刀的刚性,防止振动,刀杆伸出长度应尽可能短些,一般比工件孔深长5~10 mm。

图3-15　内孔车刀的装夹

(3)内孔车刀装好后,应先在毛坯孔内走一遍,以防车孔时由于刀杆装得歪斜而碰到孔的表面。

(4)加工台阶孔时,主切削刃应和端面成3°~5°的夹角;镗削内端面时,要求横向有足够的退刀余地。

三 工件的装夹

车孔时,工件一般采用三爪自定心卡盘装夹;对于较大和较重的工件,则采用四爪单动卡盘装夹。加工直径较大、长度较短的工件(如盘类零件等),必须找正外圆和端面。一般情况下先找正端面,再找正外圆,如此反复几次,直至达到要求。

四 车内孔的方法

1.车孔的关键技术

车孔的关键技术是解决内孔车刀的刚性和排屑问题。增加内孔车刀的刚性主要采取以下两项措施：

(1)尽量增大刀杆的截面积。一般的内孔车刀有一个缺点，刀杆的截面积小于孔截面积的1/4，如果让内孔车刀的刀尖位于刀杆的中心线上，刀杆的截面积就可达到最大。

(2)刀杆的伸出长度尽可能短些。如果刀杆伸出太长，刚性就会降低，容易引起振动。因此，为了增加刀杆的刚性，刀杆的伸出长度只要略大于孔深即可，而且要求刀杆的伸出长度能根据孔深加以调整。

在加工孔时，为了能够及时排屑，可以调整切削用量，改变切屑形状，以便加大切削液的流量，从而带走切屑。

2.孔的加工方法

(1)通孔

通孔的加工方法基本与外圆相似，只是横向进刀方向相反，粗、精车都要进行试切和试测，也就是根据余量的一半横向进给，当镗刀纵向切削至2 mm左右时纵向退出镗刀(横向不动)，然后停车试测。反复操作，直至符合孔径的精度要求。

(2)台阶孔

①镗削直径较小的台阶孔时，由于直接观察比较困难，尺寸不易掌握，因此通常采用先粗、精车小孔，再粗、精车大孔的方法。

②镗削直径大的台阶孔时，在视线不受影响的情况下，通常采用先粗车大孔和小孔，再精车大孔和小孔的方法。

③镗削孔径大小相差悬殊的台阶孔时，最好先用主偏角为85°左右的镗刀进行粗镗，留余量再用90°镗刀精镗。

④控制长度的方法：粗车时采用刀杆上的刻线及床鞍刻度盘上的刻线来控制，精车时使用钢直尺、深度尺配合小滑板刻度盘上的刻线来控制。

(3)盲孔

车盲孔时，内孔车刀的刀尖必须与工件的旋转中心等高，否则不能将孔底车平。检验刀尖中心高的简单方法是车端面时进行对刀，若端面能车至中心，则盲孔底面也能车平。同时还必须保证内孔车刀的刀尖至刀柄外侧的距离 a 小于内孔半径 R(图3-16)，否则切削时刀尖还未车至工件中心，刀柄外侧就已与孔壁上部相碰。

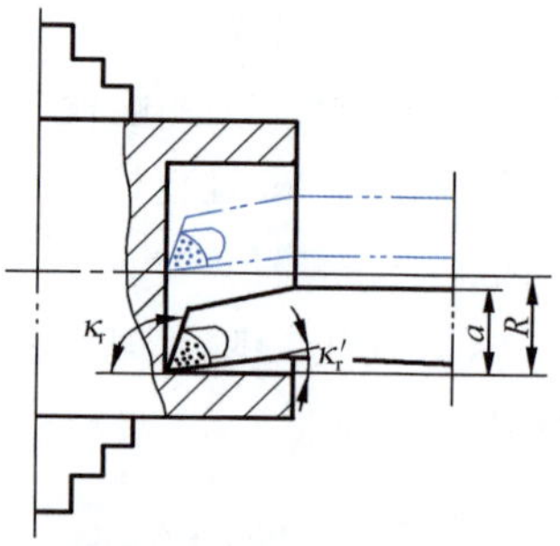

图3-16　盲孔的加工

五 孔的测量

1.尺寸精度的检验

当孔径精度要求较低时，可以用内卡钳、钢直尺、游标卡尺等进行测量。用内卡钳测量孔径如图3-17所示。当孔径精度要求较高时，通常用塞规、内径千分尺或内径百分表结合外径千分尺进行测量。

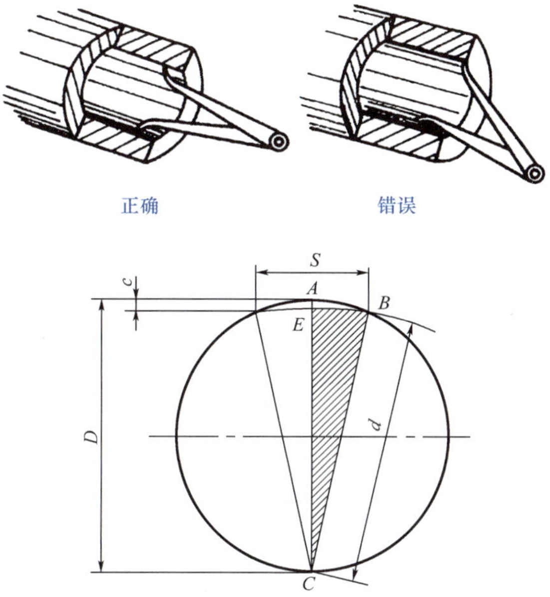

图3-17　用内卡钳测量孔径

(1)用塞规测量

塞规如图3-18所示，由通端、止端和柄组成。通端按孔的下极限尺寸制成，测量时应塞入孔内；止端按孔的上极限尺寸制成，测量时不允许插入孔内。当通端塞入孔内而止端插不进去时，就说明此孔的尺寸在下极限尺寸与上极限尺寸之间，是合格的。

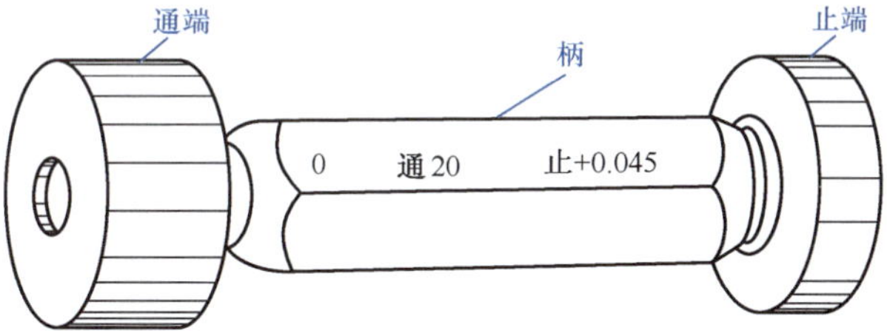

图3-18　塞规

(2)用内径千分尺测量

内径千分尺及其使用方法如图3-19所示。这种千分尺的刻线方向与外径千分尺相反，当微分筒顺时针旋转时，活动量爪向左移动，量值增大。

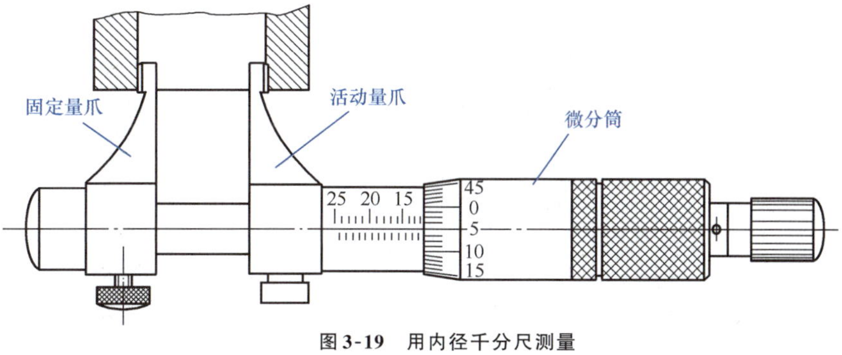

图3-19　用内径千分尺测量

(3)用内径百分表测量

内径百分表是用对比法测量孔径的,因此使用时应先根据被测工件的内孔直径,用外径千分尺将内径百分表对准零位后,方可进行测量,方法如图3-20所示。取最小值为孔径的实际尺寸。

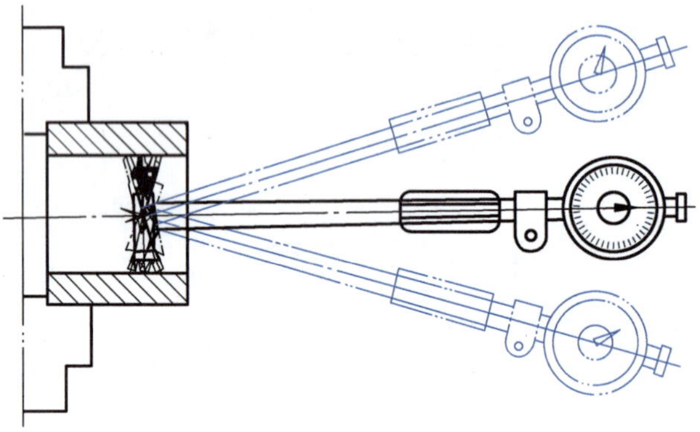

图3-20　用内径百分表测量

2.形状精度的检验

在车床上加工的圆柱孔,一般仅测量孔的圆度和圆柱度(一般测量锥度)两项形状偏差。当孔的圆度要求不很高时,在生产现场可用内径百分表(或内径千分表)在孔的圆周上各个方向测量,测量结果中最大值与最小值之差的一半即圆度误差。

3.位置精度的检验(图3-21)

(1)径向圆跳动的检验方法

一般套类工件测量径向圆跳动时,都可以将内孔作为基准,把工件套在精度很高的心轴上,用百分表(或千分表)来检验。百分表在工件转一周中的读数差,就是径向圆跳动误差。

(2)端面圆跳动的检验方法

先把工件安装在精度很高的心轴上,利用心轴上极小的锥度使工件轴向定位,然后把杠杆式百分表的圆测头靠在所需测量的端面上,转动心轴,测得百分表的读数差,就是端面圆跳动误差。

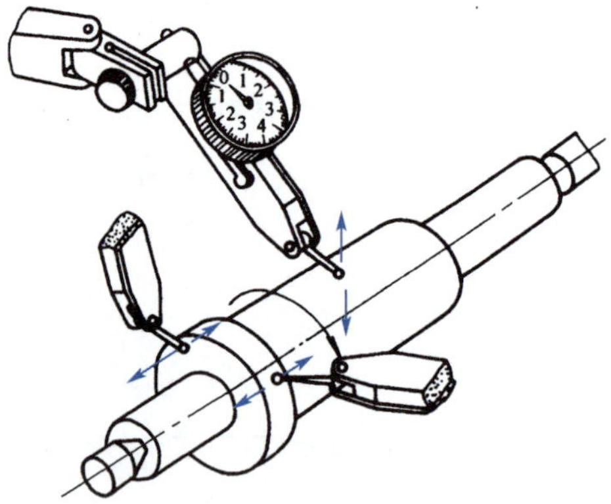

图3-21　位置精度的检验

六、车内孔时常见的问题

车内孔时常见问题的产生原因及预防措施见表3-1。

表3-1　车内孔时常见问题的产生原因及预防措施

常见问题	产生原因	预防措施
内孔不圆	(1)主轴轴承间隙过大 (2)加工余量不均匀,没有分粗、精车 (3)薄壁工件夹紧变形	(1)修理机床 (2)分粗、精车 (3)改变装夹方法
内孔有锥度	(1)刀具磨损 (2)主轴轴线歪斜 (3)工件没有校正 (4)刀杆刚性差,产生让刀 (5)刀尖轨迹和主轴轴线不平行 (6)刀杆过粗,以致和工件内壁相碰	(1)提高刀具寿命 (2)校正导轨和主轴轴线平行 (3)仔细校正工件 (4)选用较粗的刀杆 (5)大修机床导轨 (6)刀杆选细些
内孔不光	(1)切削用量不当 (2)车刀磨损 (3)刀具振动 (4)车刀几何角度不合理 (5)刀尖低于工件中心	(1)重选切削用量 (2)重磨车刀 (3)加粗刀杆,降低切削速度 (4)合理选择车刀几何角度 (5)刀尖稍高于工件中心安装

任务实施

1.准备工作

准备任务一中完成的工件、内孔车刀、45°偏刀、0.02 mm游标卡尺、内径百分表、塞规、内卡钳、CA6140车床。

车内孔

2.操作步骤

(1)夹住外圆校正并夹紧。

(2)车内孔ϕ16 mm,留铰削余量0.08~0.12 mm,内孔深度约40 mm。

(3)内、外圆倒角C1 mm。

(4)检查。

3.注意事项

(1)加工过程中注意中滑板退刀方向与车外圆时相反。

(2)孔的内端面要平直,孔壁与内端面相交处要清角,防止出现凹坑和小台阶。

(3)精车内孔时,应保持车刀锋利。

(4)车小盲孔时,应注意排屑,这是因为铁屑阻塞会造成车刀损坏或扎刀,把孔车废。

(5)根据余量大小合理分配背吃刀量,力争快、准。

任务三 铰 孔

学习目标

- 了解铰刀的种类和规格。
- 能正确选择并安装铰刀。
- 合理选择铰削用量和切削液。
- 能分析铰孔时产生废品的原因及预防措施。
- 锻造恪守标准、敬业负责的品格。

任务引入

完成图3-22所示零件的铰孔加工。

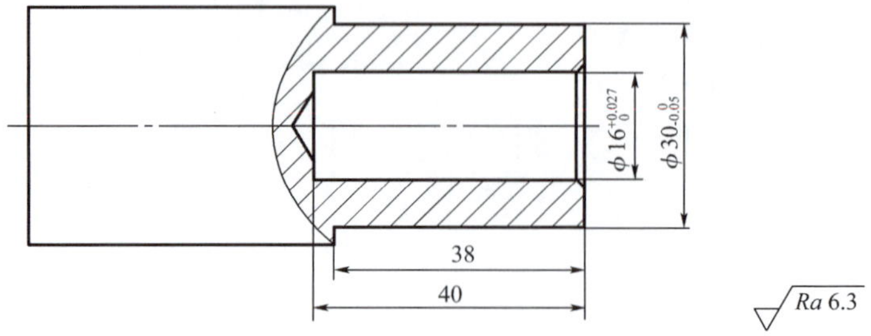

图3-22 零件图(铰孔)

任务分析

在任务二的基础上完成图3-22所示零件的铰孔任务,操作步骤:准备工件和铰孔工具→装夹工件→铰孔加工→精度检测。

相关知识

一 铰刀的组成、齿数及形状

1.铰刀的组成

铰刀由工作部分、颈部和柄部组成,如图3-23所示。

(1)工作部分

工作部分由锥形导引部分、锥形切削部分、圆柱形修光部分和倒锥组成。

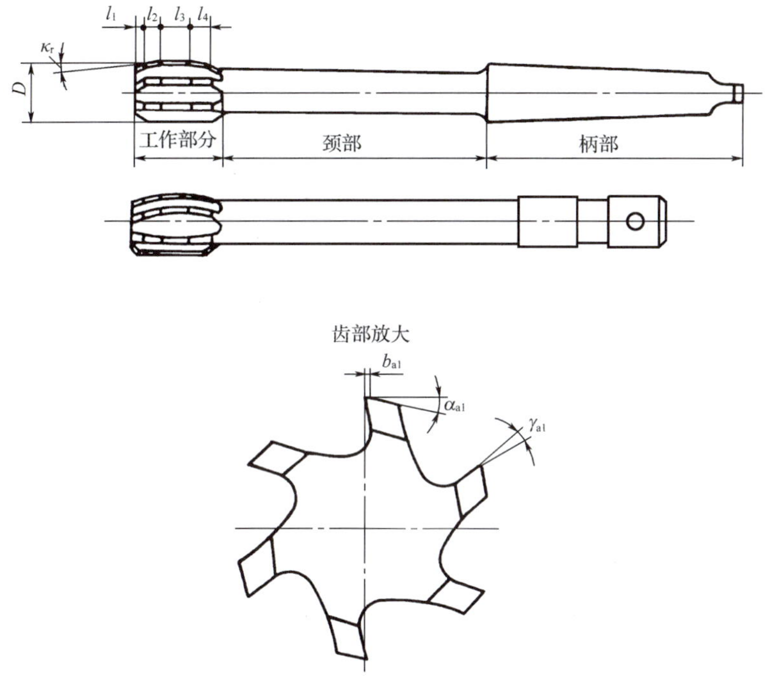

图 3-23　铰刀

(2)颈部

颈部连接柄部和工作部分。

(3)柄部

柄部是铰刀的夹持部分,机用铰刀有圆柱柄(用在小直径的铰刀上)和锥柄(用在大直径的铰刀上)两种。

2. 铰刀的齿数及形状

铰刀一般为4~8齿,一般都做成偶数齿。铰刀的齿槽一般做成直槽。直径较小的铰刀($d<32$ mm)做成整体式,直径较大的铰刀($d=25\sim75$ mm)做成插柄式,如图3-23所示。

二　铰刀的装夹

安装铰刀的方法有两种:一是将刀柄直接或通过钻夹头(对直柄铰刀)、过渡套筒(对锥柄铰刀)插入车床尾座套筒的锥孔中;二是将铰刀通过浮动套筒插入尾座套筒的锥孔中,如图3-24所示。

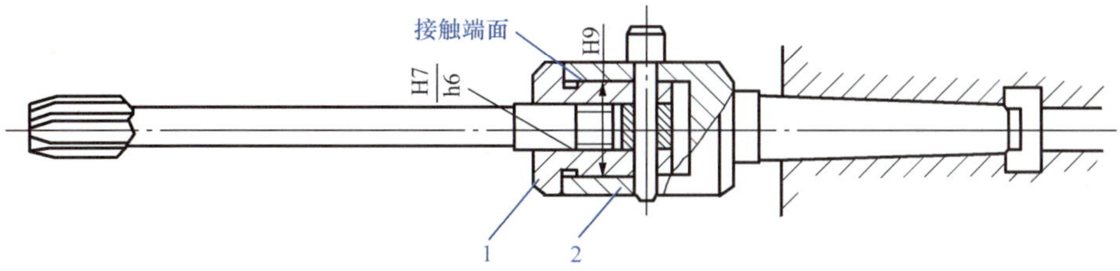

图 3-24　浮动装夹铰刀

1—衬套;2—套筒

三、铰孔的方法

(1)铰孔前对孔的预加工

铰孔前对已钻出或铸、锻的毛孔要进行预加工,即车孔或扩孔。

比较合适的铰削余量:使用高速钢铰刀时,留余量0.08~0.12 mm;使用硬质合金铰刀时,留余量0.15~0.20 mm。

(2)铰刀尺寸的选择

铰刀的基本尺寸和孔的基本尺寸相同,只是需要确定铰刀的公差。

(3)铰孔时的切削用量

一般推荐切削速度小于5 m/min。铰钢件时,进给量为0.2~1.0 mm/r;铰铸铁或有色金属时,进给量还可以再大一些。背吃刀量是铰孔余量的一半。

(4)冷却和润滑

在不加切削液或加水溶性切削液时,铰出来的孔径略大。加极压乳化液时,铰出来的孔径比铰刀的实际直径略小。加水溶性切削液可以得到最好的表面粗糙度,油类次之,不加切削液时最差。

任务实施

1.准备工作

准备任务二中完成的工件、0.02 mm游标卡尺、内径百分表、塞规、内卡钳、CA6140车床。

2.操作步骤

(1)夹住外圆校正并夹紧。

(2)铰孔至尺寸。

(3)检查。

3.注意事项

(1)切削液不能间断,浇注位置应在切削区域。

(2)尽可能用浮动装夹的铰刀铰孔。

(3)铰孔结束后,最好从孔的另一端取出铰刀。

(4)注意铰刀的保养,以防敲毛碰伤。

(5)铰削钢件时,应防止产生积屑瘤,否则容易把孔拉毛或铰坏。

(6)要防止铰刀中心与工件中心不一致,以免铰孔时产生锥度,或把孔铰大。

(7)应先试铰,以免造成废品。

任务四　切　断

学习目标

- 能正确选择切断刀。
- 能正确安装切断刀。
- 掌握切断工件的方法。
- 掌握切削液的使用方法。
- 培养执着专注的敬业精神。

任务引入

对图3-22所示零件进行切断加工。

任务分析

完成图3-22所示零件的切断任务,操作步骤:准备工件和工具→装夹工件→切断→掉头装夹→车端面,保证总长→精度检测。

相关知识

一　切断刀的种类及应用

1.高速钢切断刀

如图3-25(a)所示,高速钢切断刀的刀头和刀杆由同一种材料锻造而成,损坏后可以通过锻打再使用,因此比较经济,目前应用较为广泛。

2.硬质合金切断刀

如图3-25(b)所示,硬质合金切断刀的刀头由硬质合金焊接而成,因此适宜高速切削。

3.弹性切断刀

如图3-25(c)所示,为节省高速钢材料,将切刀做成片状,再夹在弹簧刀杆内。弹性切断刀既节省刀具材料,又富有弹性,当进给过快时,刀头在弹簧刀杆的作用下会自动让刀,这样就不容易因扎刀而折断车刀。

(a)　(b)

图3-25　切断刀及其应用

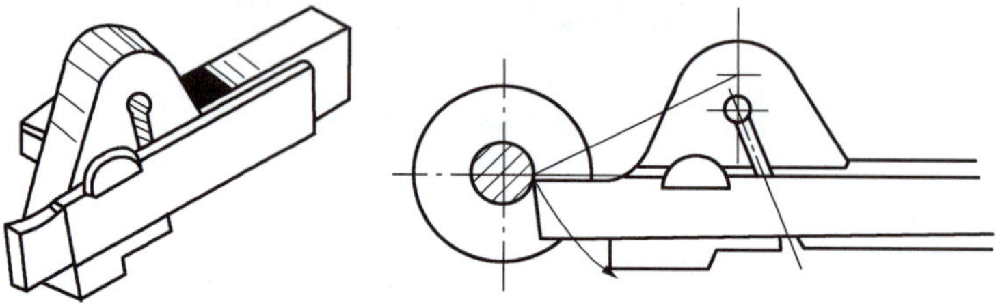

(c)

续图 3-25　切断刀及其应用(续)

二 切断刀的装夹

切断刀的装夹如图 3-26 所示。切断刀的装夹是否正确,对切断工件能否顺利进行、切断的工件平面是否平直有直接的影响,所以对切断刀的装夹要求严格。

(1)切断实心工件时,切断刀的主切削刃必须严格对准工件中心,刀头中心线应与轴线垂直,否则不能车到工件中心,而且容易崩刃,甚至折断车刀。

(2)为了增加切断刀的强度,刀杆不宜伸出过长,以防振动。

图 3-26　切断刀的装夹

(3)切断刀的底平面应平整,以确保装夹后两个副后角对称。

三 切断的方法

1. 直进法

如图 3-27(a)所示,直进法指垂直于工件轴线方向切断。这种切断方法效率高,但对车床刀具的刃磨和装夹有较高的要求,否则容易造成切断刀的折断。

2. 左右借刀法

如图 3-27(b)所示,左右借刀法指切断刀在径向进给的同时,车刀沿轴向反复往返移动,直至工件被切断。在切削系统(刀具、工件、车床)刚性等不足的情况下可采用左右借刀法切断工件。

3. 反切法

如图 3-27(c)所示,反切法指工件反转,车刀反装,这种切断方法适用于直径较大的工件,其优点是:

(1)反转切断时,作用在工件上的切削力与主轴重力方向一致,因此主轴不易产生上下跳动,切断工件比较平稳。

(2)切屑从下面流出,不会堵塞在切屑槽中,因此能比较顺利地进行切削。

必须指出,在用反切法切断工件时,卡盘与主轴的连接部分必须有保险装置,否则卡盘会因倒车而脱离主轴,从而发生事故。

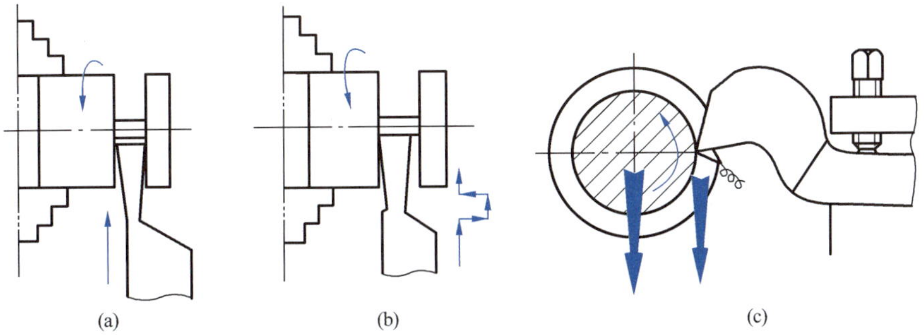

图 3-27　切断的方法

四 切断时产生废品的原因及预防措施

切断时产生废品的原因及预防措施见表 3-2。

表 3-2　切断时产生废品的原因及预防措施

废品种类	产生原因	预防措施
切下的工件长度不对	测量不正确	正确测量
切下的工件表面凹凸不平(尤其是薄工件)	(1)切断刀强度不够,主切削刃不平直,吃刀后因侧向切削力的作用而使刀具偏斜,致使切下的工件凹凸不平 (2)两刀尖圆弧的刃磨或磨损不一致,使主切削刃受力不均而产生凹凸面 (3)切断刀装夹不正确 (4)刀具角度刃磨不正确,两副偏角过大且不对称,从而降低了刀体强度,产生“让刀”现象	(1)增加切断刀的强度,刃磨时必须使主切削刃平直 (2)刃磨时保证两刀尖圆弧对称 (3)正确装夹切断刀 (4)正确刃磨切断刀,保证两副偏角对称

任务实施

1.准备工作

准备任务三中完成的工件、0.02 mm 游标卡尺、CA6140 车床。

2.操作步骤

(1)用切断刀切断,长度尺寸为 38 mm。

(2)掉头装夹,车端面至总长尺寸。

(3)内、外圆倒角 $C1$ mm。

(4)检查。

3.注意事项

(1)切断一般在卡盘上进行,工件的切断处应离卡盘近些,避免对用顶尖装夹的工件进行切断。

(2)切断刀的刀尖必须与工件中心等高,否则切断处将留有凸台,且刀头容易损坏。

(3)切断刀伸出刀架的长度不要过长,进给要缓慢、均匀。快要切断时,必须减小进给速度,以免刀头折断。

(4)切断钢件时需要加切削液进行冷却润滑;切断铸铁时一般不加切削液,必要时可用煤油进行冷却和润滑。

(5)切断用两顶尖装夹的工件时,不能直接切到工件的中心,以防车刀折断,工件飞出。

项目评价

本项目的评分标准见表3-3。

表3-3　　车削衬套的评分标准

班级:			姓名:		学号:
项目三:车削衬套				零件图:图3-1	
序号	检测内容	配分	评分标准	实测结果	得分
1	工件装夹方法正确	10	不符合要求酌情扣分		
2	工、量具放置位置正确,排列整齐	10	不符合要求酌情扣分		
3	外径尺寸满足要求	15	不符合要求酌情扣分		
4	内孔尺寸满足要求	15	不符合要求酌情扣分		
5	内、外圆倒角正确	10	不符合要求酌情扣分		
6	同轴度要求	10	不符合要求酌情扣分		
7	总长尺寸	10	不符合要求酌情扣分		
8	端面光滑	10	总体评定		
9	安全、文明生产	10	每违反一项扣2分		
综合得分		100			

拓展资料

天下大事必作于细

老子说:"天下难事,必作于易;天下大事,必作于细。"这句话的意思是,天下的难事,一定是从容易的地方做起的;天下的大事,一定是从细微的小事做起的。

鲁班曾拜一名知识渊博的老工匠学艺,他每天早出晚归,从练习砍木头开始,熟练之后又开始进行砍木块、木条的基础训练,后来又练习制作各种小模型。日积月累,有一天他终于自己发明并制出了第一把伞的雏形。

4 项目四 铣削牙嵌式离合器

项目导读

铣削加工是在铣床上使用旋转的多刃刀具(铣刀)对工件进行切削的一种加工方法。铣削的加工范围很广(图4-1),例如铣平面(水平面、垂直面)、台阶面、沟槽(直角槽、T形槽、V形槽、燕尾槽等)、成形面、分度零件(齿轮、链轮、花键轴及螺旋槽等)及切断等。此外,在铣床上安装孔加工刀具还可以进行钻孔、铰孔和镗孔等。

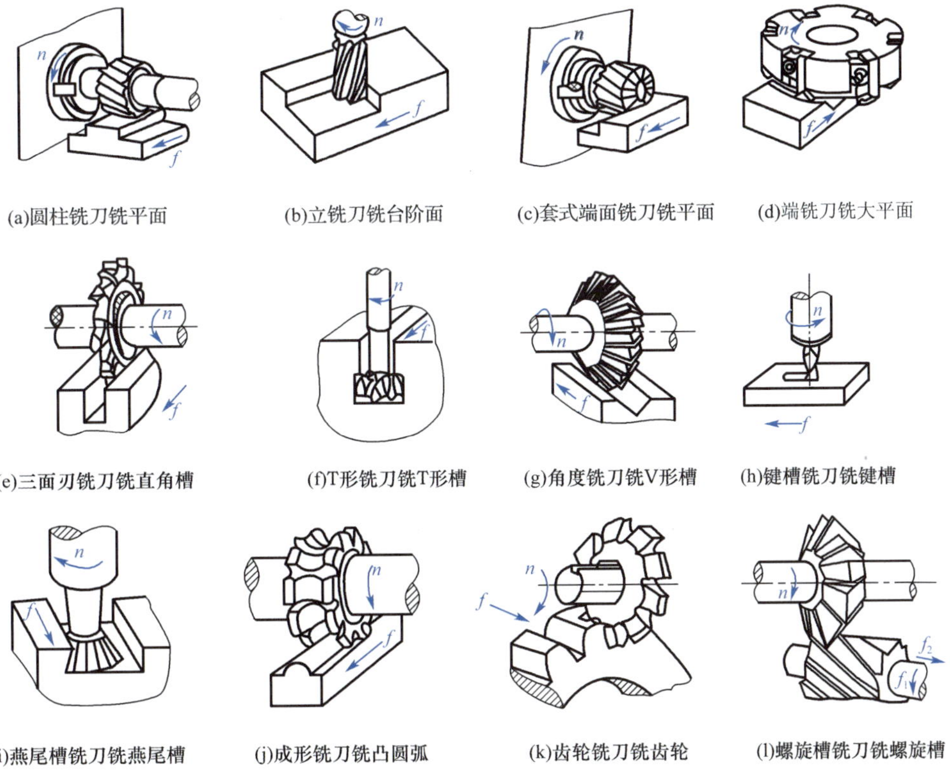

(a)圆柱铣刀铣平面　(b)立铣刀铣台阶面　(c)套式端面铣刀铣平面　(d)端铣刀铣大平面

(e)三面刃铣刀铣直角槽　(f)T形铣刀铣T形槽　(g)角度铣刀铣V形槽　(h)键槽铣刀铣键槽

(i)燕尾槽铣刀铣燕尾槽　(j)成形铣刀铣凸圆弧　(k)齿轮铣刀铣齿轮　(l)螺旋槽铣刀铣螺旋槽

图4-1　铣削的加工范围

通过本项目牙嵌式离合器的铣削加工,掌握铣削加工的基本概念,熟悉铣削加工的工艺特点及加工范围,掌握零件铣削加工的操作步骤,能正确操作铣床、相关的工艺装备和检测工具。在实际操作中,培养精益、专注、创新的工匠精神。

项目任务

本项目的任务是牙嵌式离合器的铣削加工。坯料为圆柱料，如图 4-2(a)所示，离合器外形如图 4-2(b)所示，其加工要求如图 4-3 所示。

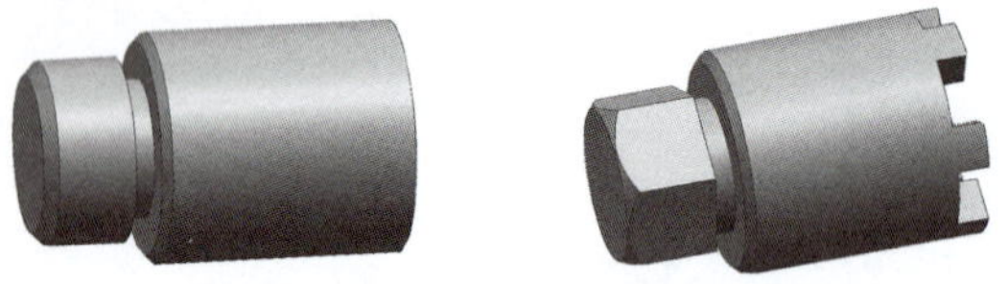

(a) (b)

图 4-2 毛坯及零件效果图

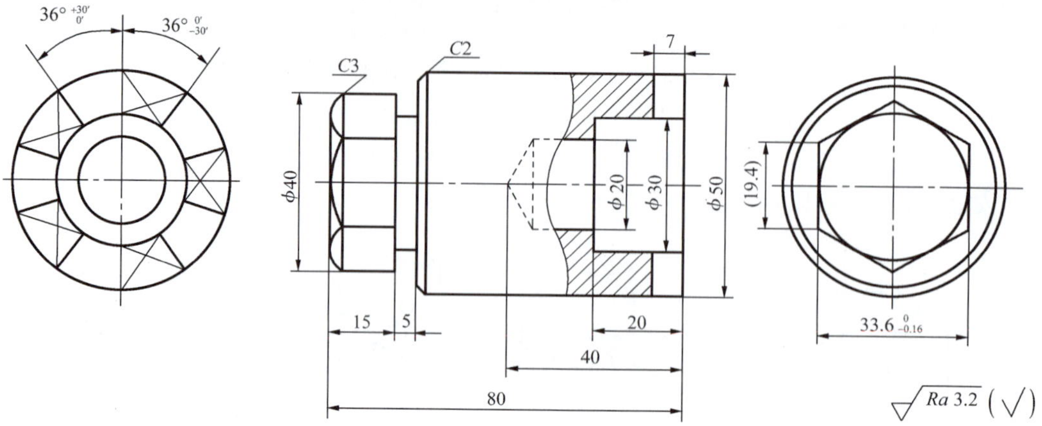

图 4-3 牙嵌式离合器零件图

工艺分析

要完成牙嵌式离合器的铣削加工，需按照以下工艺过程进行：零件工艺分析→设备和工艺装备的准备→工件的装夹→铣六方(平面)→检测→铣凸台和凹槽→检测。

任务一 铣削正六边形

学习目标

- 认识 XA5032 立式升降台铣床的主要组成及结构。
- 掌握工件的装夹及校正方法。
- 掌握铣削平面的工艺方法。
- 能使用万能分度头进行分度。
- 能严格执行铣床安全操作规程。
- 注重爱护工具和技艺、方法的传承。

任务引入

铣削牙嵌式离合器上正六边形的技术要求如下：

(1)零件各棱边去毛刺。

(2)零件尺寸公差为0.16 mm。

(3)零件表面粗糙度达 Ra 3.2 μm。

任务分析

本任务是在牙嵌式离合器的左端铣削一个正六边形。该类型零件在机械制造业中应用广泛，由于正多边形工件的各边都是沿其内切圆的圆周均匀分布的，因此其每边的铣削实际上是在圆柱面上铣削一个平面。这些平面的铣削沿圆周等分均布，具有一定的重复性，所以一般将工件在万能分度头上安装、校正后，通过简单分度进行铣削即可。操作步骤：校正与装夹工件—对刀—分度铣削工件。

相关知识

生产型企业中经常会采用多种机械加工方法，铣削加工是常见机械加工方法之一。铣削加工具有如下特点：

(1)采用多刃刀具加工，刀刃交替切削，刀具冷却效果好，耐用度高。

(2)生产率高，加工范围广。

(3)具有较高的加工精度。经济加工的精度一般为IT7～IT9，表面粗糙度为 Ra 1.6～Ra 12.5 μm；精细铣削的精度可达IT5，表面粗糙度达 Ra 0.2 μm。

一　XA5032立式升降台铣床的组成及基本操作

1. XA5032立式升降台铣床的组成

(1)铣床型号

铣床型号是铣床产品的代号(图4-4)，用以简明地表示铣床的类别、结构特性等。铣床型号主要由类代号、通用特性及结构特性代号、组系代号、主参数等内容组成。常见铣床型号、主参数及特点见表4-1。

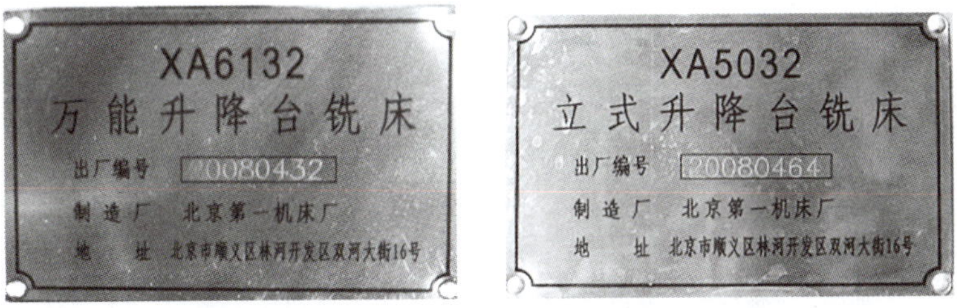

(a)　(b)

图4-4　铣床型号

表 4-1　常见铣床型号、主参数及特点

类	组		系		主参数		图示及特点
代号	代号	名称	代号	名称	折算系数	名称	
X(铣床类)	5	立式升降台铣床	0 1 2 3 4 5 6 7 8	立式升降台铣床 立式升降台镗铣床 摇臂铣床 万能摇臂铣床 摇臂镗铣床 转塔升降台铣床 立式滑枕升降台铣床 万能滑枕升降台铣床 圆弧铣床	1/10	工作台面宽度	 主轴位置与工作台面垂直,具有可沿床身导轨垂直移动的升降台,安装在升降台上的工作台和横向滑板可分别做纵向、横向移动
	6	卧式升降台铣床	0 1 2 3 4 5 6	卧式升降台铣床 万能升降台铣床 万能回转头铣床 万能摇臂铣床 卧式回转头铣床 广用万能铣床 卧式滑枕升降台铣床	1/10	工作台面宽度	 主轴位置与工作台面平行,具有可沿床身导轨垂直移动的升降台,安装在升降台上的工作台和横向滑板可分别做纵向、横向移动

(2)铣床的组成

XA5032立式升降台铣床(图4-5)是铣床中应用较为普遍的一种,其主要特征是主轴轴线与工作台面垂直,即主轴轴线处于竖直位置,因此称为立铣。这类铣床在结构、性能、功能等诸多方面均具有显著的特点,比如功率大、转速高、变速范围广、通用性强及操作方便、灵活等。

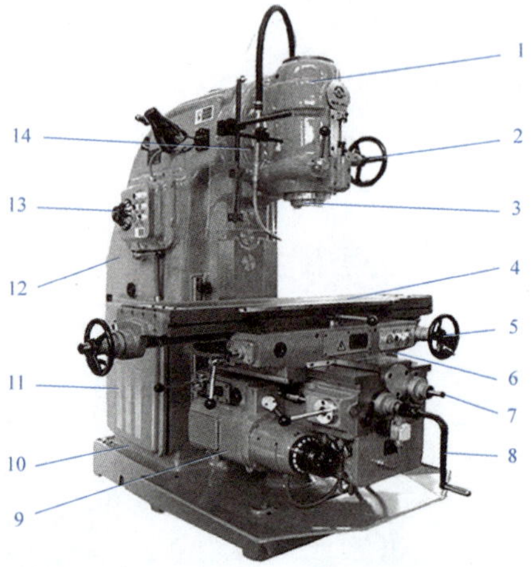

图 4-5　XA5032立式升降台铣床

1—立铣头;2—主轴进给手柄;3—主轴;4—工作台;5—纵向进给手柄;6—横向滑板;7—横向进给手柄;8—垂直进给手柄;9—进给变速机构;10—底座;11—电气箱;12—床身;13—主轴变速机构;14—立铣头回转盘

立式升降台铣床的主要组成部分如下:

①床身:是铣床的主体,用来安装和连接铣床上的其他部件,如立铣头、升降台、主电动

机和变速机构等。

②立铣头：安装在床身上部弯头的前面，用圆柱面定位。立铣头可围绕床身弯头轴线顺时针或逆时针回转，调整范围为±45°，以调整铣床主轴轴线与工作台面间的相对位置。

③主轴：是一根空心轴，前端有7:24的精密锥孔，用以通过拉杆来安装刀具或刀杆的锥柄部分。主轴带有套筒伸缩装置，可沿自身轴线在0～70 mm范围内做手动进给。

④纵向工作台：用于装夹夹具和零件，在横向滑板上由丝杠带动做纵向移动，以带动台面上的零件做纵向进给。

⑤横向工作台：位于升降台上面的水平导轨上，可带动纵向工作台一起做横向进给。

⑥升降台：可使整个工作台沿床身的垂直导轨上下移动，以调整工作台面到铣刀的距离，并做垂直进给。其内部安装着供进给运动用的电动机和变速机构。

⑦主轴变速箱：安装于床身内，操纵机构位于床身左侧。其功用是将主轴电动机的额定转速(1 450 r/min)通过齿轮变速，转换成30～1 500 r/min的18种主轴转速，以满足不同铣削速度的需要。

⑧进给变速机构：安装在升降台的左侧，由变速部分与操纵部分组成。其功用是调整和变换工作台的进给速度，以满足铣削的需要。

⑨底座：是整个铣床的基础，承受铣床的全部重量并提供盛放切削液的空间。

2.XA5032立式升降台铣床的基本操作

(1)工作台纵向、横向和垂直方向移动

①手动操作

将某一方向的手动进给手柄插入，接通该向手动离合器，摇动手柄，就能带动工作台做相应方向上的手动进给运动。顺时针摇动手柄，可使工作台前进(或上升)；逆时针摇动手柄，可使工作台后退(或下降)。纵向、横向刻度盘的圆周刻线为120格，每摇一转工作台转动6 mm(每摇过一格工作台移动0.05 mm)；垂直方向刻度盘的圆周刻线为40格，每摇一转工作台移动2 mm(每摇过一格工作台上升(下降)0.05 mm)。

注意：练习时，先进行工作台在各方向的手动匀速进给练习，再进行定距移动练习。定距移动练习即练习工作台在纵向、横向和垂直方向上移动规定的格数、距离。通过该练习，掌握消除由丝杠间隙形成的空行程对工作台移动的影响的方法。

②机动操作

XA5032立式升降台铣床在各个方向上的机动进给手柄都有两副，是联动的复式操纵机构，使操作更加便利。在进行机动进给练习前，应先检查各手动进给手柄是否与离合器脱开(图4-6)，以免手柄转动伤人。另外，还要检查各挡块是否安全、紧固。

图4-6　手动进给手柄与离合器脱开

注意：机动进给手柄的设置使操作非常形象化。当机动进给手柄与进给方向处于垂直状态时，机动进给是停止的；当机动进给手柄处于倾斜状态时，机动进给被接通。在主轴转动时，手柄向哪个方向倾斜，即向哪个方向机动进给，如图 4-7 所示。如果同时按下快速移动按钮，工作台即向该进给方向快速移动。

图 4-7　纵向进给手柄处于中位(停止)

(2)进给变速操作

铣床的进给变速操作需在停止自动进给的情况下进行，具体步骤如下：

①向外拉出进给变速手柄，如图 4-8 所示。

②转动进给变速手柄，带动进给速度盘转动。将进给速度盘上选择好的进给速度值对准指针位置。

③将进给变速手柄推回原位，即完成进给变速操作。

图 4-8　向外拉出进给变速手柄

(3)主轴变速操作

变换主轴转速时，必须先接通电源，停车后再按以下步骤进行操作：

①手握进给变速手柄的球部并下压，使手柄的定位榫头从固定环槽中脱出，如图 4-9 所示。

②向外拉出进给变速手柄，使其顺时针转动，将定位榫头嵌入到固定环槽中，如图 4-10 所示。

图 4-9　定位榫头从固定环槽中脱出

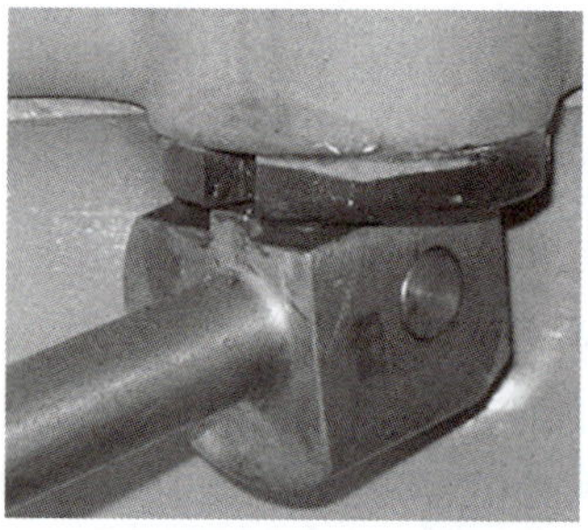

图 4-10　定位榫头嵌入固定环槽中

③调整转速盘，将所选择的转速对准指针，如图 4-11 所示。

④下压上述手柄并快速推到指定位置(两固定环槽的中间位置)，即可接合手柄。此时冲动行程开关瞬时接通，电动机转动，带动变速齿轮转动，使齿轮啮合。随后手柄继续向右

至图4-9中固定环槽的下方位置，并将其定位榫头送入固定环槽内复位，电动机失电，主轴箱内的齿轮停止转动。

⑤主轴变速操作完毕，按下启动按钮(铣床左侧与前面各有一套控制按钮，如图4-12、图4-13所示)，主轴即按选定转速回转，同时检查油窗是否上油。

图4-11　调整转速盘

图4-12　铣床左侧的按钮

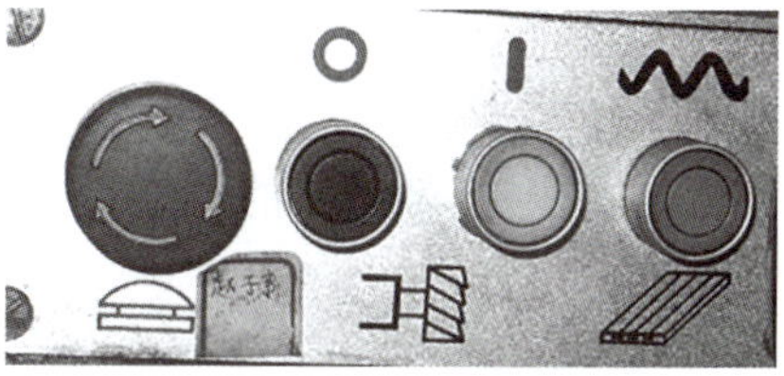

图4-13　铣床前面的按钮

二、铣刀的类型、标记与规格标注

1.铣刀的类型

铣刀的种类很多，根据铣刀的安装方法可分为带孔铣刀和带柄铣刀两大类，根据铣刀的用途可分为铣平面用的铣刀、铣直角沟槽用的铣刀、铣特形沟槽用的铣刀和铣特形面用的铣刀等。

(1)铣平面用的铣刀

铣平面用的铣刀主要有圆柱形铣刀和端铣刀，如图4-14所示。圆柱形铣刀分粗齿和细齿两种，用于粗铣和半精铣中小型平面；端铣刀有整体式、镶嵌式和机械夹紧式三种，其中镶嵌式端铣刀主要用于铣削较大的平面。

(a) 圆柱形铣刀　　(b) 镶嵌式端铣刀　　(c) 机械夹紧式端铣刀

图4-14　铣平面用的铣刀

(2)铣直角沟槽用的铣刀

铣直角沟槽用的铣刀有立铣刀、三面刃铣刀、键槽铣刀、锯片铣刀等，如图4-15所示。立铣刀的用途较为广泛，可以用来铣削各种形状的沟槽和孔、小台阶面和侧面、各种盘形凸轮与圆柱形凸轮以及内、外曲面等；三面刃铣刀分为直齿、错齿和镶齿等，用于铣削直槽、台阶面、工件侧面及凸台面；键槽铣刀主要用于铣削键槽或凹槽；锯片铣刀用于铣削各种窄槽及切断板料或型材。

(a)立铣刀　(b)三面刃铣刀　(c)键槽铣刀　(d)锯片铣刀

图 4-15　铣直角沟槽用的铣刀

(3)铣特形沟槽用的铣刀

铣特形沟槽用的铣刀有燕尾槽铣刀、T 形槽铣刀、角度铣刀(单角铣刀和双角铣刀)等，如图 4-16 所示。

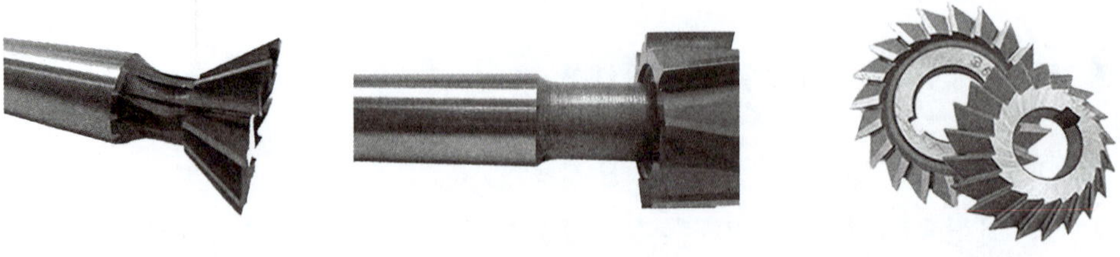

(a) 燕尾槽铣刀　(b) T形槽铣刀　(c) 角度铣刀

图 4-16　铣特形沟槽用的铣刀

(4)铣特形面用的铣刀

铣特形面用的铣刀有凹半圆铣刀、凸半圆铣刀、齿轮铣刀、专用特形面铣刀等，如图 4-17 所示。

(a) 凹半圆铣刀　(b) 凸半圆铣刀　(c) 齿轮铣刀

图 4-17　铣特形面用的铣刀

2. 铣刀的标记与规格标注

(1)铣刀的标记

铣刀的形状复杂，种类较多，为了便于辨别和选用，在铣刀上一般都刻有制造厂的商标、制造铣刀的材料及铣刀尺寸规格等，如图 4-18 所示。

(a) 制造厂家　　(b) 铣刀材料　　(c) 铣刀尺寸

图 4-18　铣刀的标记

(2)铣刀规格的标注

铣刀规格的标注方法因铣刀的形状不同而略有区别。

①圆柱形铣刀的规格以**外圆直径×宽度×内孔直径**来表示，如图 4-19 所示。

②三面刃铣刀的规格以**外圆直径×宽度×内孔直径**来表示，如图 4-20 所示。

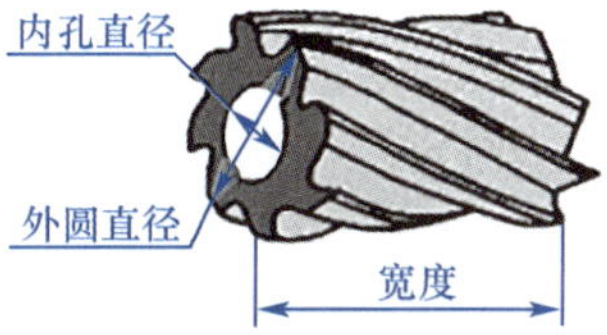

图 4-19　圆柱形铣刀规格的标注

(a) 外圆直径的标注　　(b) 内孔直径的标注

图 4-20　三面刃铣刀规格的标注

③锯片铣刀的规格以**外圆直径×宽度×内孔直径×齿数**来表示，如图 4-21 所示。

④立铣刀和键槽铣刀的规格一般只标注外圆直径，如图 4-22 所示。

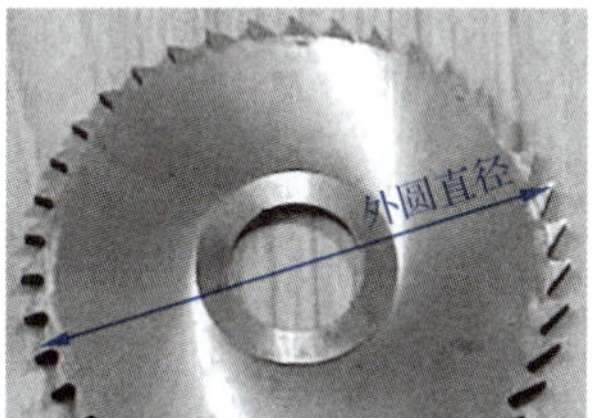

图 4-21　锯片铣刀规格的标注

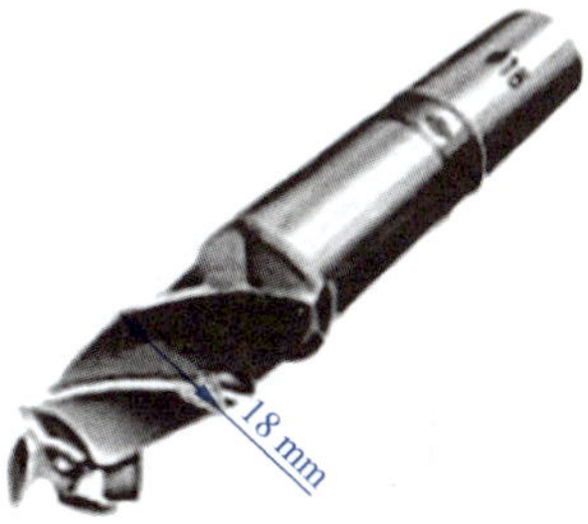

图 4-22　立铣刀规格的标注

⑤角度铣刀的规格一般以**外圆直径×宽度×内孔直径×角度(或圆弧半径)**来表示，如图 4-23 所示。

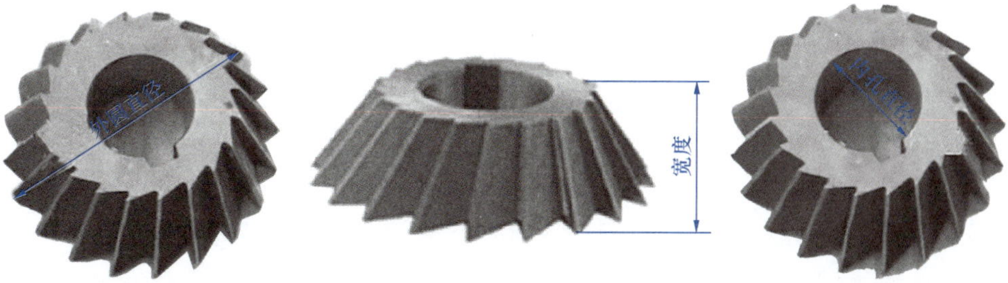

(a)外圆直径的标注　　(b)宽度的标注　　(c)内孔直径的标注

图 4-23　角度铣刀规格的标注

三 铣削的方法

在铣床上铣削工件时，由于铣刀的结构不同，工件上所加工的部位不同，所以具体的切削方式、方法不同。根据铣刀在切削时刀刃与工件接触的位置，铣削的方法可分为周铣、端铣及混合铣（周铣和端铣同时进行）三种，见表4-2。根据铣刀切削部位产生的切削力与进给方向间的关系，铣削的方法可分为顺铣和逆铣两种，见表4-3。

表4-2　　铣削的方法（1）

序号	铣削的方法	含义	图示
1	周铣	周铣是用分布在铣刀圆周面上的刀刃来铣削并形成已加工表面的加工方法	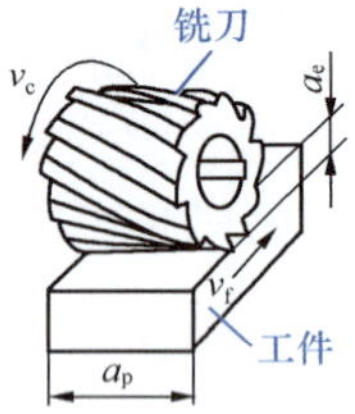
2	端铣	端铣是用分布在铣刀端面上的齿刃来铣削并形成已加工表面的加工方法	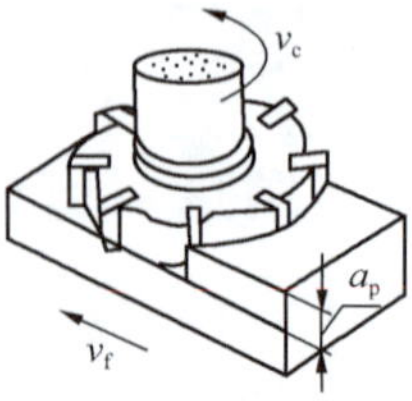
3	混合铣	混合铣是在铣削时铣刀的圆周刃与端面刃同时参与切削的加工方法	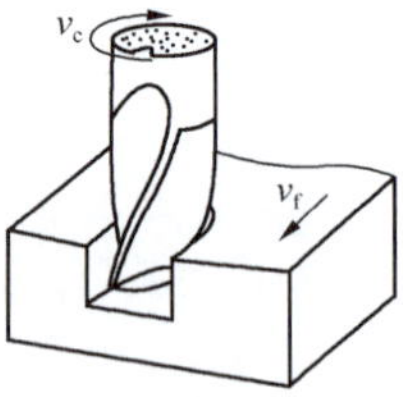

表4-3　　铣削的方法（2）

序号	铣削的方法	含义	图示
1	顺铣	顺铣是铣刀对工件的作用力在进给方向上的分力与工件进给方向相同的铣削方式	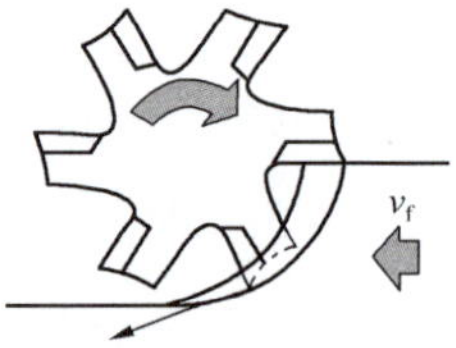
2	逆铣	逆铣是铣刀对工件的作用力在进给方向上的分力与工件进给方向相反的铣削方式	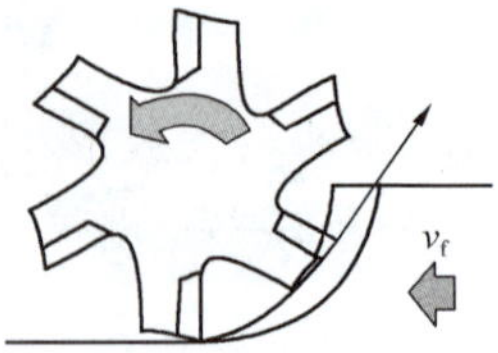

说明

由于铣床工作台的传动丝杠与螺母之间存在间隙，如无消除间隙装置，顺铣时就会产生振动并造成进给量不均匀，因此通常情况下采用逆铣。

四 工件装夹方法

在铣床上装夹工件时，常采用平口虎钳和压板。对于小型工件，一般采用平口虎钳装夹；对于大中型工件，则多用压板装夹。

1.机用平口虎钳

(1)机用平口虎钳的结构

机用平口虎钳是一种通用夹具，它有固定钳口和活动钳口，通过丝杠、螺母的传动来调整钳口间的距离，以安装不同宽度的零件。铣削时，将机用平口虎钳固定在工作台上，再把零件安装在机用平口虎钳上，使铣削力方向趋向固定钳口方向，如图4-24所示。

(a) 普通式　　(b) 可倾式　　(c) 精密液压式

图4-24　机用平口虎钳

机用平口虎钳的组成部分如下：

①虎钳体是夹具体，机用平口虎钳是通过虎钳体固定在机床上的。

②固定钳口起垂直定位作用，虎钳体上的导轨上平面起水平定位作用。

③活动座、螺母、丝杠和紧固螺钉可作为夹紧元件。

④回转底座和定位键属于其他元件，分别起角度分度和夹具定位作用。

⑤固定钳口上的钳口铁上平面和侧平面可作为对刀部位。

(2)机用平口虎钳的适用场合

机用平口虎钳用于安装尺寸较小和形状简单的支架、盘套、板块、轴类零件。其规格用钳口宽度来表示，常用规格有100 mm、125 mm、150 mm等。

2.压板螺钉

对于尺寸较大或形状特殊的零件，可视其具体情况采用不同的装夹工具将其固定在工作台上，装夹时应先进行零件找正，如图4-25所示。

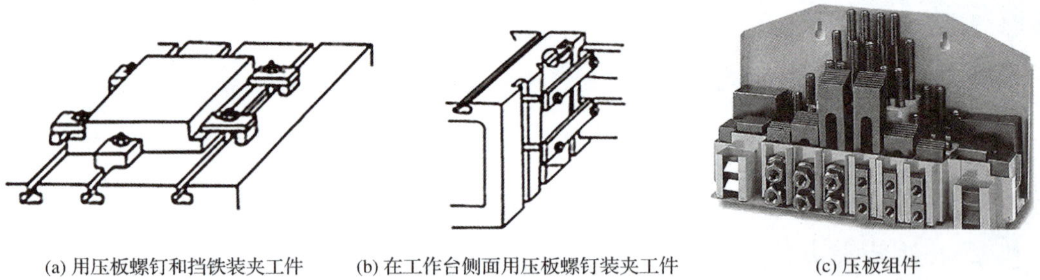

图 4-25　用压板螺钉装夹工件

五 平面的铣削

工件可以由许多不在同一平面上的平面组成。它们相互直接或间接地交接，称为连接面。相对于各自的基准面，连接面之间有平行面、垂直面或倾斜面的位置关系。当工件表面与其基准面相互平行时，称为平行面；当工件表面与其基准面相互垂直时，称为垂直面；当工件表面与其基准面相互倾斜时，称为斜面。因此，连接面的铣削分为平行面、垂直面和斜面的铣削。平面的铣削可以在卧式铣床或立式铣床上进行，平面质量的好坏可以用平面度和表面粗糙度来评价。

1. 长方体零件(图 4-26)的铣削

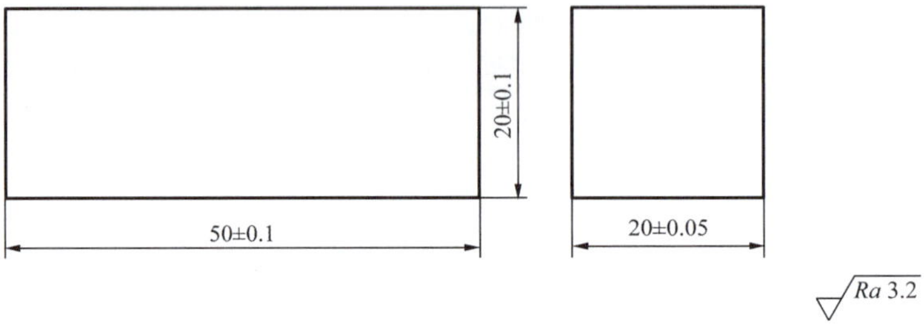

图 4-26　长方体零件

长方体零件的铣削工艺步骤：铣削基准面→铣削相邻侧面→铣削相对表面→铣削两端面，如图 4-27 所示。

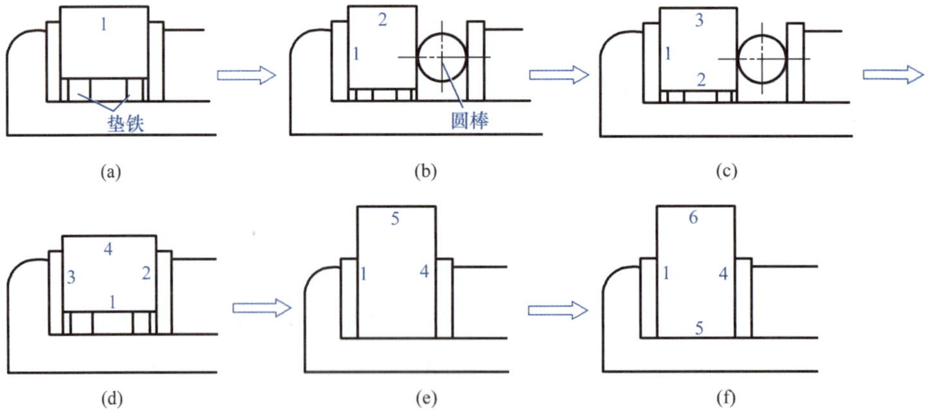

图 4-27　长方体零件的铣削工艺步骤

(1)铣削基准面

基准面应为一个较大且平整的平面，故选择50 mm×20 mm平面作为第一加工平面(第一基准面)。

铣削平面

采用机用平口虎钳装夹工件，选择毛坯上一较长的面(50 mm×20 mm)作为粗基准，将其靠在固定钳口上，用划针盘校正毛坯上平面的位置，使上平面与划针尖间的缝隙各处保持一致，然后夹紧工件。校正时工件不宜夹得太紧。

(2)铣削相邻侧面

相邻表面间是相互垂直的，现以铣好的第一基准面为基准来铣削50 mm×20 mm垂直面，其关键是保证工件定位的准确与可靠。工件在装夹时，要将固定钳口和工件的定位基准面擦拭干净，将工件的基准面紧贴固定钳口，并在工件与活动钳口间靠近活动钳口一侧的中心位置加一根圆棒，以保证工件的基准面在夹紧后仍与固定钳口贴合。

铣削垂直面的步骤同铣削基准面，将铣出的垂直面作为第二基准面。

垂直面铣好后，用90°角尺检验其与基准面的垂直度，合格后方可进行后续加工。

(3)铣削相对表面

相互垂直的平面铣好后，接着铣削与其相对的平面，即平行面的铣削。

铣削时以钳体导轨面作为定位基准，首先检验钳体导轨面与工作台面的平行度是否符合要求。检验时，将一块表面光滑平整的平行垫铁擦拭干净后放在钳体导轨面上，将百分表的磁性表座吸在铣床导轨面上，表针触头与平行垫铁接触，移动工作台，观察百分表的读数是否符合要求，如果不符合，可在导轨或底座上加垫纸片进行校正。

装夹时，若工件高度低于钳口高度，则要在工件基准面与钳体导轨面之间垫两块厚度相等的平行垫铁。若工件宽度较窄，则可只垫一块平行垫铁，但平行垫铁的厚度必须小于工件的宽度。

铣削完成后，应对精度和平行度进行检验。检验时用千分尺或卡尺测量工件的四角和中部，检验尺寸((50±0.1) mm，(20±0.1) mm)是否在图样规定的尺寸范围之内，观察各处尺寸的差值，其最大差值就是两平面间的平行度误差。

(4)铣削两端面

铣削时必须保证两端面与其他已经铣好的平面互相垂直，两端面相互平行，且保证尺寸为(50±0.1) mm。

铣削时以第一基准面(50 mm×20 mm)为基准靠向固定钳口，并用90°角尺校正工件的侧面与钳体导轨面垂直，再进行夹紧、铣削。

铣好第一端面后，将铣好的一端掉头朝下并置于钳体导轨面上，第一基准面仍靠向固定钳口，夹紧。按照铣削平行面的方法铣出另一端面，并保证两端面间的尺寸为(50±0.1) mm。

2. 斜面零件(图 4-28)的铣削

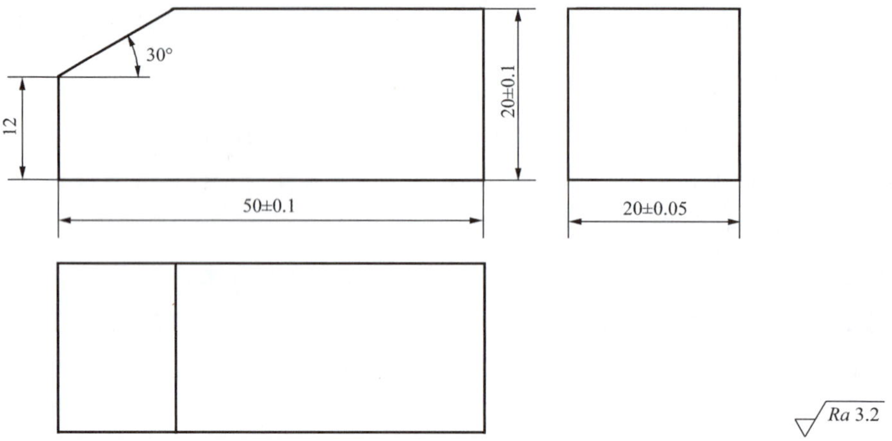

图 4-28　斜面零件

铣削斜面常用的方法有倾斜工件铣斜面、倾斜铣刀铣斜面和用角度铣刀铣斜面等。

(1)倾斜工件铣斜面

①按划线装夹工件铣斜面

铣削斜面

按划线装夹工件铣斜面时,先在工件上划出斜面的加工线(图 4-29(a)),然后在虎钳上装夹工件,用划线针找正工件上的加工线与工作台面平行(图 4-29(b)),再将工件夹紧后铣斜面(图 4-29(c))。

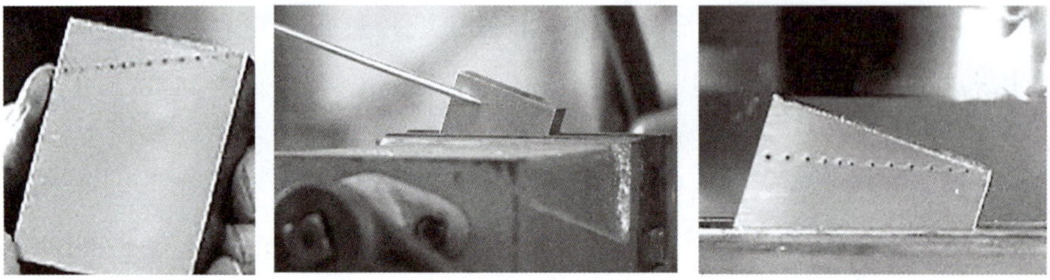

(a) 划出加工线　(b) 用划线针找正工件　(c) 铣斜面

图 4-29　按划线装夹工件铣斜面

②采用倾斜垫铁铣斜面

所采用的倾斜垫铁的宽度应小于工件宽度,在工件基准面下垫一斜角与工件相同的倾斜垫铁,即可铣出所需要的斜面,如图 4-30 所示。这种方法一般采用平口钳装夹。

由于采用了倾斜垫铁,在铣削一批工件时,铣刀的高度位置无须因工件的更换而重新调整,因此可以大大提高批量工件的生产率。

③偏转平口钳钳体铣斜面

松开回转式平口钳钳体的紧固螺钉,将钳身上的零线相对于回转盘底座上的刻线扳动一个角度,使其斜度符合规定要求,然后将钳体固定,装夹工件进行斜面的铣削,如图 4-31 所示。

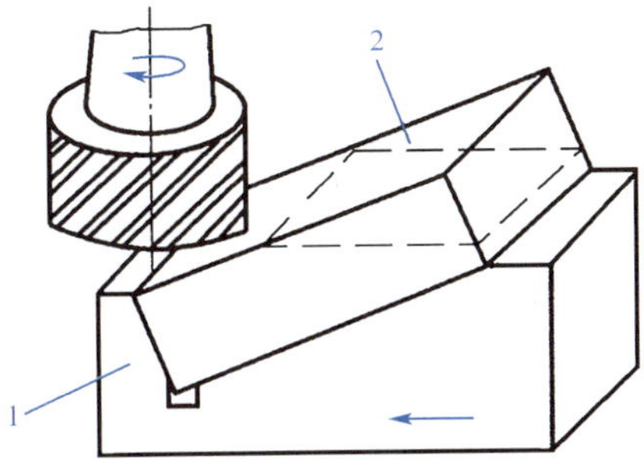

图 4-30　采用倾斜垫铁铣斜面

1—倾斜垫铁；2—工件

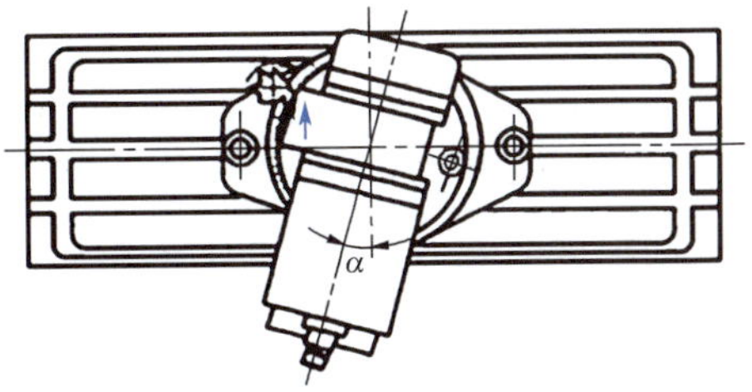

图 4-31　偏转平口钳钳体铣斜面

注意：应先使固定钳口与立式铣床工作台的纵向进给方向垂直。

(2)倾斜铣刀铣斜面

在立铣头能回转的立式铣床上用面铣刀或立铣刀铣斜面时，可以在不倾斜工件的情况下，以铣头连同铣刀倾斜所需要的角度来铣斜面，如图 4-32 所示。

(3)用角度铣刀铣斜面

角度铣刀就是铣刀切削刃与轴线倾斜成某一角度的铣刀。对于批量生产的窄长的斜面工件，比较适合用角度铣刀进行铣削，如图 4-33 所示。

图 4-32　倾斜铣刀铣斜面

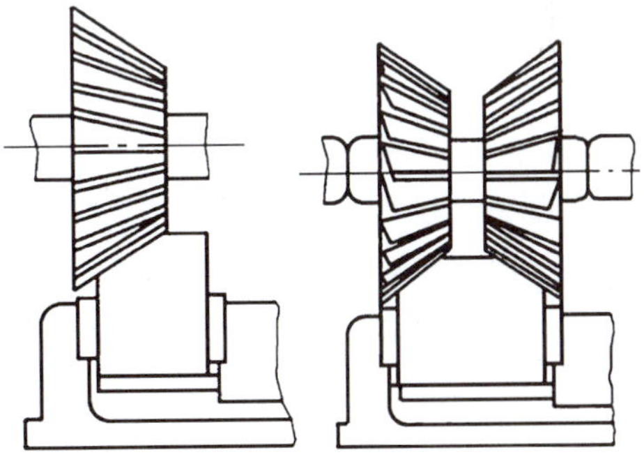

(a) 铣单斜面　(b) 铣双斜面

图 4-33　用角度铣刀铣斜面

六　铣削用量的选择

在铣削过程中所选用的切削用量称为铣削用量。铣削用量包括铣削速度 v_c、进给量 f、铣削深度 a_p 和铣削宽度 a_e 等四个要素。铣削时合理地选择铣削用量，对保证零件的加工精度与加工表面质量、提高生产率和铣刀的使用寿命、降低生产成本都有一定的影响。

1.铣削速度

铣削时铣刀切削刃上的选定点相对于工件主运动的瞬时速度称为铣削速度。铣削速度可以简单地理解为切削刃上的选定点在主运动中的线速度，即切削刃上离铣刀轴线距离最大的点在1 min内所经过的路程。铣削速度的单位一般为m/min。

铣削速度与铣刀直径、铣刀或铣床主轴的转速有关，计算公式为

$$v_c=\frac{\pi dn}{1\,000}$$

式中 v_c——铣削速度，m/min；

d——铣刀直径，mm；

n——铣刀或铣床主轴的转速，r/min。

铣削时，根据工件的材料、铣刀切削部分的材料、加工阶段的性质等因素确定铣削速度，然后根据所用铣刀的规格（直径），按式 $n=\frac{1\,000v_c}{\pi d}$ 计算并确定铣床主轴的转速。

如果在铣床主轴的转速牌上找不到所计算出的转速值，则应根据选低不选高的原则近似确定。

2.进给量

铣削中的进给量根据具体情况的需要，有三种表述和度量的方法。

(1)每转进给量f

每转进给量指铣刀每回转一周，在进给运动方向上相对于工件的位移量，单位为mm/r。

(2)每齿进给量f_z

每齿进给量指铣刀每转中每一刀齿在进给运动方向上相对于工件的位移量，单位为mm/z。

(3)进给速度（每分钟进给量）v_f

进给速度指切削刃上的选定点相对于工件进给运动的瞬时速度，即铣刀每回转1 min，在进给运动方向上相对于工件的位移量，单位为mm/min。

三种进给量的关系为

$$v_f=fn=f_z zn$$

式中 v_f——进给速度，mm/min；

f——每转进给量，mm/r；

f_z——每齿进给量，mm/z；

z——铣刀齿数；

n——铣刀或铣床主轴的转速，r/min。

铣削时，根据加工性质先确定每齿进给量f_z，然后根据所选用铣刀的齿数z和铣刀的转速n计算出进给速度v_f，并以此对铣床进给量进行调整（铣床铭牌上的进给量以进给速度v_f表示）。

3.吃刀量

(1)铣削深度 a_p

铣削深度指在平行于铣刀轴线方向上测得的切削层尺寸,单位为mm。

(2)铣削宽度 a_e

铣削宽度指在垂直于铣刀轴线方向、工件进给方向上测得的切削层尺寸,单位为mm。

铣削时,由于采用的铣削方法和选用的铣刀不同,铣削深度和铣削宽度的表示方法也不同。图4-34所示为用圆柱形铣刀进行周铣与用端铣刀进行端铣时,铣削深度与铣削宽度的表示方法。

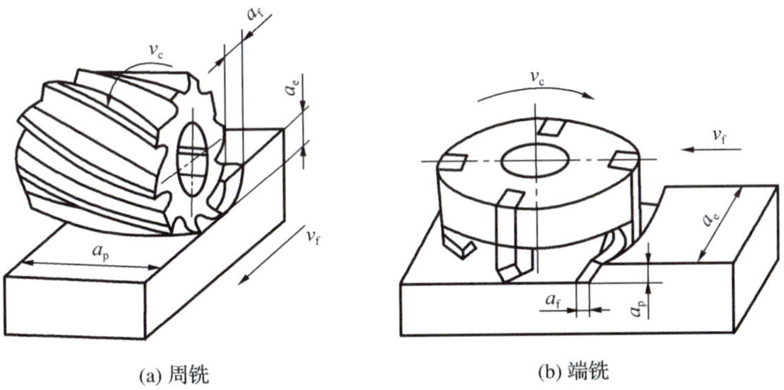

图4-34　周铣与端铣时吃刀量的表示方法

(3)每齿进给量 a_f

每齿进给量指铣刀每转一个刀齿时,工件与铣刀沿进给方向的相对位移量,单位为mm/z。

七　万能分度头

分度头主要用来安装需要进行分度的零件,利用分度头可铣削多边形、齿轮、花键、刻线、螺旋面及球面等。分度头的种类很多,有简单分度头、万能分度头、光学分度头、自动分度头等,其中用得最多的是万能分度头。

1.万能分度头的结构

常见的万能分度头如图4-35所示,基座上装有回转体,分度头主轴可随回转体于垂直平面内在向上90°和向下10°范围内转动,主轴前端锥孔用于装顶尖,外部定位锥体用于装三爪自定心卡盘。分度时可转动分度手柄,通过蜗杆和蜗轮带动分度头主轴旋转以进行分度。

2.万能分度头的传动系统

图4-36所示为FW250型万能分度头的传动系统,转动主轴,通过传动比为1:1的一对刻度环及传动比为1:40的蜗杆、蜗轮带动主轴旋转,即当手柄通过一对直齿轮(传动比为1:1)带动蜗杆转动一周时,蜗轮只能带动主轴转过1/40周。此外,在分度头内还有一对传动比为1:1的螺旋齿轮,差动分度时用来将挂轮轴的转动传给分度盘。

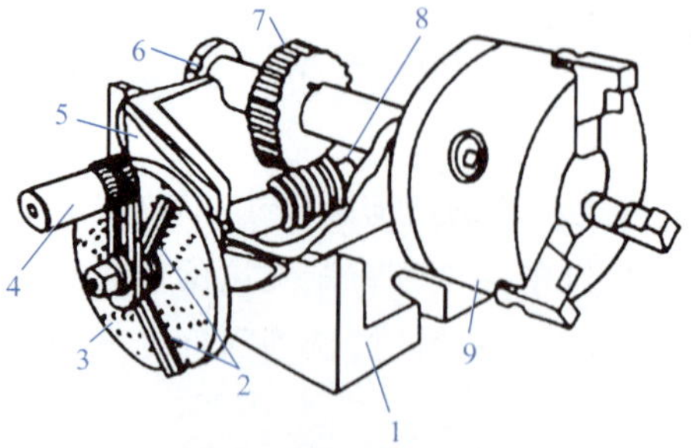

图 4-35　万能分度头的结构

1—基座；2—扇形叉；3—分度盘；4—手柄；5—回转体；
6—分度头主轴；7—蜗轮；8—蜗杆；9—三爪自定心卡盘

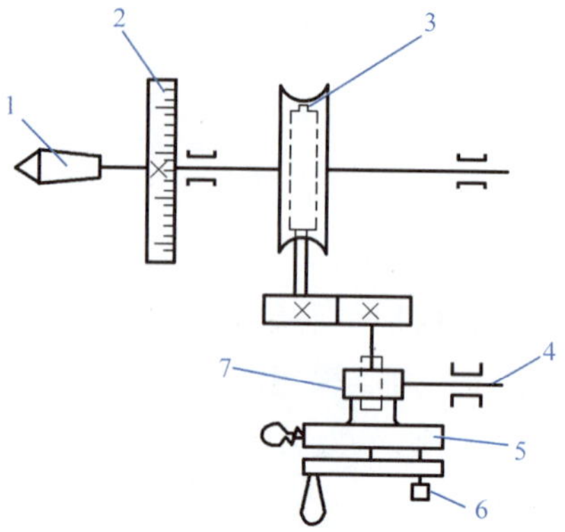

图 4-36　FW250 型万能分度头的传动系统

1—主轴；2—刻度环；3—蜗杆、蜗轮；4—挂轮轴；
5—分度盘；6—定位销；7—螺旋齿轮

3. 分度方法

万能分度头的分度方法有直接分度法、简单分度法、角度分度法和差动分度法等，其中最常用的是简单分度法。用简单分度法进行分度时，应先将蜗轮和蜗杆啮合上，用锁紧螺钉把分度盘固定，然后旋转手柄进行分度。由图 4-36 可知，主轴每转 1 转，手柄应转 40 转，如果工件要 z 等分，即每次分度时主轴转 $1/z$ 转，则手柄的转速 $n=40/z$。

分度头一般备有两块分度盘。分度盘的两面各钻有许多圈孔，各圈的孔数均不相同，但同一圈上各孔的孔距是相等的。FW250 型万能分度头每一块分度盘的正面有 6 个圈孔，反面有 5 个圈孔。每块分度盘的圈孔数：第一块分度盘正面各圈的孔数依次为 24、25、28、30、34、37，反面各圈的孔数依次为 38、39、41、42、43；第二块分度盘正面各圈的孔数依次为 46、47、49、51、53、54，反面各圈的孔数依次为 57、58、59、62、66。

例：铣削六方体用万能分度头分度，问每铣完一个面后，分度手柄应转多少转？

解：因 $z=6$，故 $n=40/6=6(2/3)=6(44/66)$。

即每铣完一个面后，分度手柄应在 66 孔圈上转过 6 转又 44 个孔间距。也可采用 16/24，即在 24 孔圈上转过 6 转又 16 个孔间距，还可采用 20/30、26/39 等。一般采用孔数多的孔圈较好，因为孔数较多的孔圈离轴心较远，操作时摇动手柄较方便，且分度精度较高。

任务实施

1. 准备工作

准备离合器半成品（硬铝，轴）、万能分度头、三爪自定心卡盘、$\phi 25$ mm 立铣刀、0.02 mm 游标卡尺、带磁力表座的百分表。

2. 操作步骤

(1) 工件的装夹与校正。本工件为轴类零件，可直接用三爪自定心卡盘装夹，用百分表校正工件外圆面。为防止将工件外圆面夹伤，应在卡爪与工件间垫上铜皮或开口套。

(2)对刀与铣削。移动工作台，使工件处于立铣刀下面，准备对刀。立铣刀对刀时，用其端面切削刃切痕。铣削时首先启动主轴，再摇动升降台进给手柄，使工件缓慢上升，当铣刀微接触工件后，在升降刻度盘上做好记号，然后降下工作台，再纵向退出工件，按毛坯实际尺寸调整铣削深度，边加工边测量至图纸尺寸。余量小时可一次进给铣削至尺寸要求。

(3)铣削用量的选择。根据工件的材料、所选用铣刀的材料及铣刀直径，铣削深度 a_p 粗铣时选 2～3 mm，精铣时选 0.5～1.0 mm；每齿进给量 f_z 选 0.15 mm/z；铣削速度 v_c 选 80 m/min；将主轴转速 n 调至 800～1 000 r/min。

(4)零件分度。由简单分度公式得 $n=40/z=40/6=6(44/66)$，即每铣完一个面，万能分度头的手柄应转 6 转，又在分度盘孔数为 66 的孔圈上转过 44 个孔间距，然后铣削下一个面。

(5)依次将各面铣好，检测合格后卸下工件。

3.注意事项

(1)装卸工件时应先锁紧分度头主轴。

(2)分度前应先松开主轴锁紧手柄，分度后锁紧分度头主轴。

(3)分度时应顺时针摇动手柄，若手柄摇错孔位，则可将手柄逆时针转动半圈后再顺时针转动到规定的孔位。

(4)分度定位销应缓慢插入分度盘孔内，切勿弹入孔内，以免损坏分度盘的孔眼和定位销。

任务二 铣削矩形齿

学习目标

- 能正确安装并找正工件。
- 掌握工件的装夹及校正方法。
- 掌握沟槽的铣削方法。
- 能够正确地选择并安装铣沟槽的刀具。
- 能严格执行铣床安全操作规程。
- 培养一丝不苟、精益求精的工匠精神。

任务引入

铣削离合器上矩形齿的技术要求如下：

(1)零件各棱边去毛刺。

(2)矩形齿的角度公差为 30′，矩形齿的深度公差为 IT14。

(3)零件表面质量达 Ra 3.2 μm。

任务分析

在齿轮变速箱或其他机器上一般都广泛使用着离合器，其主要作用是传递转矩，并能在机器运转过程中随时进行结合和分离，以实现从动轴的转动与停止。离合器一般分摩擦式和牙嵌式两大类，前者靠相互间的摩擦进行传动，后者靠相互间的牙齿啮合进行传动。本任务要完成的是牙嵌式离合器矩形齿的加工，操作步骤：检测预加工件→安装并调整分度头→安装三爪自定心卡盘→装夹并找正工件→工件端面划5等份齿侧中心线→计算、选择并安装立铣刀→对刀并调整进给量→试切、预检齿侧位置→调整齿侧铣削位置和齿深→依次分度和铣削→按36°+1°的齿槽中心角铣削齿侧→精度检测。

相关知识

牙嵌式离合器是依靠端面上齿与齿槽的相互嵌入或脱开来传递或断开动力的。由于其具有结构简单、尺寸小、工作可靠、可传递较大转矩等优点，因此得到了广泛的应用。

一 牙嵌式离合器的结构特点

牙嵌式离合器按齿形可分为矩形齿、梯形齿、尖齿、锯齿形齿和螺旋齿等几种，按轴向截面中齿高的变化可分为等高齿离合器和收缩齿离合器两种。牙嵌式离合器的齿形如图4-37所示。

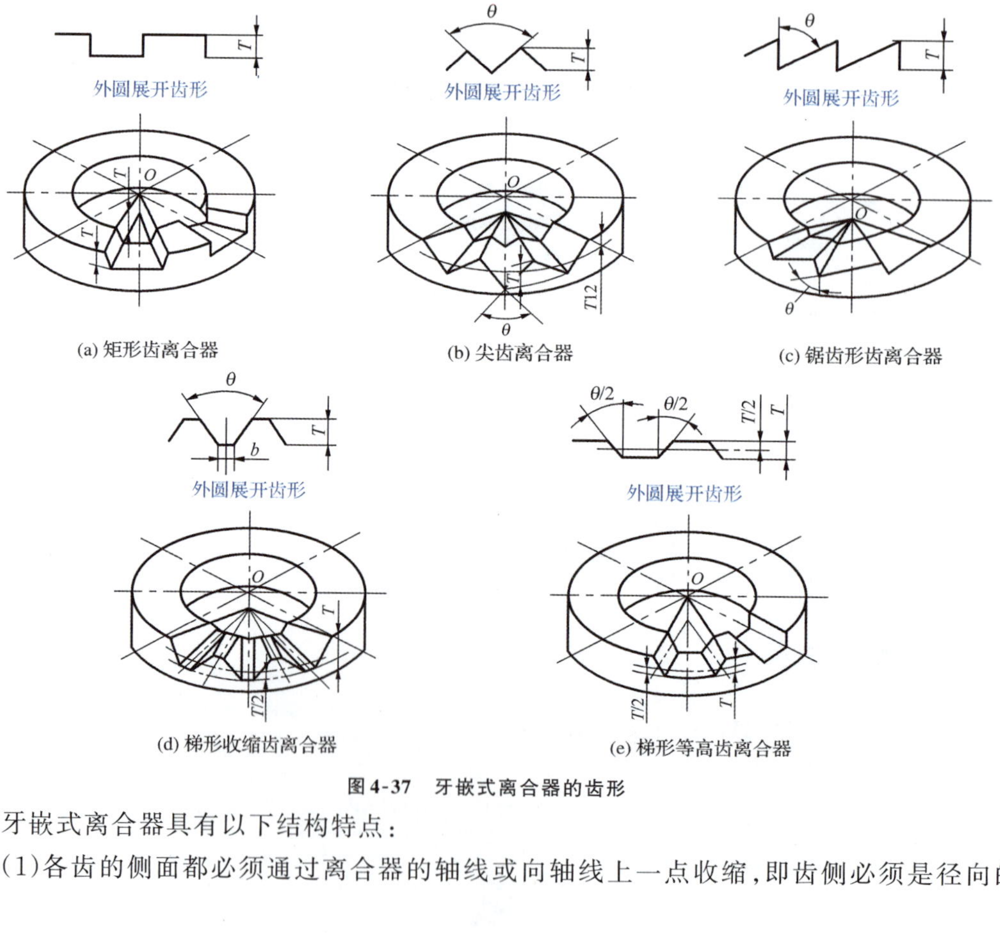

图4-37 牙嵌式离合器的齿形

牙嵌式离合器具有以下结构特点：

(1)各齿的侧面都必须通过离合器的轴线或向轴线上一点收缩，即齿侧必须是径向的。

从轴向看端面上的齿，齿与齿槽呈辐射状。

(2)对于等高齿离合器，其齿顶面与槽底面平行。

(3)对于收缩齿离合器，在轴向截面中，齿顶面和槽底面不平行而呈辐射状，即齿顶和槽底的延长线及它们的对称中心线都汇交于轴线上一点。

(4)牙嵌式离合器的主要技术要求一般都是成对使用的。为了保证准确啮合且获得一定的运动传递精度和可靠地传递转矩，两个相互配合的离合器必须同轴，齿形必须吻合，齿形角必须相同。

(5)矩形齿离合器的齿顶面和槽底面相互平行，而且均垂直于工件轴线，沿圆周展开的齿形为矩形，按齿数的不同分为奇数齿和偶数齿，如图4-38所示。

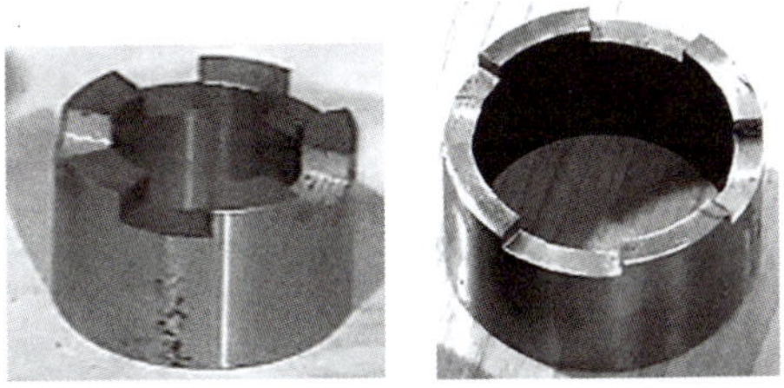

(a) 奇数齿　(b) 偶数齿

图4-38　矩形齿离合器

二　牙嵌式离合器的装夹方法

在铣床上铣削牙嵌式离合器时，通常工件被装夹在分度头的三爪自定心卡盘上，工件轴线应与分度头主轴轴线重合。铣削等高齿离合器时，分度头主轴轴线与工作台面垂直；铣削收缩齿离合器时，由于收缩齿的槽底与工件轴线不垂直，存在夹角α，所以分度头主轴轴线与工作台面应保持一个夹角α。

1.用三爪自定心卡盘装夹

采用三爪自定心卡盘(图4-39(a))装夹适用于单件、小批量生产。装夹时，要检验内孔的径向圆跳动和端面圆跳动是否在允许的范围内。

2.用可胀心轴装夹

采用可胀心轴(图4-39(b))装夹适用于外形不规则或加工件数较多的情况，可保证齿形和内孔的同轴度误差，只需找正首件。

3.用心轴和压板装夹

采用心轴和压板(图4-39(c))装夹适用于外径大而短的工件，在数量较多的情况下，其优点同可胀心轴装夹。

(a) 三爪自定心卡盘　(b) 可胀心轴　(c) 心轴和压板

图4-39　牙嵌式离合器的装夹工具

三、铣削牙嵌式离合器的刀具

铣削牙嵌式离合器时，铣刀主要根据齿槽形状来选择：铣削矩形齿离合器选用三面刃铣刀或立铣刀；铣削尖齿离合器选用对称双角铣刀；铣削锯齿形齿离合器选用单角铣刀；铣削梯形收缩齿离合器选用梯形槽成形铣刀；铣削梯形等高齿离合器选用专用铣刀。

铣削矩形齿离合器的三面刃铣刀（或立铣刀），其直径 D（或立铣刀长度 L）在满足切深的情况下可取小些，以减小铣刀跳动量。铣刀宽度 L（或立铣刀直径 d）应略小于齿槽的小端宽度 b，如图 4-40 所示，L（或 d）值按下式计算：

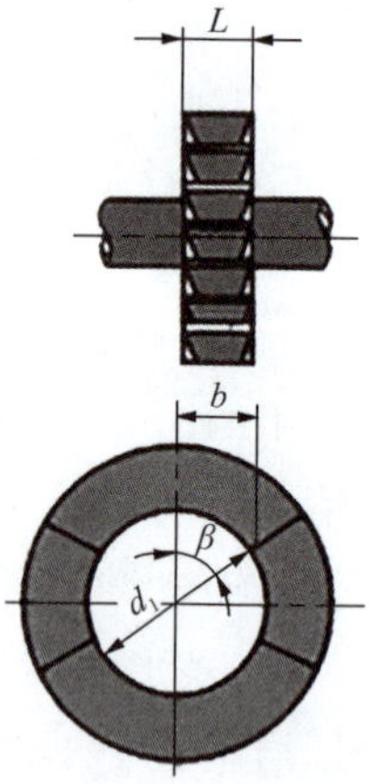

图 4-40 铣刀的尺寸

$$L(d)\leqslant\frac{d_1}{2}\sin\beta=\frac{d_1}{2}\sin\frac{180^\circ}{z}$$

式中 L（或 d）——铣刀宽度（或立铣刀直径），mm；

d_1——离合器的齿圈内径，mm；

β——齿槽角，(°)；

z——离合器齿数。

四、XA5032 立式升降台铣床刀具的装卸

普通铣床刀具的安装分为带柄铣刀的安装和带孔铣刀的安装两种类型。带柄铣刀的安装主要通过拉杆的方式固定在主轴上，这种安装方式主要应用在 XA5032 立式升降台铣床上。带柄铣刀有直柄和锥柄两种。直柄铣刀的柄部为圆柱形，锥柄铣刀的柄部一般带莫氏锥度，有莫氏 1 号、2 号、3 号、4 号、5 号等。带孔铣刀的安装首先要选择和安装相应的刀杆，然后安装相应的刀具，这种安装方式主要应用在 XA6132 卧式铣床上。

1. 直柄铣刀的装卸

(1)直柄铣刀的安装

在立式铣床上采用弹簧夹头装夹直柄铣刀，如图 4-41、图 4-42 所示。弹簧夹头的种类很多，结构大同小异，一般根据机床的型号选用。将铣刀的直柄放在弹簧夹头中，旋转弹簧夹头的螺母即可夹紧刀具。具体操作步骤如下：

①根据直柄铣刀柄部的外圆尺寸选择一个弹簧夹头，其弹簧套的内孔尺寸与直柄铣刀柄部的直径尺寸相同。

②用棉纱将直柄铣刀柄部和弹簧套接触面擦净。将直柄铣刀放在弹簧夹头孔中，把弹簧夹头的夹紧螺母旋紧。

③开动铣床，检查铣刀的径向跳动是否符合要求。若跳动太大，则应拆下铣刀重新安装，并检查造成跳动过大的原因。

图 4-41　铣刀刀柄及弹簧夹头

图 4-42　面铣刀刀柄

(2)直柄铣刀的拆卸

用夹头扳手松开夹紧螺母,用棉纱包住铣刀,用手将铣刀拔出即可。如果要换夹不同柄部尺寸的直柄铣刀,则需把弹簧夹头的弹簧套取出,更换弹簧套的尺寸规格,否则卸下直柄铣刀后不用取出弹簧套。

2. 锥柄铣刀的装卸

(1)锥柄铣刀的安装

当铣刀柄部的锥度与铣床主轴锥孔的锥度相同时,首先擦净铣刀,将锥柄直接放入主轴锥孔中,然后旋入拉杆(图 4-43),用专用的拉杆扳手将其旋紧即可。

图 4-43　立式铣床的拉杆

当铣刀柄部的锥度与铣床主轴锥孔的锥度不同时,需要借助中间锥套安装铣刀。中间锥套的外圆锥度与铣床主轴锥孔的锥度相同,而内孔锥度与铣刀锥度相同。安装时,先将铣刀插入中间锥套中,然后将中间锥套连同铣刀一起放入主轴锥孔内,旋紧拉杆,紧固铣刀。

(2)锥柄铣刀的拆卸

①旋松拉杆螺母,用手锤由上往下轻击拉杆,使铣刀或夹套松动。

②用棉纱垫在夹套端面或铣刀上,以防铣刀刀刃划伤手,取下拉杆,拿下铣刀或夹套。

③用两块平行垫块垫住锥套,用手锤由上往下轻击,使铣刀松动,取下铣刀;或把拉杆旋上,拉杆使铣刀松动,然后旋松拉杆螺母使其脱离铣刀,再取下铣刀。

五　铣削用量的选择

铣削时,要根据工件材料、刀具材料、加工要求合理地选择铣削用量。合理选择铣削用量的原则:粗加工时,一般以提高生产率为主,但也要考虑经济性;半精加工和精加工时,应在保证加工质量的前提下兼顾切削效率和经济性。具体选择方法如下:

1. 吃刀量的选择

端铣时的铣削深度 a_p、周铣时的铣削宽度 a_e 就是被切金属层的深度。当条件允许时,可一次进给铣去全部余量。当加工精度要求较高或加工表面的表面粗糙度 Ra 值要求小于 6.3 μm 时,应分粗铣和精铣两道工序。粗铣时,除留下精铣余量(0.5~2.0 mm)外,还应尽可能一次进给切除全部粗铣余量。

端铣时，铣削深度 a_p 的参考值见表4-4。当工件材料的硬度和强度较高时，取表中的较小值。

表 4-4　　端铣时铣削深度 a_p 的参考值

工件材料	铣削深度 a_p/mm			
	高速钢铣刀		硬质合金铣刀	
	粗铣	精铣	粗铣	精铣
铸铁	5～7	0.5～1.0	10～18	1～2
软钢	<5	0.5～1.0	<12	1～2
中硬钢	<4	0.5～1.0	<7	1～2
硬钢	<3	0.5～1.0	<4	1～2

对于周铣时的铣削宽度 a_e，粗铣时可比端铣时的铣削深度 a_p 大，因此，在条件允许的情况下，尽量在一次进给中把粗铣余量全部切除。精铣时，a_e 值可参考端铣时的 a_p 值。

2. 进给量的选择

粗铣时，进给量主要根据铣床进给机构的强度、铣刀杆尺寸、刀齿强度以及工艺系统（机床、夹具等）的刚性确定。在条件允许的情况下，进给量应尽量取得大些。

精铣时，限制进给量提高的主要因素是加工表面的表面粗糙度。进给量越大，表面越粗糙，故一般采用较小的进给量。粗铣时取较大值，精铣时取较小值。具体数值见表4-5。

表 4-5　　每齿进给量 f_Z 的参考值

工件材料	工件材料的硬度（HB）	每齿进给量 f_Z/(mm·z^{-1})					
		硬质合金		高速钢			
		端铣刀	三面刃铣刀	圆柱形铣刀	立铣刀	端铣刀	三面刃铣刀
低碳钢	<150	0.20～0.40	0.15～0.30	0.12～0.20	0.04～0.20	0.15～0.30	0.12～0.30
	150～200	0.20～0.35	0.12～0.25	0.12～0.20	0.03～0.18	0.15～0.30	0.10～0.25
中、高碳钢	120～180	0.15～0.50	0.15～0.30	0.12～0.20	0.05～0.20	0.15～0.30	0.12～0.30
	180～220	0.15～0.40	0.12～0.25	0.12～0.20	0.04～0.20	0.15～0.25	0.07～0.15
	220～300	0.12～0.25	0.07～0.20	0.07～0.15	0.03～0.15	0.10～0.20	0.05～0.10
灰铸铁	150～180	0.20～0.50	0.12～0.30	0.20～0.30	0.07～0.18	0.20～0.35	0.15～0.25
	180～200	0.20～0.40	0.12～0.25	0.15～0.25	0.05～0.15	0.15～0.30	0.12～0.30
	200～300	0.15～0.30	0.10～0.20	0.10～0.20	0.03～0.10	0.10～0.15	0.07～0.10
铝镁合金	95～100	0.15～0.38	0.12～0.30	0.15～0.20	0.05～0.15	0.20～0.30	0.07～0.20

3. 铣削速度的选择

确定吃力量和进给量之后，再确定铣削速度 v_c。铣削速度是在保证加工质量和铣刀使用寿命的前提下确定的。

铣削时，影响铣削速度的主要因素有铣刀材料的性质和铣刀耐用度、工件材料的性质、铣削条件及切削液的使用情况等。

粗铣时，因金属切除量大、产生热量多、切削温度高，故为了保证合理的铣刀耐用度，铣削速度要比精铣时低一些。在铣削韧性好、强度高以及硬度高、高温强度高的材料时，铣削速度应更低一些。此外，粗铣时铣削力大，必须考虑铣床功率是否足够，必要时应适当降低铣削速度，以减小铣床功率。

精铣时，由于金属切除量小，通常可采用比粗铣时高一些的铣削速度。但在精铣加工面积大的工件时，往往采用比粗铣时还要低的铣削速度，以使刀刃和刀尖的磨损量减小，从而获得高的加工精度。具体选择数值见表4-6。

表4-6　铣削速度 v_c 的参考值

工件材料	工件材料的硬度(HB)	铣削速度 $v_c/(m\cdot min^{-1})$	
		硬质合金铣刀	高速钢铣刀
低、中碳钢	＜220	80～150	21～40
	225～290	60～115	15～36
	300～425	40～75	9～20
高碳钢	＜220	60～130	18～36
	225～325	53～105	14～24
	325～375	36～48	9～12
	375～425	35～45	9～10
灰铸铁	100～140	110～115	24～36
	150～225	60～110	15～21
	230～290	45～90	9～18
	300～320	21～30	5～10
铝镁合金	95～100	360～600	180～300

任务实施

1.准备工作

准备离合器半成品(硬铝，轴)、万能分度头、三爪自定心卡盘、ϕ8 mm立铣刀、0.02 mm游标卡尺、带磁力表座的百分表。

2.操作步骤

(1)工件的装夹与校正

本工件为轴类零件，可直接用三爪自定心卡盘装夹，装夹时用百分表校正工件的径向跳动和端面跳动是否符合要求。为防止将工件的外圆面夹伤，应在卡爪与工件间垫上铜皮或开口套。

(2)划线

用游标卡尺在工件圆柱端面上划出五等分线，每划好一条线后，分度头手柄转8转，全部划好后分度头仰起90°(图4-44)，锁紧分度头紧固螺钉(图4-45)。

(3)对刀

对刀时应使旋转立铣刀的端面切削刃接触工件圆柱端面(图 4-46),根据铣削深度调整工作台高度,然后锁紧工作台垂直移动。

图 4-44　调整分度头

图 4-45　紧固分度头

图 4-46　对刀

(4)铣削用量的选择

根据工件的材料、所选用铣刀的材料及铣刀直径,铣削深度 a_p 粗铣时选 3 mm,精铣时选 0.5 mm;每齿进给量 f_z 选 0.15 mm/z;铣削速度 v_c 选 200 m/min;将主轴转速 n 调至 1 500 r/min。

(5)铣奇数矩形齿离合器

铣削时,铣刀每次进给可穿过离合器整个端面,每次进给结束后退出工件,用万能分度头分度,使工件转到新的切削位置,然后进行下一次进给,直至铣削结束,如图 4-47 所示。

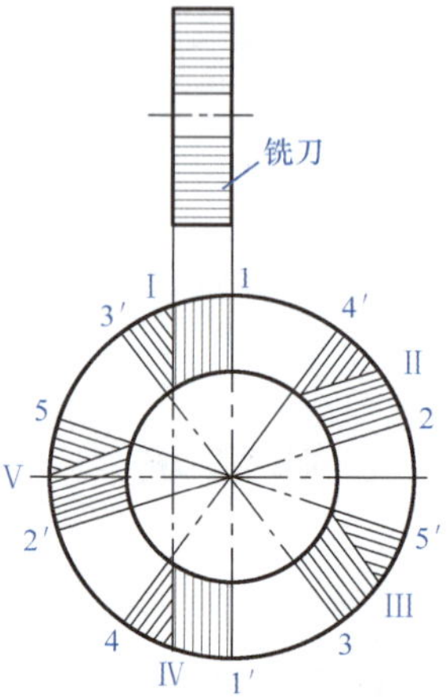

图 4-47　奇数矩形齿离合器的铣削顺序

(6)铣齿侧间隙

铣齿侧间隙的方法有偏移中心法和偏转角度法两种。

①偏移中心法

偏移中心法只用于精度要求不高的工件,具体做法:在铣刀对中心时将立铣刀(或三面刃铣刀)的侧面刃向齿侧方向偏过工件中心 0.2~0.3 mm(图 4-48),这样铣后的离合器齿变小,嵌合时就产生了间隙。因齿侧不通过工件中心,故工作时齿侧接触面积减小,影响其承载能力。

②偏转角度法

偏转角度法适用于精度要求较高的工件,具体做法:铣完全部齿槽后,将工件按图样要求转过一个很小的角度(1°~2°)(图 4-49),再对各齿齿侧铣削一次,使齿侧产生间隙,而齿侧仍然通过工件中心。

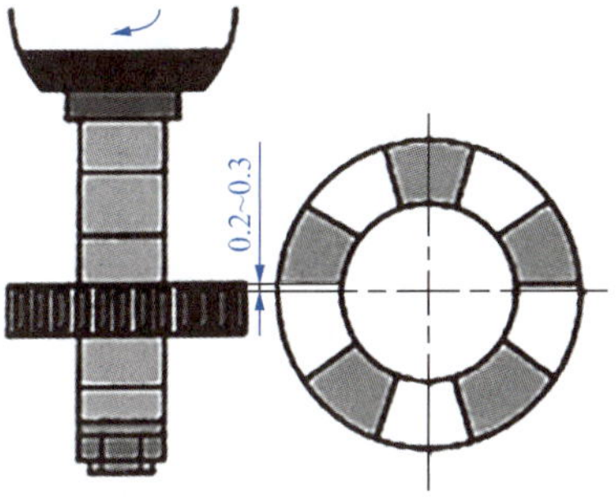

图 4-48　偏移中心法

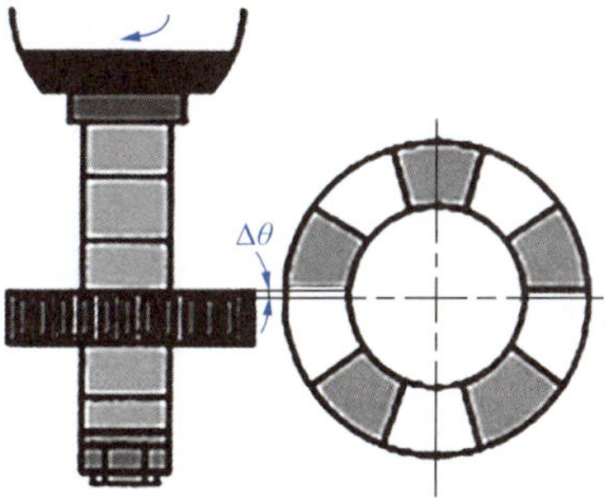

图 4-49　偏转角度法

根据图纸要求可知，齿槽所占的中心角应大于齿面所占的中心角，因此本任务采用偏转角度法来铣齿侧间隙。

(7)精度检测

矩形齿离合器的齿槽深度、齿的等分性可直接用游标卡尺分别测量齿顶到槽底的距离和每个齿的大端弦长是否相等。对于离合器的接触齿数和贴合情况，可将一对离合器套在标准心轴上，接合后用塞尺或涂色法检测其贴合齿数和贴合面积。一般接触齿数不得少于总齿数的一半，贴合面积不应小于60%。表面粗糙度用目测法或标准样块对比测量。

(8)矩形齿离合器的质量分析

矩形齿离合器在铣削中出现的质量问题及其原因如下：

①齿侧工作面表面质量低。产生原因：铣刀不锋利；工件装夹不稳固；进给量太大，传动系统间隙过大等。

②槽底未接平。产生原因：盘铣刀柱面刃口缺陷；立铣刀端刃缺陷；立铣刀轴线与端面不垂直；分度头主轴轴线与工作台面不垂直；升降工作台走动，刀轴松动或刚性差等。

③各齿的外圆弦长不等。产生原因：分度不均匀，分度装置精度低；工件装夹不同轴等。无法嵌合或嵌合后接触齿数太少。产生原因：分度错误；齿槽中心角铣得太少；工件装夹不同轴，对刀不准；铣削直齿齿形时，分度头主轴与工作台台面不垂直或不平行等。

3.注意事项

(1)分度时要准确，应注意消除分度头传动间隙对分度精度的影响。

(2)铣削时要选择合适的切削用量，切削液的浇注要充分，防止齿侧工作面的表面粗糙度值过大。

(3)工件的装夹要准确、可靠，防止工件槽底面出现较明显的凸台。

(4)铣削时要采取防护措施(采用软爪卡盘、铜皮或开口套)，避免夹伤工件表面。

项目评价

本项目的评分标准见表 4-7。

表 4-7　　铣削牙嵌式离合器的评分标准

班级：		姓名：		学号：	
项目四：铣削牙嵌式离合器				零件图：图 4-3	
序号	检测内容	配分	评分标准	实测结果	得分
1	工件的装夹与找正	5	夹伤每处扣 1 分		
2	刀具的装夹定位	5	不符合要求酌情扣分		
3	$33.6_{-0.16}^{0}$ mm(三处)	12	每处每超差 0.05 mm 扣 2 分		
	7 mm(五处)	10	每处每超差 0.05 mm 扣 2 分		
	$36^{\circ}{}_{0'}^{+30'}$ mm	5	每处每超差 0.05 mm 扣 2 分		
	$36^{\circ}{}_{-30'}^{0'}$ mm	5	每处每超差 0.05 mm 扣 2 分		
	120°(六处)	10	每处每超差 0.1 mm 扣 2 分		
4	齿的等分性	10	每处每超差 0.22 mm 扣 2 分		
5	表面粗糙度	8	不符合要求酌情扣分		
6	走刀	10	啃刀每处扣 2 分		
7	时间定额 40 min	10	每超时 5 min 扣 2 分		
8	安全、文明生产	10	每违反一项扣 2 分		
综合得分		100			

拓展资料

世界上第一台普通铣床

铣削是通过旋转的铣刀对零件进行切削加工的，铣床是铣削时采用的设备。1664 年，英国科学家胡克设计出了一种依靠旋转圆形刀具进行切削的机床，这就是原始的铣床。1818 年，美国人惠特尼制造出了世界上第一台普通铣床。1862 年，美国工程师布朗为解决麻花钻头上的沟槽加工问题，制造出了世界上第一台万能铣床，并于 1867 年在巴黎博览会上展出，获得了极大成功。

5 项目五 磨削轴承套圈

项目导读

磨床是以磨料、磨具(砂轮、砂带、研磨料)为工具对工件进行磨削加工的机床,它是因精加工和硬表面加工的需要而发展起来的。在实际生产中,为了满足磨削各种加工表面、工件形状及生产批量等要求,有多种磨床可供选择,如外圆磨床、内圆磨床、平面磨床、齿轮磨床、螺纹磨床、导轨磨床、无心磨床、工具磨床等。

磨具以较高的线速度对工件表面进行加工的方法称为磨削加工,它是对机械零件进行精加工的主要方法之一。磨削主要用于零件的内外圆柱面、内外圆锥面、平面及成形面(如花键、螺纹、齿轮等)的精加工,以获得较高的尺寸精度和较小的表面粗糙度值。磨削不仅能加工一般的金属材料和非金属材料,还能加工各种高硬、超硬材料(如淬火钢、硬质合金等)。在实际操作中,培养注重细节、精益求精、脚踏实地、执着专注的职业精神。

项目任务

本项目的任务是磨削深沟球轴承套圈,其零件图如图 5-1 所示。深沟球轴承如图 5-2 所示。

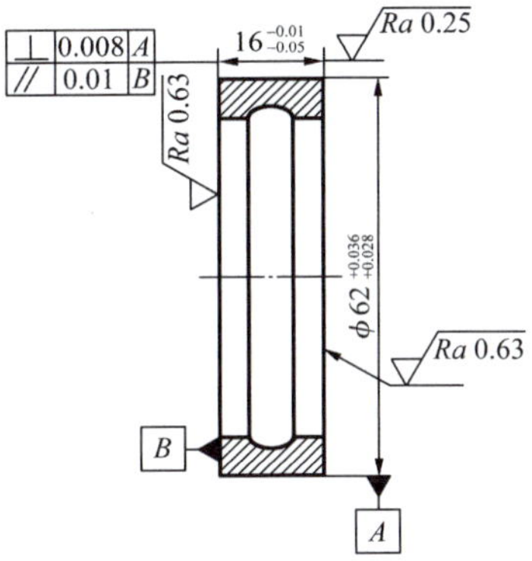

图 5-1 深沟球轴承套圈零件图

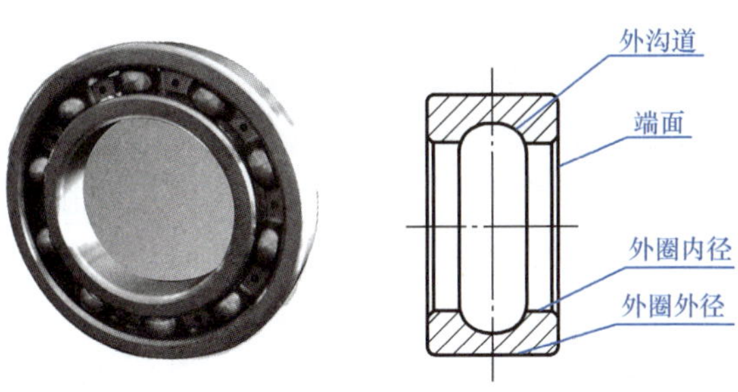

(a) 外形 (b) 套圈

图 5-2 深沟球轴承

工艺分析

轴承套圈的加工过程:磨两端面→磨外圆面→支外径磨外沟道→退磁,清洗→精磨外径→支外径超精磨外沟道→终检→清洗→装配。

本项目将进行前两个工序的加工，磨两端面工序在双端面磨床上完成，磨外圆面工序在无心外圆磨床上完成。

任务一　磨削平面

学习目标

- 掌握平面磨床的操纵和调整。
- 掌握砂轮的种类、构成、安装及使用方法。
- 熟悉磨削加工中一般工件的定位、装夹及加工方法。
- 培养严谨规范、精益求精的工匠精神。

任务引入

本任务为磨削深沟球轴承的两端面，加工要求如图 5-1 所示。

任务分析

磨削深沟球轴承的两端面采用卧式双端面磨床 MZ7650。

相关知识

一、磨削的特点及加工范围

1. 磨削的特点

磨削与其他切削加工方法（车削、铣削、刨削等）相比，具有以下特点：

（1）加工精度高，表面粗糙度值小

磨削时，砂轮表面上有许多磨粒参与切削，每个磨粒相当于一把刃口半径很小且锋利的切削刃，能切下一层很薄的金属。磨床的磨削速度很高，一般 $v_c=30\sim50$ m/s；磨床的背吃刀量很小，一般 $a_p=0.005\sim0.010$ mm。所以经磨削加工的工件一般尺寸公差等级可达 IT5～IT7，表面粗糙度 Ra 值可达 0.2～0.8 μm。

（2）可加工硬度高的工件

由于磨料的硬度很高，故用其进行磨削不仅可以加工钢和铸铁等常用金属材料，还可以加工硬度更高的工件，特别是经过热处理后的淬火钢工件。但是磨削不利于加工硬度很低且塑性很好的有色金属材料，因为磨削这些材料时砂轮容易被堵塞，这会使砂轮失去切削的能力。

(3)磨削温度高

由于磨削速度很高，其速度是一般切削加工速度的10～20倍，所以加工中会产生大量的切削热。在砂轮与工件的接触处，瞬时温度可高达1 000 ℃，同时大量的切削热会使磨屑在空气中被氧化，从而产生火花。高的磨削温度会烧伤工件表面，使工件硬度下降，严重时还会产生微裂纹，使工件表面质量降低，使用寿命缩短。因此，为了减小摩擦、改善散热条件、降低切削温度并保证工件表面质量，在磨削时必须使用大量的切削液。

切削液的主要作用有冷却(降低磨削区的温度)、润滑(减小砂轮与工件之间的摩擦)、冲洗砂轮(冲走脱落的砂粒和磨屑，防止砂轮堵塞)等。常用的切削液有以下两种：

①苏打水

苏打水由1%的无水碳酸钠(Na_2CO_3)、0.25%的亚硝酸钠(Na_2NO_2)及水组成，它具有良好的冷却性能、防腐性能及洗涤性能，而且对人体无害，成本低，是一种应用较广泛的磨削用切削液。

②乳化液

乳化液由0.5%的油酸、1.5%的硫化蓖麻油、8%的锭子油以及1%的碳酸钠水溶液组成，它具有良好的冷却性能、润滑性能及防腐性能。

苏打水的冷却性能高于乳化液，并且配制方便、成本低，常用于高速强力粗磨。乳化液不仅具有冷却性能，还具有良好的润滑性能，常用于精磨。

另外，加工铸铁等脆性材料时，为防止产生裂纹，一般不加切削液，而采用吸尘器除尘，也可以起到一定的散热作用。

2. 磨削的加工范围

磨削常见的加工类型如图5-3所示。

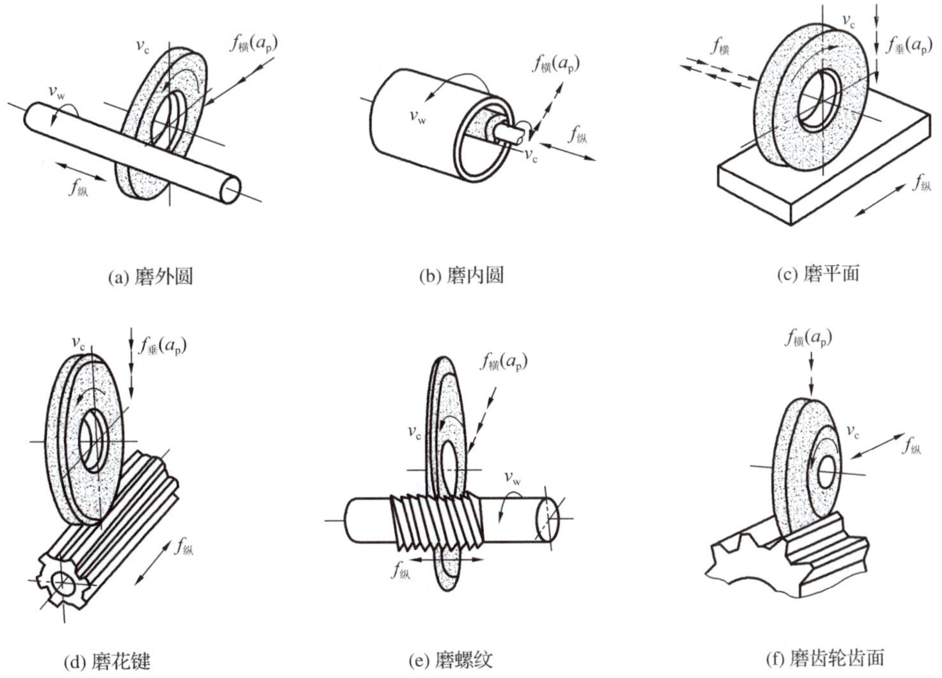

(a) 磨外圆　(b) 磨内圆　(c) 磨平面

(d) 磨花键　(e) 磨螺纹　(f) 磨齿轮齿面

图5-3　磨削常见的加工类型

二 砂轮的选择及安装等

1.砂轮的选择

砂轮是磨削用的刀具,其形状与尺寸应根据机床类型和磨削加工的需要进行选择。在磨削加工中,常用砂轮的形状和用途见表5-1。

表 5-1　　常用砂轮的形状和用途

砂轮名称	简图	代号	用途
平形砂轮	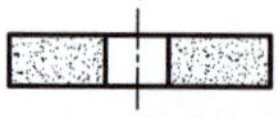	P	磨削平面、内外圆面
筒形砂轮		N	平磨端面
薄片砂轮	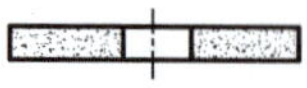	PB	切断、开槽
杯形砂轮	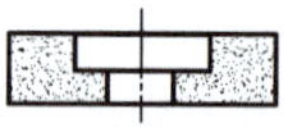	B	磨削平面、内圆面、刀具
碟形砂轮	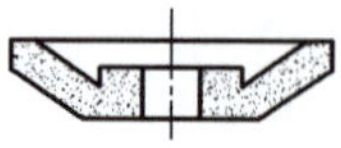	D	磨削铣刀、铰刀、拉刀及齿面
碗形砂轮	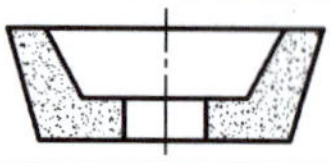	BW	磨削刀具、导轨
双斜边砂轮	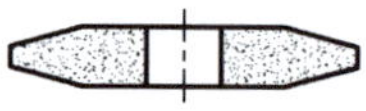	PSX	磨削齿面、螺纹

2.砂轮的检查、安装、平衡和修整

(1)检查

砂轮在高速旋转下进行切削,为防止高速旋转时砂轮破裂,在安装前必须检查砂轮是否有裂纹。在实际应用中,一般采用外观检查和判断敲击的方法来检查。

(2)安装

安装砂轮时,应将砂轮松紧合适地套在砂轮主轴上,并在砂轮和法兰盘之间垫上1～2 mm厚的弹性垫圈(由皮革或耐油橡胶制成),如图5-4所示。

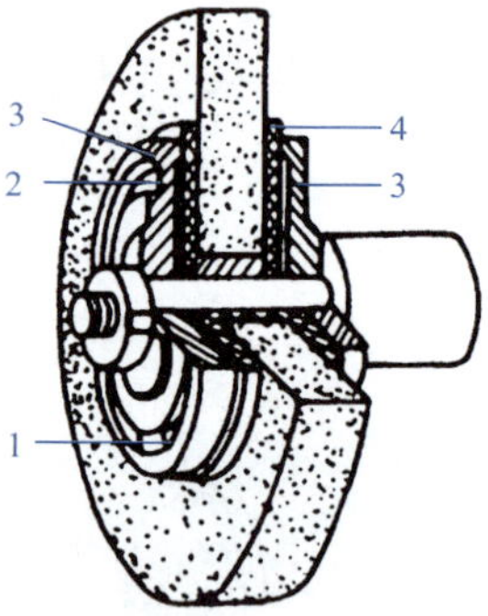

图 5-4　砂轮的安装

1—平衡块;2—环形槽;3—法兰盘;4—弹性垫圈

(3)平衡

为使砂轮平稳地工作,一般对于直径大于125 mm的砂轮都要进行平衡。在实际应用中,一般采用静平衡,如图5-5所示。平衡时先将砂轮安装在心轴上,再将其放在平衡架导轨上。如果砂轮不平衡,则较重的部分总是转在下面,这时可移动法兰盘端面环形槽内的平衡块进行平衡,直到砂轮在导轨上的任意位置都能静止。如果砂轮在导轨上的任意位置都能静止,则表明砂轮各部分质量均匀,平衡良好。

(4)修整

砂轮工作一段时间后，会出现磨粒逐渐变钝、表面空隙堵塞、磨损严重等情况，这时需要对砂轮进行修整，使已磨钝的磨粒脱落，恢复砂轮的切削能力和外形精度。砂轮常用金刚石笔进行修整，如图5-6所示。修整时要用大量的切削液，以避免金刚石笔因温度剧升而破裂。

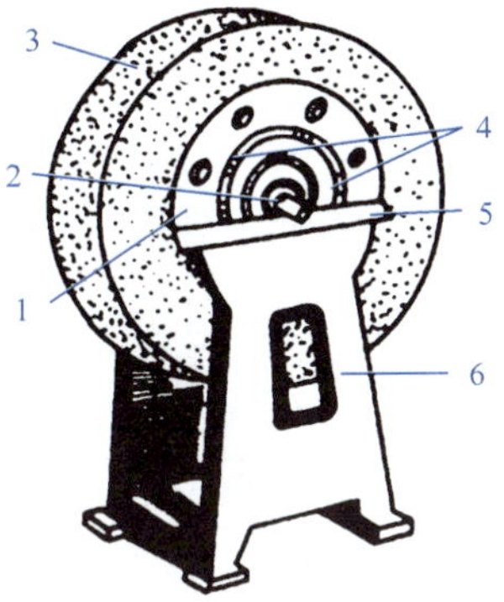

图5-5　砂轮的平衡

1—砂轮套筒；2—心轴；3—砂轮；4—平衡块；5—导轨；6—平衡架

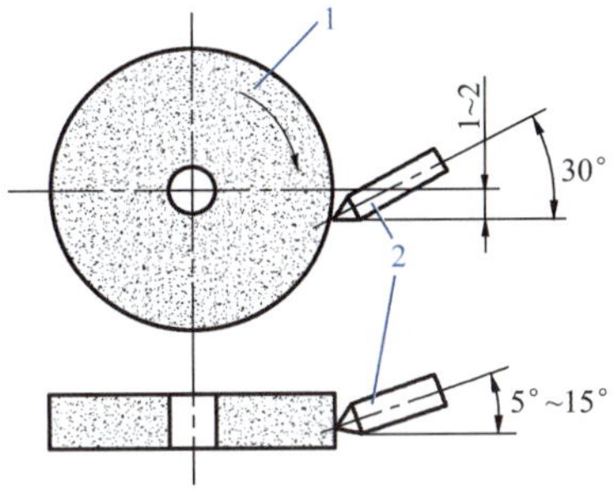

图5-6　砂轮的修整

1—砂轮；2—金刚石笔

三　平面磨床的类型

平面磨床分为卧轴式和立轴式两类。卧轴式平面磨床用砂轮的圆周面磨削平面，立轴式平面磨床用砂轮的端面磨削平面。

1.卧轴矩台平面磨床

如图5-7所示，砂轮的主轴轴线与工作台面平行，工件安装在矩形电磁吸盘上，并随工作台做纵向往复直线运动。砂轮在高速旋转的同时做间歇的横向移动，在工件表面磨去一层后，砂轮反向移动，同时做一次垂直进给，直至将工件磨削到所需的尺寸。

2.卧轴圆台平面磨床

如图5-8所示，砂轮的主轴是卧式的，工作台是圆形电磁吸盘，用砂轮的圆周面磨削平面。磨削时，圆形电磁吸盘将工件吸在一起做单向匀速旋转，砂轮除高速旋转外，还在圆台外缘和中心之间做往复运动，以完成磨削进给。每往复一次或每次换向后，砂轮向工件做一次垂直进给，直至将工件磨削到所需的尺寸。由于工作台是连续旋转的，因此磨削效率高，但不能磨削台阶面等复杂的平面。

图5-7　卧轴矩台平面磨床

图5-8　卧轴圆台平面磨床

3.立轴矩台平面磨床

如图5-9所示,砂轮的主轴与工作台垂直,工作台是矩形电磁吸盘,用砂轮的端面磨削平面。这类磨床只能磨简单的平面零件。由于砂轮的直径大于工作台的宽度,砂轮不需要做横向进给运动,因此磨削效率较高。

4.立轴圆台平面磨床

如图5-10所示,砂轮的主轴与工作台垂直,工作台是圆形电磁吸盘,用砂轮的端面磨削平面。磨削时,工作台匀速旋转,砂轮除做高速旋转外,还定时做垂直进给。

图5-9　立轴矩台平面磨床

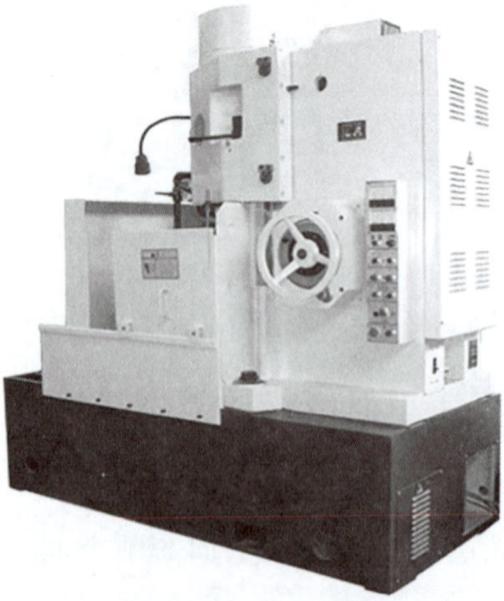

图5-10　立轴圆台平面磨床

5.双端面磨床

如图5-11所示,双端面磨床能同时磨削工件的两个平行面,磨削时工件可连续送料,故常用于自动生产线等场合。

图5-11　双端面磨床

四　平面磨削的方法

磨削平面时,一般是以一个平面为定位基准来磨削另一个平面的。如果两个平面都要求磨削并要求平行,则可互为基准反复磨削。

平面磨削的常用方法有以下两种：

1. 周磨法

周磨法如图5-12(a)所示，用砂轮圆周面磨削工件。采用周磨法磨削时，由于砂轮与工件的接触面积小，排屑、冷却条件好，工件发热变形小，且磨削较均匀，因此能获得较好的加工质量。但是，该磨削方法的生产率低，仅适用于精磨。

2. 端磨法

端磨法如图5-12(b)所示，用砂轮端面磨削工件。采用端磨法磨削时，因砂轮与工件的接触面积较大，故生产率高，但是磨削的精度低，故适用于粗磨。

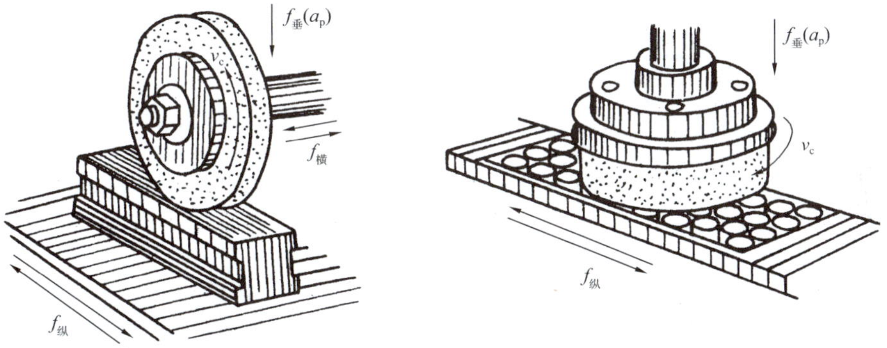

(a) 周磨法　　(b) 端磨法

图5-12　平面磨削的常用方法

五 切削用量及其选择

1. 砂轮的圆周速度 v_c

提高砂轮的圆周速度可以提高磨削效率，但是转速过高会引起砂轮碎裂，过低会影响表面质量。一般情况下，砂轮的圆周速度为15～25 m/s，采用周磨法磨削时可比端磨法磨削时略高些。

2. 砂轮的垂直进给量 $f_{垂}$

粗磨时，砂轮的垂直进给量一般为0.015～0.030 mm，精磨时一般为0.005～0.010 mm。

3. 工作台的纵向进给量 $f_{纵}$

工作台的纵向进给量一般为1～12 m/min，进给量越大，磨削的表面粗糙度值就越大。

六 工件的装夹

平面磨削的装夹方法应根据工件的形状、尺寸和材料而定，常用方法有电磁吸盘装夹、精密平口钳装夹等。

1. 电磁吸盘及其使用

电磁吸盘如图5-13所示，主要用于由钢、铸铁等磁性材料制成的有两个平行面的工件的装夹。

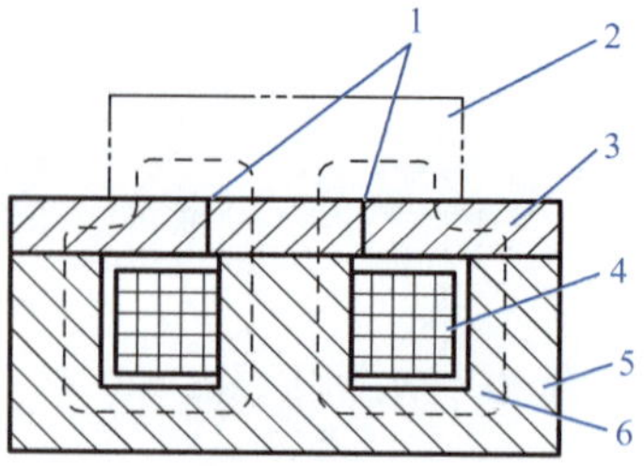

图 5-13　电磁吸盘

1—绝磁层；2—工件；3—盖板；4—线圈；5—吸盘体；6—芯体

(1)电磁吸盘的结构

电磁吸盘的外形有矩形和圆形两种，如图 5-14、图 5-15 所示，分别用于矩形工作台平面磨床和圆形工作台平面磨床。

(2)电磁吸盘装夹工件的特点

①工件装卸迅速、方便，可以同时装夹多个工件。

②工件的定位基准面被均匀地吸紧在台面上，能很好地保证平行面的平行度公差。

③装夹稳固可靠。

(3)注意事项

如图 5-16 所示，当磨削键、垫圈、薄壁套等尺寸小而壁较薄的零件时，因零件与工作台接触面积小、吸力弱，故在工件四周或左右两侧用挡铁围住，以免工件走动。

图 5-14　矩形电磁吸盘

图 5-15　圆形电磁吸盘

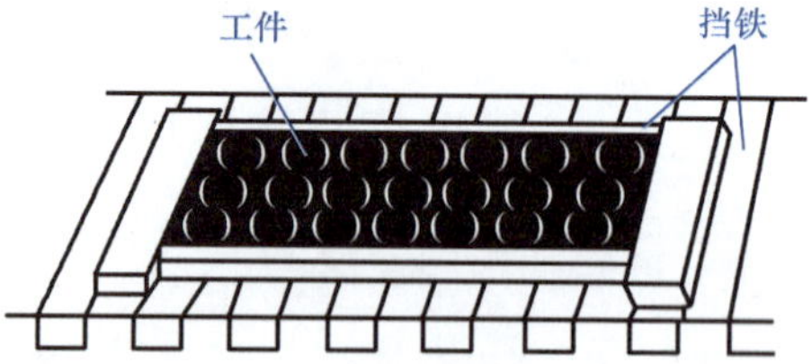

图 5-16　用挡铁围住工件

2. 垂直面磨削时工件的装夹

(1)用侧面有吸力的电磁吸盘装夹

这种电磁吸盘不仅其工作台板的上平面能吸住工件，其侧面还能吸住工件。当被磨平面中有与其垂直的相邻面且工件体积不是很大时，用这种电磁吸盘装夹比较方便、可靠。

(2)用导磁角铁装夹

导磁角铁有四个面互相垂直，黄铜把纯铁隔开，距离与电磁吸盘一样，磁力线可以延伸到上面，如图 5-17 所示，加工时将工件的侧面吸贴在导磁角铁的侧面上。这种装夹方法能得到较高的垂直度，适合磨削不易找正的小零件或比较光滑的工件。

(3)用精密平口钳装夹

精密平口钳由平口钳体、固定钳口、活动钳口、螺杆等组成，如图 5-18 所示。其特点是平口面对其侧面的垂直度公差很小，仅 0.005 mm，适合装夹小型导磁或非磁性材料的工件。这种装夹方法较简便，生产率高，且能保证工件的加工精度。

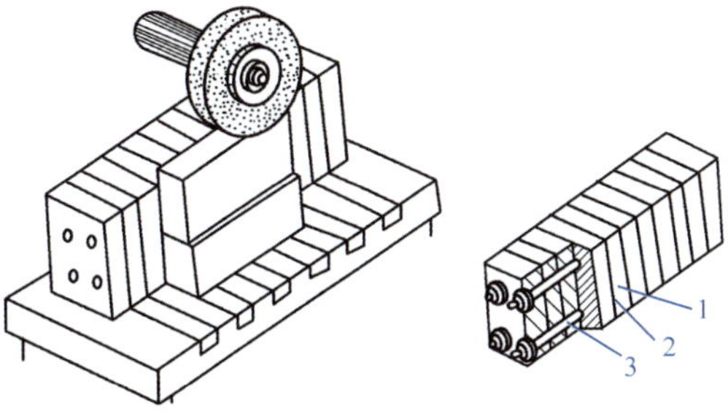

图 5-17 用导磁角铁装夹

1—纯铁;2—黄铜片;3—螺栓

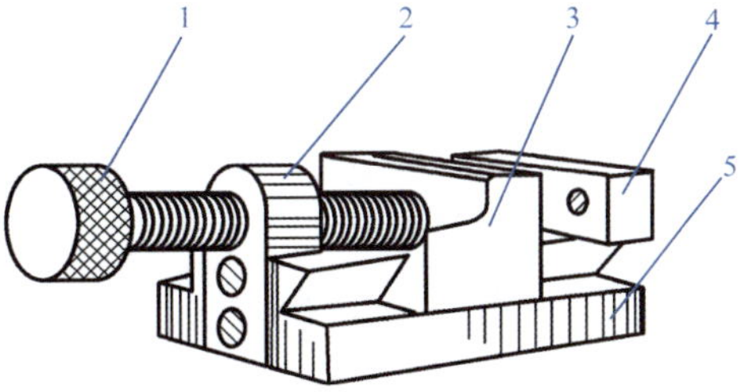

图 5-18 精密平口钳

1—螺杆;2—凸台;3—活动钳口;

4—固定钳口;5—平口钳体

(4)用精密角铁装夹

精密角铁具有两个互相垂直的工作平面,其垂直度为0.005 mm,可达到较高的加工精度。磨削时,工件以精加工过的面紧贴在精密角铁的垂直面上,用压板和螺钉夹紧,并用百分表校正后进行加工。这种方法虽装夹较麻烦,但可以获得较高的垂直度,通常适合装夹大小、质量均比精密角铁小的导磁或非磁性垂直面工件,如图5-19所示。

(5)用精密V形块装夹

用螺栓把工件固定在V形块里,然后找正、夹紧,如图5-20所示。用精密V形块装夹适合磨削较大的圆柱形工件的端面,可保证端面对圆柱轴线的垂直度公差。

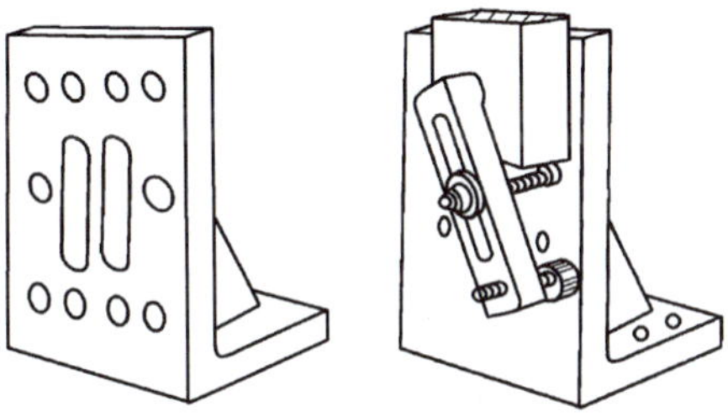

图 5-19 用精密角铁装夹

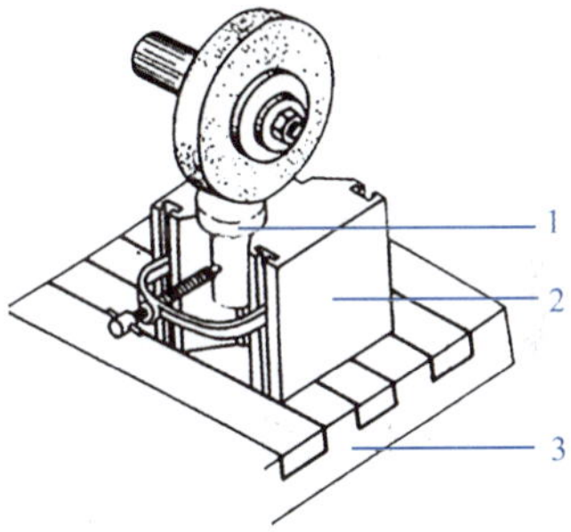

图 5-20 用精密V形块装夹

1—工件;2—精密V形块;3—电磁吸盘

(6)垫纸法

垫纸法适用于垂直度要求不高的工件,主要有如下三种:

①用百分表找正侧面

如图5-21所示,将百分表头打在工件的侧面,上下、前后移动查看百分表上的读数,若误差大,则在工件下面垫纸,使百分表读数达到很小的跳动量。

②用圆柱角尺找正垂直面

如图5-22所示,把圆柱角尺和工件都放在平板上,让工件慢慢向圆柱角尺靠拢,观察间隙,然后在工件下面垫纸,使间隙均匀,再磨削上平面。

③用专用百分表座找正垂直面

如图5-23所示,先把圆柱角尺和百分表座放在平板上,让百分表座的定位点顶住工件下部最大外圆处,表头接触工件的上部,调到零;将圆柱角尺移走,把工件放到原位置,查看百分表上的读数;然后在工件下面垫纸,使百分表上的读数几乎接近零,之后再磨削上平面。

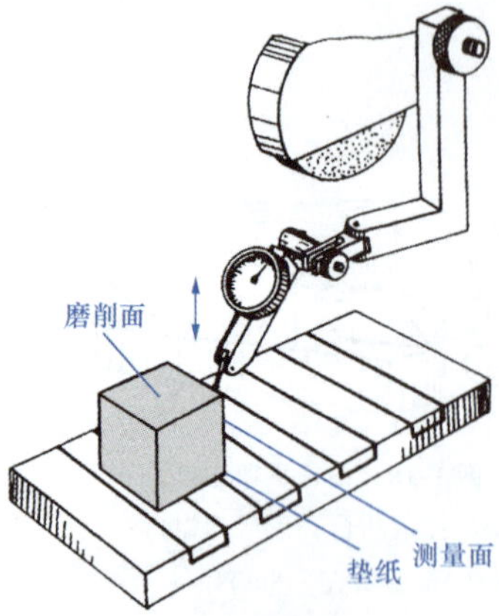

图 5-21　用百分表找正

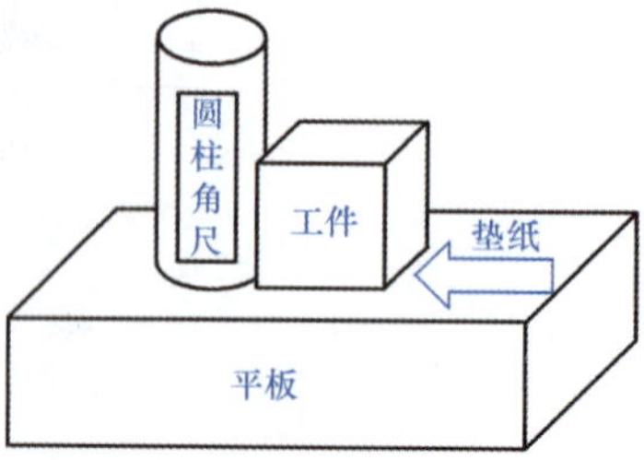

图 5-22　用圆柱角尺找正垂直面

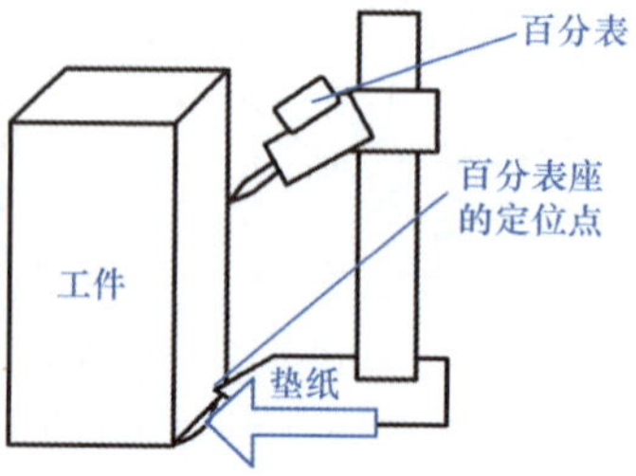

图 5-23　用专用百分表座找正垂直面

3.倾斜面磨削时工件的装夹

(1)用正弦规和精密角铁装夹

正弦规是一种精密量具，使用时，根据所磨工件斜面的角度算出需要垫入的块规高度，如图 5-24 所示。

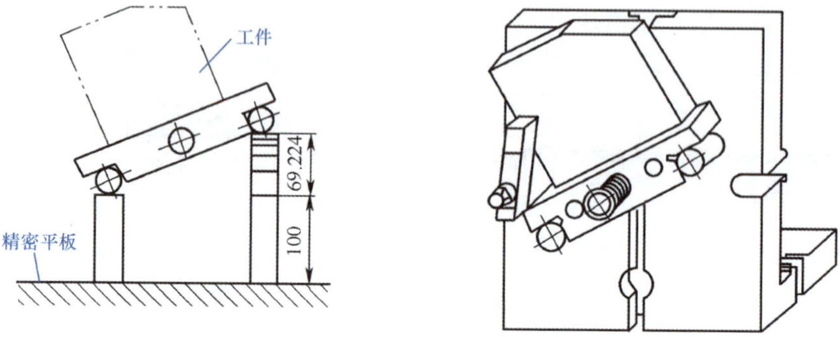

(a) 正弦规角度的调整

(b) 工件的装夹

图 5-24　用正弦规和精密角铁装夹

(2)用正弦精密平口钳和正弦电磁吸盘装夹

正弦精密平口钳的最大倾斜角度为 45°，而正弦电磁吸盘是用电磁吸盘代替正弦精密平口钳中的平口钳，其最大回转角度也是 45°。它们一般可用于装夹厚度较小的工件，如图 5-25 所示。

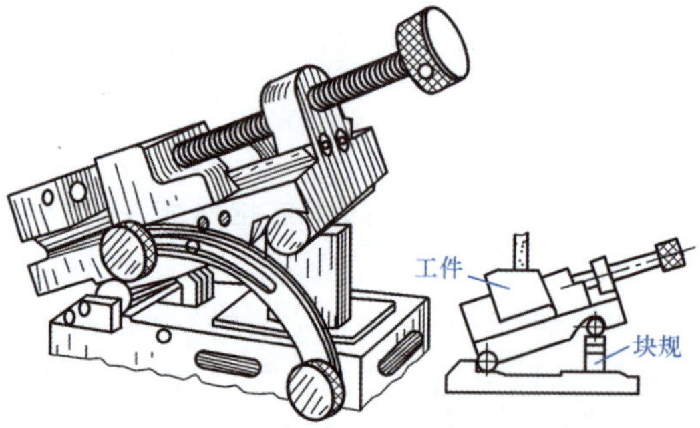

(a) 用正弦精密平口钳装夹

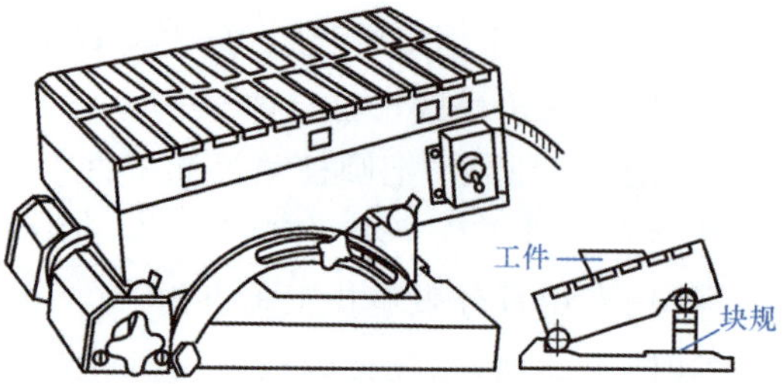

(b) 用正弦电磁吸盘装夹

图 5-25　用正弦精密平口钳和正弦电磁吸盘装夹

(3)用导磁V形架装夹

导磁V形架的结构和使用原理与导磁角铁相同。用导磁V形架装夹的工件的倾斜角不能调整,因而适用于批量生产,如图5-26所示。

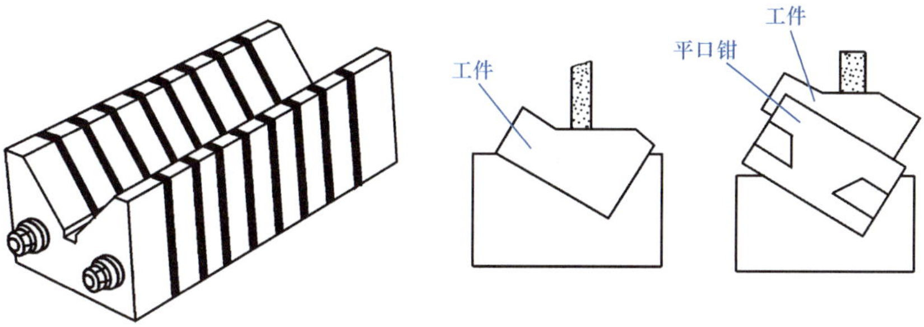

(a)　(b)　(c)

图5-26　用导磁V形架装夹

七　平面的精度检验

平面的精度检验包括尺寸精度、形状精度、位置精度和表面粗糙度这四项内容的检验。

1.平面度误差的检验

平面度误差的检验可采用涂色法、透光法和千分表法。

2.平行度误差的检验

平行度误差的检验方法有两种:用外径千分尺(或杠杆千分尺)测量;用千分表(或百分表)测量。

3.垂直度误差的检验

垂直度误差的检验方法有三种:用90°角尺测量;用90°圆柱角尺测量;用百分表(或千分表)测量。

4.角度的检验

对于倾斜面与基准面的夹角,如果精度要求不太高,则可以用角度尺或万能游标角度尺检验;如果精度要求较高,则可以用正弦规检验。小型工件的斜角可以用角度量块比较测量。

任务实施

1.准备工作

准备深沟球轴承套圈毛坯件、90°角尺、百分表、立轴圆台平面磨床。

磨削平面

2.操作步骤

(1)将砂轮修整器移到砂轮中心左前方约5 mm处,用上下手轮慢慢下刀,当听到有声响后,在显示器上归零,每次下刀0.03 mm,修整器在砂轮下匀速来回,当听到声音清脆、完整时,表示砂轮已修平,然后下刀0.01 mm,慢慢前后来回修整砂轮两次。

(2)根据工件的长短调节左右调距滑块,使工件在砂轮下左右移动合适。

(3)当工件的一面加工好后,拿下工件,将工件和工作台面擦干净,然后按上面的程序再加工另一面。

(4)加工中要进行检测,直到将工件加工到要求为止。

本任务选用周磨法进行磨削。

3.注意事项

(1)工作前检查双端面磨床砂轮及砂轮罩是否完好无崩裂,是否安装正确、紧固可靠。无砂轮罩的机床不准开动。

(2)每次启动砂轮前,应将液压开停阀置于停止位置,调整手柄在最低速位置,砂轮座快速进给手柄在后退位置,以免发生意外。

(3)每次启动双端面磨床砂轮前,应先启动润滑泵或静压供油系统油泵,待砂轮主轴润滑正常,水银开关顶起或静压力达到设计规定值,砂轮主轴浮起时,才能启动砂轮回转。

(4)刚开始磨削时进给量要小,切削速度要慢,防止砂轮因冷脆而破裂,冬天气温低时更应注意。

(5)砂轮快速引进工件时,不准机动进给,不许进大刀,注意工件突出棱角部位,防止碰撞。

(6)砂轮主轴温度超过60 ℃时必须停车,待温度恢复正常后再工作。

(7)对于使用切削液的双端面磨床,工作后应将冷却泵关掉,让砂轮空转几分钟甩净切削液后,再使砂轮停止回转。

任务二　磨削外圆面

学习目标

- 能正确操纵与调整外圆磨床。
- 能正确选择磨削用量。
- 掌握外圆磨削的方法。
- 养成耐心、专注、坚持的良好习惯。

任务引入

本任务为磨削深沟球轴承套圈的外圆面,加工要求如图5-1所示。

任务分析

磨削深沟球轴承套圈的外圆面需在无心外圆磨床上完成。

相关知识

一 外圆磨床

外圆磨床分普通外圆磨床和万能外圆磨床两种。普通外圆磨床可以磨削外圆柱面、端面及外圆锥面,万能外圆磨床在此基础上还可以磨削内圆柱面、内圆锥面。

万能外圆磨床主要由床身、工作台、头架、尾座、砂轮架、内圆磨头及砂轮等部分组成,如图5-27所示。

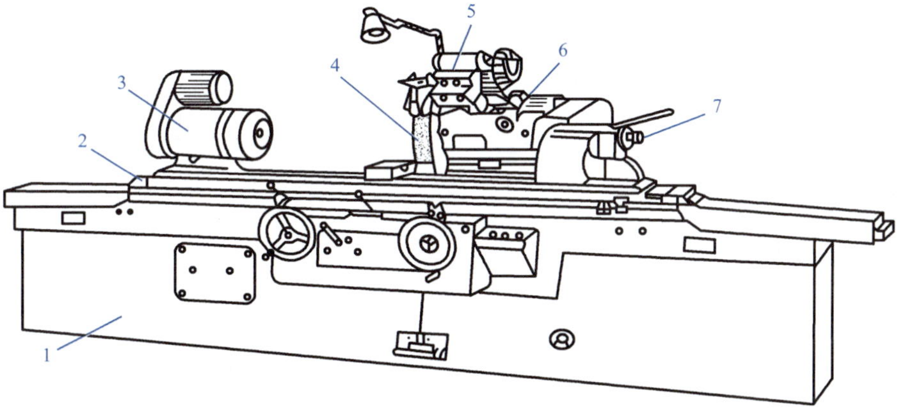

图5-27 M1432A型万能外圆磨床

1—床身;2—工作台;3—头架;4—砂轮;5—内圆磨头;6—砂轮架;7—尾座

万能外圆磨床的头架上装有电动机,经头架左侧的带传动使主轴转动,可改变V带的连接位置,使主轴获得不同的转速。另外,主轴上一般采用顶尖或卡盘来夹持工件并带动其旋转。

砂轮装在砂轮架的主轴上,由单独的电动机带动其旋转。砂轮架可沿床身后部的横向导轨前后移动,移动的方法有自动周期进给、快速引进或退出以及手动三种,前两种方法是靠液压传动实现的。

工作台有两层,下工作台可在床身导轨上做纵向往复运动,上工作台能相对于下工作台在水平面内偏转一定的角度,以便磨削圆锥面。另外,工作台上装有头架和尾座。

万能外圆磨床的头架和砂轮架下面都装有转盘,该转盘能绕竖直轴旋转较大的角度,另外还增加了内圆磨头等附件,因此万能外圆磨床还可以磨削内圆柱面和锥度较大的内、外圆锥面。

二 磨削的方法

1.磨外圆面

(1)在普通外圆磨床上磨外圆面

轴类工件用前、后顶尖带夹头安装,盘套类工件则利用心轴和顶尖安装。磨削方法如图5-28所示。

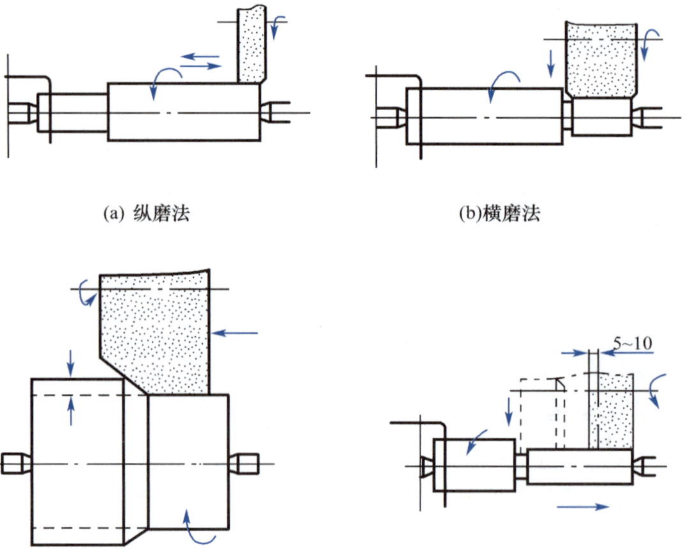

(a) 纵磨法　　(b)横磨法

(c) 深磨法　　(d)分段磨法

图 5-28　在外圆磨床上磨外圆面的方法

①纵磨法

纵磨法是最常用的磨削方法。磨外圆面时，工件转动并随工作台做纵向往复移动，在每次纵向行程（或双行程）终了时，砂轮做一次横向进给运动。当磨削加工接近最终尺寸时，可连续几次进行无横向进给的光磨，直到火花消失为止，如图 5-29 所示。

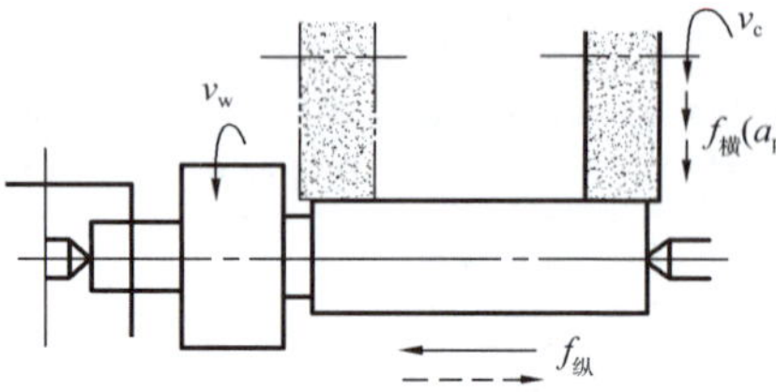

图 5-29　纵磨法

磨削时，砂轮高速旋转（v_c=30～50 m/s），工件由头架带动低速旋转做圆周进给运动。圆周速度一般取 13～26 m/min，粗磨时取大值，精磨时取小值。

工作台带动工件做往复运动。纵向进给量一般为砂轮宽度 B 的 20%～80%，粗磨时取大值，精磨时取小值。

在每次往复行程之后，砂轮做一次横向进给运动，每次进给量很小，一般为 0.005～0.015 mm。

纵磨法的磨削精度高，表面粗糙度 Ra 值小，适应性好，因此该方法适用于单件、小批量生产和细长轴的精磨。

纵磨法的特点如下：

- 在砂轮整个宽度上，磨粒的工作情况不同，砂轮左端面（或右端面）尖角承担主要的切削工作，工件部分磨削余量均由砂轮尖角处的磨粒切除，而砂轮宽度上的绝大部分磨粒起减小工件表面粗糙度值的作用。纵磨法的磨削力小，散热条件好，可获得较高的加工精度和较小的表面粗糙度值。
- 生产率较低。
- 磨削力较小，适用于细长、精密或薄壁工件的磨削。

②横磨法

横磨法又称切入磨削法，如图5-30所示，被磨削工件的外圆面长度应小于砂轮宽度，磨削时砂轮做连续或间断的横向进给运动，直到磨去全部余量为止。砂轮磨削时无纵向进给运动。粗磨时可采用较高的切入速度；精磨时切入速度应较低，以防止工件烧伤和发热变形。

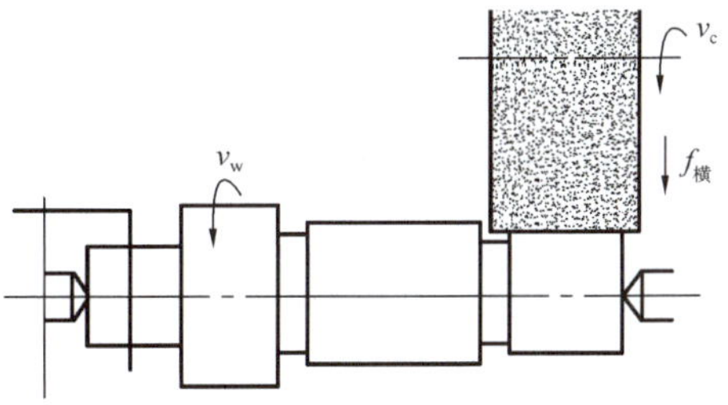

图5-30　横磨法

横磨法的特点如下：

- 整个砂轮宽度上磨粒的工作情况相同，充分发挥了所有磨粒的磨削作用，同时由于采用连续的横向进给，缩短了磨削的基本时间，故生产率较高。
- 径向磨削力较大，工件容易产生弯曲变形，一般不适宜磨削较细的工件。
- 磨削时产生较多的磨削热，工件容易烧伤和发热变形。
- 砂轮表面的形态(修整痕迹)会复制到工件表面，影响工件的表面粗糙度。为了消除该缺陷，可在横磨终了时做微小的纵向移动。
- 横磨法因受砂轮宽度的限制，故只适用于磨削长度较短的外圆面。

因横磨法的径向磨削力大，故工件易产生弯曲变形，又因砂轮与工件的接触面积大，产生的热量多，故工件容易被烧伤，但横磨法的生产率较高，因此适用于大批量生产中精度要求较低、刚性好的零件外圆面的磨削。

对于阶梯轴类零件，当外圆面被磨到尺寸后，还要磨削轴肩端面。这时只要用手摇动纵向移动手柄，使工件的轴肩端面靠向砂轮，磨平即可，如图5-31所示。

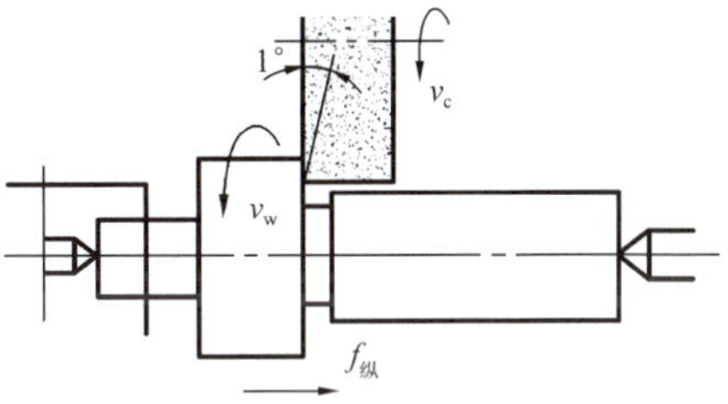

图5-31　磨轴肩端面

③深磨法

深磨法是一种用得较多的磨削方法，采用较大的背吃刀量在一次纵向进给中磨去工件的全部余量。因磨削基本时间缩短，故生产率较高。

深磨法的特点如下：

- 适宜磨削刚性好的工件。
- 磨床应具有较大的功率和较好的刚度。
- 磨削时采用较小的单方向纵向进给量，砂轮纵向进给方向应面向头架并锁紧尾座套筒，以防止工件脱落。砂轮硬度应适中，且具有良好的磨削性能。

④分段磨法

分段磨法又称综合磨法，它是横磨法与纵磨法的综合应用，即先用横磨法对工件分段粗磨，留0.03～0.04 mm余量，然后用纵磨法将工件精磨至尺寸。这种磨削方法既利用了横磨法生产率高的优点，又具有纵磨法加工精度高的优点。分段磨削时，相邻两段间应有5～10 mm的重叠。这种磨削方法适用于磨削余量较多和刚性较好的工件，且工件的长度要适当。考虑到磨削效率，应采用较宽的砂轮，以减小分段数。当加工表面的长度为砂轮宽度的2～3倍时为最佳状态。

(2)在无心外圆磨床上磨外圆面

无心磨削是工件不定中心的磨削,有无心外圆磨削和无心内圆磨削两种,下面主要介绍无心外圆磨削。

①工作原理

将工件放在砂轮和导轮之间,以被磨削表面为基准,工件由托板和导轮支承。砂轮通过摩擦力带动工件转动,导轮靠摩擦力旋转,砂轮与工件间有很大的速度差,从而产生磨削作用。工件中心须高出砂轮与导轮中心的连线,这样工件与砂轮和导轮的接触点不对称,从而使工件上的凸点在多次转动中被逐渐磨圆。

无心外圆磨削如图5-32所示。在无心外圆磨床上加工工件时,工件无须打中心孔,且安装工件省时省力,可连续磨削,所以生产率较高,特别适合大批量生产销轴类零件。

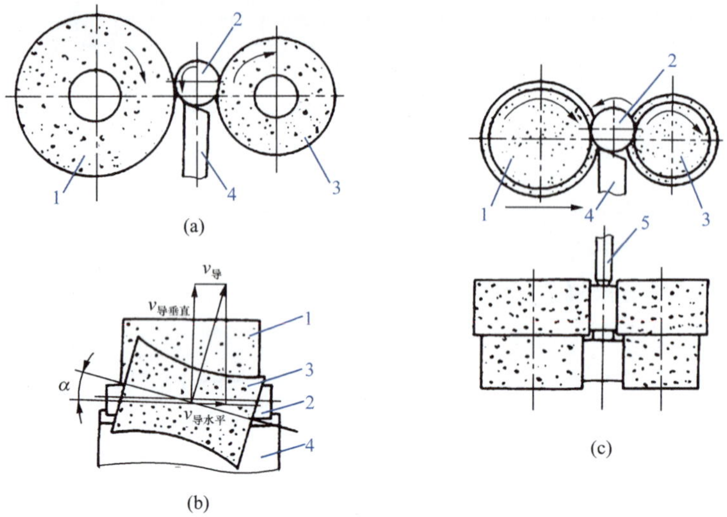

图5-32　无心外圆磨削

1—砂轮;2—工件;3—导轮;4—托板;5—挡块

②磨削方法

无心外圆磨削有两种方法:

- 贯穿磨削(纵磨法):导轮轴线在垂直平面内倾斜一个角度,磨削时将工件从机床前面放到托板上并推进磨削区域,在导轮与工件间水平摩擦力的作用下,工件沿轴向移动,完成纵向进给。这种方法适用于不带凸台的圆柱形工件,磨削长度可大于或小于砂轮宽度,效率较高。
- 切入磨削(横磨法):将工件放在托板和导轮之间,使磨削砂轮横向切入进给以磨削工件表面。导轮中心线需偏转一个很小的角度(约30′),使工件在微小轴向摩擦力的作用下紧靠挡块,得到可靠的轴向定位。

③磨削特点

- 工件不需要打中心孔,支承刚性好,磨削余量小而均匀,生产率高,易实现自动化,适合成批生产。
- 加工精度高,尺寸精度可达IT5~IT6,形状精度也较好,表面粗糙度 Ra 值为0.16~1.25 μm 。

- 不能加工断续表面，如花键、单键槽表面等。
- 只能加工尺寸较小、形状简单的零件。

2. 磨台阶面

工件的台阶面可在磨好外圆面之后，用手移动工作台借砂轮端面磨出。磨削时，需将砂轮横向稍微退出一些，手摇工作台，待砂轮与工件端面接触后做间断的进给，并注意浇注充分的切削液，以免烧伤工件。通常可将砂轮端面修成内凹形，以减小砂轮与工件的接触面积，提高磨削质量。

磨台阶面时，砂轮受到很大的侧面压力，因此操作时要细心地移动工作台，当工件端面与砂轮接触后，可用手轻轻敲打纵向进给手轮，使进给量小而均匀。

3. 磨内圆面

磨内圆面可以在内圆磨床上进行，如图 5-33 所示，也可以在万能外圆磨床上进行。其工艺范围是通孔、盲孔、孔口端面等。

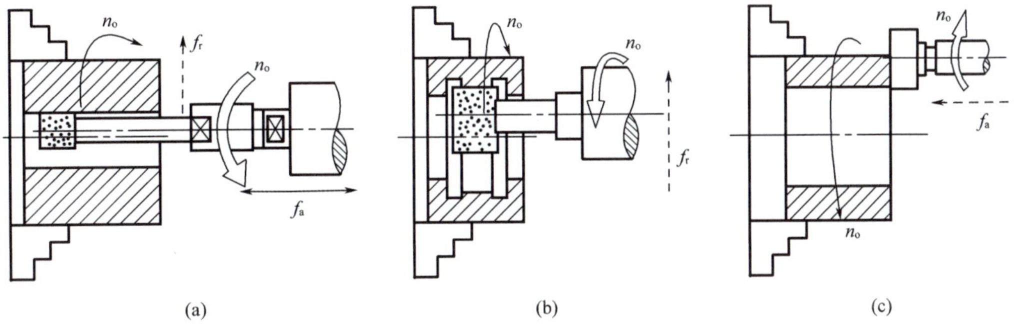

图 5-33　磨内圆面(1)

磨内圆面时，一般以工件的外圆面和端面作为定位基准，采用四爪自定心卡盘或三爪自定心卡盘装夹工件，如图 5-34(a)所示。

如图 5-34(b)所示，磨削时砂轮与工件的接触方式有两种：后面接触，用于内圆磨床，便于操作者观察加工表面；前面接触，用于万能外圆磨床，便于自动进给。

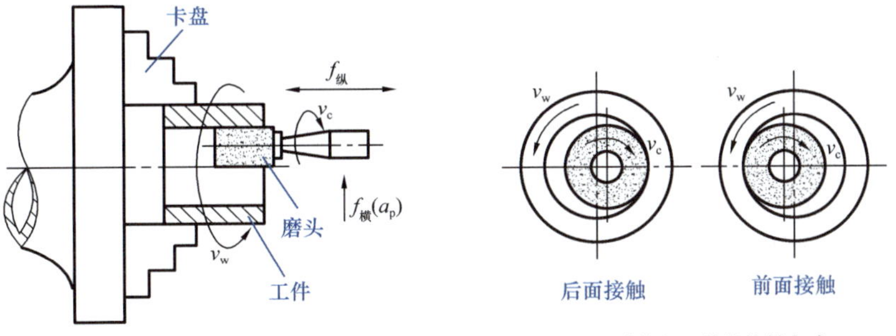

(a) 用卡盘装夹工件　　(b) 砂轮与工件的接触方式

图 5-34　磨内圆面(2)

内圆面磨削的特点如下：

(1)砂轮直径小，容易磨钝，需经常修整和更换。

(2)为保证磨削速度，对砂轮转速的要求较高。

(3)砂轮轴细小,悬伸长度大,刚性差,磨削时易产生弯曲和振动,加工精度和表面粗糙度难以控制。

三 砂轮的选择

1.砂轮的选择原则

砂轮的选择不仅影响工件的加工精度和表面质量,还影响砂轮的损耗、使用寿命、生产率和生产成本。要达到合理选择砂轮的目的,应遵循以下基本原则:

(1)磨粒应具有较好的磨削性能。

(2)砂轮在磨削时应具有合适的自锐性。

(3)砂轮不宜磨钝,且具有较长的使用寿命。

(4)磨削时产生较小的磨削力。

(5)磨削时产生较少的磨削热。

(6)能达到较高的加工精度(尺寸精度、形状精度、位置精度)。

(7)能达到较小的表面粗糙度值。

(8)工件表面不产生烧伤和裂纹。

2.外圆砂轮主要特性的选择

外圆砂轮一般为中等组织的平形砂轮,其尺寸按机床规格选择。外圆砂轮主要特性的选择包括磨料、硬度和粒度的选择。

(1)磨料的选择

磨料的选择主要与被加工件的材料和热处理方法相对应。各种人造磨料中以棕刚玉和白刚玉最为常用。

(2)硬度的选择

除应遵循硬度选择的一般原则外,还应考虑对砂轮自锐性和微刃等高性的影响。

(3)粒度的选择

砂轮磨粒的粗细程度直接影响工件的表面粗糙度和砂轮的磨削性能。精磨时应选择较细的粒度,粗磨时则相反。磨削容易变形的工件时,粒度要选得粗些。

四 磨削余量的确定及磨削用量的选择

1.磨削余量的确定

合理确定磨削余量对提高生产率和保证工件质量均有重要作用。确定磨削余量时要考虑一系列因素,如零件的形状、尺寸、技术要求、工艺顺序、热处理方法、加工方法、设备情况等。一般原则如下:

(1)当工件形状复杂、技术要求高、工艺顺序复杂时,磨削余量应大些,如磨削高精度机床主轴和套筒等零件。

(2)工件细长或壁薄,磨削余量应大些。

(3)需要经过热处理的工件,考虑到热处理变形,磨削余量应大些。

(4)工件尺寸越大,加工的误差因素越多,由磨削力、内应力引起变形的可能性越大,故应相应地增大余量。

(5)磨削余量按粗磨、半精磨、精磨、精密磨的顺序递减。

2. 磨削用量的选择

磨削用量的选择对工件表面粗糙度、加工精度、生产率和工艺成本均有影响。

磨外圆面时的磨削运动和磨削用量如图5-35所示。

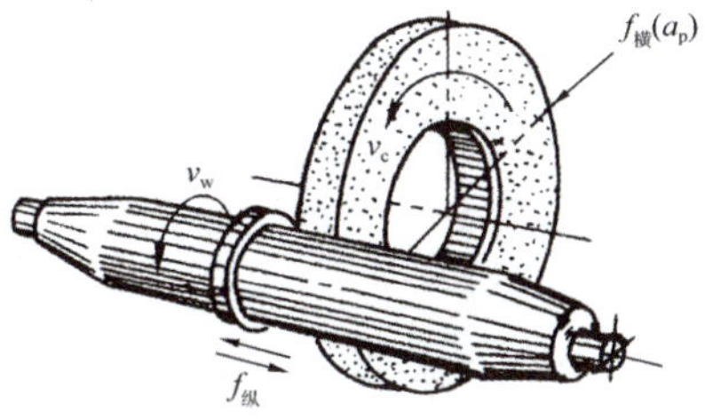

图5-35　磨外圆面时的磨削运动和磨削用量

(1)主运动及磨削速度v_c

砂轮的旋转运动是主运动,砂轮外圆相对于工件的瞬时速度称为磨削速度,单位为m/s,可用下式计算:

$$v_c=\frac{\pi dn}{1\,000\times 60}$$

式中　d——砂轮直径,mm;

n——砂轮转速,r/min。

(2)圆周进给运动及圆周进给速度v_w

工件的旋转运动是圆周进给运动,工件外圆相对于砂轮的瞬时速度称为圆周进给速度,单位为m/min,可用下式计算:

$$v_w=\frac{\pi d_w n_w}{1\,000}$$

式中　d_w——工件外圆直径,mm;

n_w——工件转速,r/min。

工件的圆周进给速度一般为5~30 m/min,比砂轮圆周速度低得多。

(3)纵向进给运动及纵向进给量$f_{纵}$

工作台带动工件所做的直线往复运动是纵向进给运动。工件每转一转时,砂轮在纵向进给运动方向上相对于工件的位移称为纵向进给量,单位为mm/r,可用下式计算:

$$f_{纵}=(0.2\sim0.8)B$$

式中,B为砂轮宽度,mm。

(4)横向进给运动及横向进给量$f_{横}$

砂轮沿工件径向上的移动是横向进给运动。工作台每往复行程(或单行程)一次,砂轮相对于工件径向上的移动距离称为横向进给量,单位是mm/行程。横向进给量实际上是砂轮每次切入工件的深度,即背吃刀量,一般用a_p表示,单位为mm。

在进行外圆面磨削时,横向进给量很小,一般为0.005~0.015 mm,粗磨时选大值,精磨时选小值。

五 工件的装夹

1.用两顶尖装夹

统一采用两端中心孔作为定位基准。用两顶尖装夹符合基准重合原则和基准统一原则,装夹方便,定位精度高,应用普遍,适合装夹较长和定位精度高的工件。

装夹时要注意以下几点:

(1)当工件直径过大或过重时,应增加支承架并减小磨削用量。

(2)工件旋转轴线与工件运动方向要平行。

(3)中心架调整要适当,应正确调整水平支承块的压力。

(4)磨削细长轴时,顶尖不要顶得太紧,尾架顶针的预紧力要适当。

(5)应修研和清洁中心孔,防止中心孔形状不正确或孔内有毛刺、污垢;顶尖与筒套锥孔接触不好时,应修复或更换。

2.用心轴装夹

心轴是用于装夹套类零件的专用夹具,以满足零件外圆面磨削的精度要求。

3.用三爪自定心卡盘或四爪单动卡盘装夹

三爪自定心卡盘装夹方便,定心好,但夹紧力小,适用于中小尺寸、形状规则、不太长的工件以及没有中心孔的圆柱形工件。

四爪单动卡盘装夹不如三爪自定心卡盘装夹方便,不能自动定心,但夹紧力大,适用于大型或形状不规则的工件。

4.一夹一顶装夹

磨削一般轴类工件,尤其是较重的工件时,可将工件的一端用三爪自定心卡盘或四爪单动卡盘夹紧,另一端用后顶尖支顶。

任务实施

1.准备工作

准备任务一中完成的工件、游标卡尺、千分尺、M1080无心外圆磨床。

磨削外圆面

2.操作步骤

(1)选择砂轮和导轮

砂轮采用由陶瓷结合剂制成的刚玉砂轮,导轮则采用由橡胶结合剂制成的刚玉砂轮。

(2)修整砂轮和导轮

粗磨时,砂轮修整的走刀速度要快,以获得锋利的切削刃;精磨时,砂轮修整的走刀速度应慢些,以获得砂轮的等高性和微刃性。导轮必须在高速下修整,两轮修整时要有足够的切削液。

(3)选择托板

根据计算结果选择合适的托板,并调整工件的中心高度。调整前、后导板时,取一根和工件直径相同的试棒放在磨削区域内,缓慢地摇动进给手轮,使试棒在砂轮和导轮的夹持下能用手轻轻地转动或移动，然后按照要求安装和调整好导板。

(4)试磨工件

首先启动砂轮，再调整导轮的速度，待砂轮和导轮正常运转后，开放少许切削液，把工件放在托板上，推动工件进入磨削区域少许，渐渐地进给手轮，直到工件开始旋转并产生轻微的火花为止。

(5)观察火花

仔细观察磨削区域火花分布的情况。如在整个磨削区域内都有火花，而且火花集中于磨削区域前2/3处，往后逐渐减少直到消失，同时工件运动平稳，则说明所选的各参数是合理的，否则要重新调整。

(6)正式磨削

当确认被磨工件完全达到技术要求之后，才可以正式磨削。

3.注意事项

(1)将机床开动起来运转十几分钟，等油压、油温都稳定之后才能进行磨削。

(2)工作结束之后不要将机床立即关掉，而要让砂轮空转1 min左右，让砂轮里的水分彻底甩完后再关闭电源。

(3)机床使用完一定要把砂轮灰和磨灰清理干净，不要把工具等物品放在机床上。机床上有很多铜油环，每次使用完必须加油一次，否则时间长了导轨会生锈，导致进给沉重。

项目评价

本项目的评分标准见表5-2。

表5-2　磨削轴承套圈的评分标准

班级：				姓名：	学号：	
项目五：磨削轴承套圈					零件图：图5-1	
序号	检测内容	配分	评分标准		实测结果	得分
1	工件装夹正确	5	装夹不可靠不得分			
2	砂轮的选择、安装正确	10	准备工作不充分扣2分 砂轮选择不合理扣3分 砂轮检查不正确扣2分 砂轮安装不合理扣3分			
3	磨削用量选择正确	10	磨削用量选择不当扣10分			
4	机床调整正确	10	工作台调整不正确扣5分 砂轮架控制不正确扣5分			
5	对刀方法恰当	10	对刀方法不当酌情扣分			
6	外圆尺寸	10	外圆尺寸超差0.01 mm扣5分			
7	长度尺寸	10	外圆尺寸超差0.02 mm扣5分			
8	平行度要求	10	超差0.02 mm扣5分			
9	垂直度要求	10	超差0.02 mm扣5分			
10	表面粗糙度	10	表面粗糙度超差一处扣2分			
11	安全、文明生产	5	违者每次扣2分			
综合得分		100				

拓展资料

铁棒磨成针

清·颐琐《黄绣球》第十章:“拼着些坚忍工夫,做到铁棒磨成针的地位,看似发达的迟,实在收效最速。”

唐朝著名诗人李白小时候从不认真读书,经常是把书本一抛就出去玩耍。一天李白碰到一个白发苍苍的老婆婆正拿着一根大铁棒在石头上磨,觉得好奇,就问她在做什么,老婆婆告诉他要把铁棒磨成绣花针,李白深受触动,从此用功读书,终于成为一代文豪。

做任何一件事情,要想获得成功,就得有恒心,有毅力。

项目六 焊接简易工字梁

项目导读

焊接是指通过适当的物理化学过程使两个分离的固态物体(工件)产生原子间或分子间结合力而连接成一体的方法。被连接的两个物体可以是各种同类或不同类的金属、非金属(石墨、陶瓷、塑料等),也可以是一种金属与一种非金属。目前工业中应用最普遍的是金属之间的连接。

金属材料的焊接方法有多种,主要分为熔焊、压焊和钎焊三大类。常用的焊接方法有焊条电弧焊、钨极氩弧焊、CO_2气体保护电弧焊、埋弧焊、激光焊、电渣焊等多种。

将两个被焊工件局部加热并熔化,以克服固体间结合的障碍,然后冷却结晶成为一体接头的方法称为熔焊。熔焊时,热源将两个待焊工件的接口处迅速加热并熔化,形成熔池。熔池随热源向前移动,冷却后形成连续焊缝而将两个工件连接成为一体。

本项目主要通过简易工字梁的加工制作,掌握常见金属材料下料加工、装配组对及焊接(焊条电弧焊、钨极氩弧焊和CO_2气体保护电弧焊)的基本操作方法,理解从认识到实践的过程和重要性,培养吃苦耐劳、注重积累的职业精神。

项目任务

完成图6-1所示简易工字梁的焊接,主要涉及的焊缝位置如图6-2所示,焊接方法为焊条电弧焊、钨极氩弧焊和CO_2气体保护电弧焊。

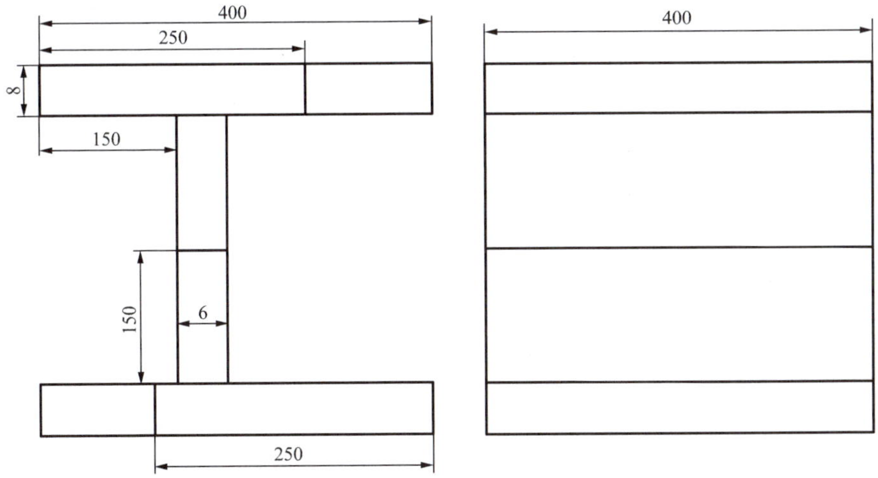

图6-1　简易工字梁

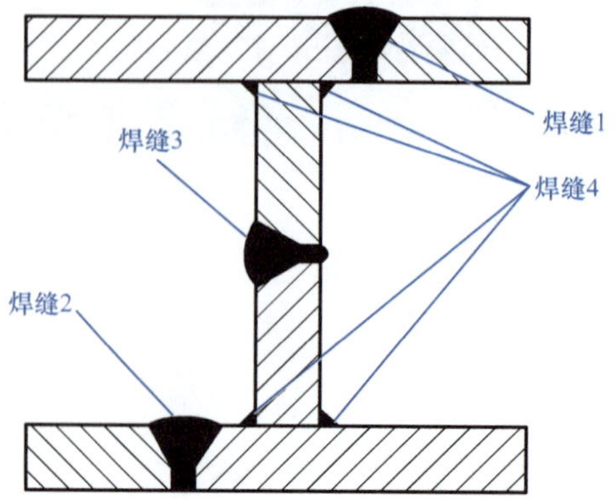

图 6-2　简易工字梁剖面图

工艺分析

图 6-1 所示简易工字梁的焊接工艺过程：下料→边缘加工→焊前准备→焊接。

任务一　下料、边缘加工及焊前准备

学习目标

- 掌握下料的基本方法。
- 了解边缘加工的基本方法。
- 了解焊前准备的步骤。
- 端正职业态度，培养吃苦耐劳的品格。

任务引入

本任务要完成图 6-1 所示工件的下料、边缘加工和焊前准备。技术要求如下：

(1)氧-乙炔下料的工件边缘平直。

(2)加工单边坡口角度为 30°。

(3)定位焊时预留适当的反变形。

任务分析

要完成图 6-1 所示工件的下料、边缘加工和焊前准备，首先要进行一些准备工作，了解各种焊接的基本方法，确定本次下料的方法。

相关知识

一、下料

下料是将毛坯或工件从原材料上分离下来的工序。常用的下料方法如下：

1.锯割

锯割所用的工具是锯弓和台虎钳。锯割可以分为手工锯割和机械锯割，手工锯割常用来切断规格较小的型钢或锯成切口。经手工锯割的零件，用锉刀简单修整后可以获得表面整齐、精度较高的切断面。

2.砂轮切割

砂轮切割是利用高速旋转的薄片砂轮与钢材摩擦产生的热量，将切割处的钢材变成“钢花”喷出并形成割缝的工艺方法。砂轮切割适用于尺寸较小的型钢、不锈钢等，其速度比锯割快，但切口经加热后性能稍有变化。

3.剪切

剪切是利用上、下剪切刀刃的相对运动来切断材料的加工方法，它是冷作产品制作过程中下料的主要方法之一。剪切一般在平口剪床、斜口剪床、龙门剪床、圆盘剪床等专用机床上进行。

4.冲裁

冲裁是利用模具使板料分离的冲压工艺方法。根据零件在模具中的位置不同，冲裁分为落料和冲孔两种方法，从模具的凹模中得到零件称为落料，在凹模外面得到零件称为冲孔。

5.热切割

(1)气割

利用氧-乙炔气体火焰将被切割金属预热到燃点后，向此处喷射高压氧气流，使达到燃点的金属在高压氧气流中燃烧，从而形成熔渣，并借助切割氧的吹力将熔渣吹掉。同时，金属燃烧时产生的热量和预热火焰一起，又将邻近的金属预热到燃点，使割炬沿切割线以一定的速度移动，即可形成割缝，使金属分离，如图6-3所示。

图6-3　氧-乙炔气体火焰切割

(2)等离子弧切割

等离子弧切割是利用高温高速等离子弧，将切口金属及氧化物熔化，并将其吹走而完成切割过程的工艺方法。等离子弧切割属于熔化切割，与气割在本质上是不同的。由于等离子弧的温度和速度极高，任何高熔点的氧化物都能被熔化并吹走，因此可以切割各种金属。

(3)数控切割

数控切割是利用电子计算机控制的自动切割，它能准确地切割出由直线与曲线组成的平面图形，也能用足够精确的模拟方法切割出其他形状的平面图形。数控切割的精度很高，生产率也比较高，它不仅适用于成批生产，还适用于自动化生产。

(4)激光切割

激光切割是利用激光束的热能将被切割工件的切缝区熔化和汽化，同时利用辅助气体排出熔化物，从而形成割缝的工艺方法。目前限于设备条件，工业上仅限于将激光切割头装在数控切割机上以实现薄板的机械化自动切割。

二 边缘加工

为保证装配精度、去除不良边缘(如气割的热影响区和剪切的冷作硬化区)、毛坯倒角和加工焊接坡口等，切割下料的金属毛坯还需要进行边缘加工。边缘加工的方法有车、刨、气割、碳弧气刨、铲等。

钢板的边缘加工主要指焊接结构件的坡口加工，常用的方法有机械切割和气割两种。

三 焊前准备

1.焊前清理

焊前清理指焊前清除接头坡口及其附近(约20 mm内)表面的油、锈、漆、水等污染，如图6-4所示。用碱性焊条焊接时，清理要严格、彻底，否则极易产生气孔和延迟裂纹等缺陷。

2.焊前装配

焊前装配主要指焊件定位对中，以达到规定的坡口形状和尺寸，如图6-5所示。当坡口角度一定时，若间隙过小，则熔透根部比较困难，容易出现根部未焊透和夹渣缺陷；若间隙过大，则容易烧穿，难以保证焊接质量。

3.预热

预热是焊前对焊件整体或局部进行适当加热的工艺措施，如图6-6所示，它是防止产生焊接裂纹的有效办法。对于刚性不好的低碳钢和强度级别较低的低合金高强度钢结构，通常不需要预热。但对刚性好、焊接性差而容易产生裂纹的结构，焊前需进行预热。

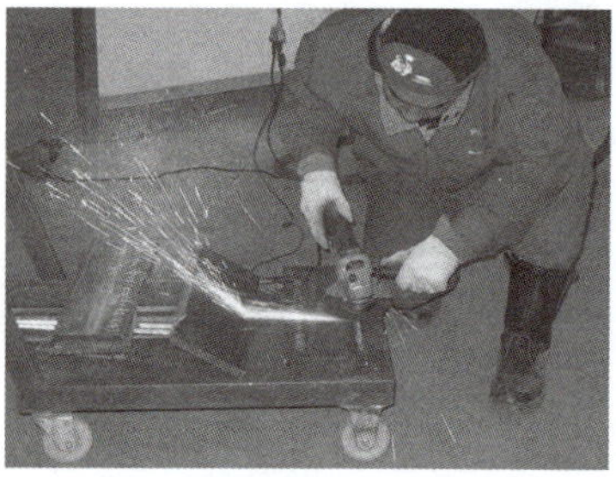

图6-4　焊前清理

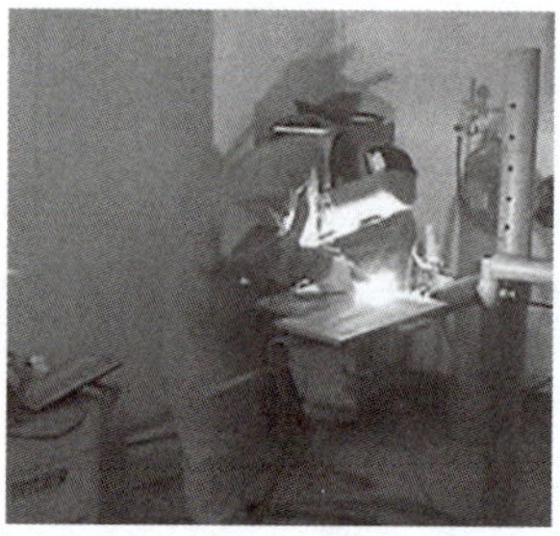

图6-5　焊前装配及定位焊

图6-6　预热

4.定位焊

定位焊是正式焊的组成部分，如图6-5所示。其焊道短，冷却快，比较容易产生焊接缺陷。若缺陷被正式焊缝所掩盖而未被发现，则将造成隐患。定位焊所用的焊接材料应和正式焊所用的相同。

任务实施

1.准备工作

准备规格为400 mm×200 mm×8 mm的钢板两块(材料为Q235A)、氧-乙炔切割设备一套、眼镜一副、面罩一顶、电动砂轮机一台、焊条若干、焊帽一顶、焊钳一把、焊机一台。

2.操作步骤

(1)氧-乙炔切割需要的钢板。

(2)用电动砂轮机进行边缘加工。

(3)焊前准备:清理坡口边缘,留2.0～3.0 mm间隙,进行定位焊。

(4)预留反变形。

3.注意事项

(1)禁止使用未经定期检测合格的氧气瓶、乙炔瓶、氧气表、乙炔表、皮带(乙炔管,氧气管)。

(2)防止烫伤。

(3)避免弧光烧伤:电弧中较强的紫外线与红外线对人体有害,操作者应穿好工作服,戴好面罩和手套后方可施焊。

(4)防止触电:焊机外壳应接地,焊把与焊钳间应绝缘良好。

(5)注意通风:施焊场地通风要良好,防止或减少焊接时从焊条药皮中分解出来的有害气体。

(6)保护焊机:焊钳不可放置在工作台上,停止焊接时应关闭电源。

任务二　焊条电弧焊

学习目标

- 了解焊接常用材料。
- 熟悉焊接的基本工艺知识。
- 了解焊接技术的相关知识,掌握焊接方法。
- 培养焊接动手操作能力。
- 了解焊接的安全技术知识,做到安全训练。
- 培养品质至上、精益求精、追求完美的工匠精神。

任务引入

本任务为焊接图6-2中的焊缝1、2,尺寸要求如图6-7所示。

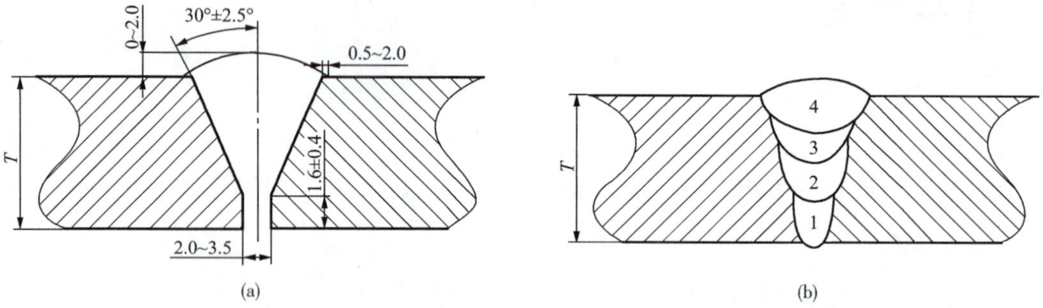

图 6-7 焊接接头设计

技术要求如下：

(1)焊接工艺参数合适。

(2)焊缝成形均匀、美观。

任务分析

本任务的操作步骤：作业准备→焊接(平焊)→焊缝检查→做好焊机的保养和交接工作。

相关知识

焊条电弧焊是利用电弧放电产生的热量加热并熔化焊条和工件，以获得具有新结晶组织且牢固的焊接接头的工艺方法，其原理如图 6-8 所示。在焊接过程中，药皮不断熔化而生成气体及熔渣，形成保护气氛，隔离大气对熔化金属的有害作用。焊芯也在电弧热的作用下不断熔化，形成熔滴进入熔池，冷却后形成焊缝的填充金属。

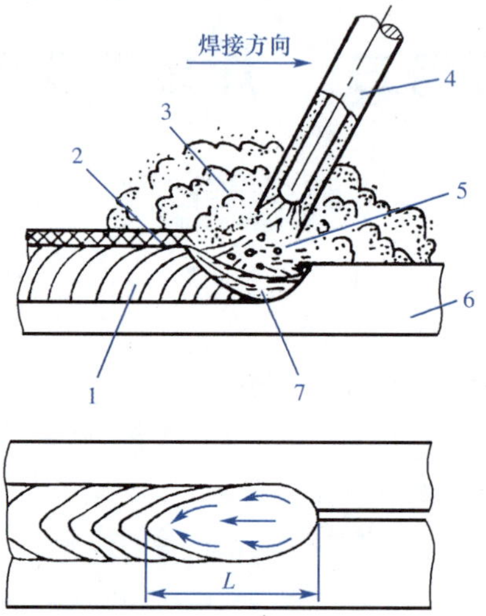

图 6-8 焊条电弧焊原理

1—焊缝；2—熔渣；3—保护气体；4—焊条；5—熔滴；6—母材；7—熔池

一、焊接工具

1.焊机

(1)焊机的结构和工作原理

焊机是电焊的主要设备,为电焊必备工具。其工作原理是利用正、负两极在瞬间短路时产生的高温电弧来熔化焊条的焊料和被焊材料,达到使它们结合的目的。焊机的结构十分简单,其实质就是一个大功率的变压器,将220 V交流电变为低电压、大电流的电源,可以是直流的,也可以是交流的。图6-9所示为交直流两用弧焊机。

图6-9　交直流两用弧焊机

(2)使用焊机的注意事项

①交流焊机一般是单相的,在使用前要先检查绕组的额定电压与电源电压是否相符(是380 V还是220 V),并检查接线端子板上的接线是否正确。如果是第一次投入运行或长期停用的交流焊机,使用前应该用500 V的兆欧表测量各绕组对铁芯和相互间的绝缘电阻,不应低于0.5 MΩ。

②交流焊机一次侧电源线可采用BXR型橡皮绝缘铜芯软导线,二次侧焊接电缆可采用YHH型橡皮绝缘铜芯软电缆。

③交流焊机一次侧、二次侧接线板上的螺母、铜接线片和导线必须接触紧密可靠,如果接触不好,会使螺栓、螺母和接线片烧坏。因此,焊机在运行一段时间后,要用细砂布将各接触面上的氧化层擦净,再将螺栓紧固。

④焊机的外壳必须接地,应用单独的导线将外壳与接地线连接起来。多台焊机与一个接地装置连接时要采用并联的方法,禁止串联。焊接工作未结束时,不可随意拆除接地线。

⑤如果需要多台交流焊机同时工作,则应将焊机均匀地分接在三相电上,使三相负载平衡。

⑥焊机不能在高湿度(相对湿度超过90%)、高温度(40 ℃以上)、不通风的场合下工作,要远离易燃、易爆物品。焊机的放置要平稳,切忌剧烈的振动和敲击,以免损坏电抗器的性能,使焊机不能正常工作。应保持焊机的清洁与干燥,定期用低压干燥的压缩空气对焊机进行清理。

⑦应避免焊条与焊件长时间短路,以防烧毁焊机。

⑧当发生焊机不起弧、绕组过热、焊接电流不能调节、焊机振动或响声过大等故障时,应及时停机,查找原因并进行检修处理。

2.焊条

焊条由焊芯(金属芯)和药皮组成,如图6-10所示。

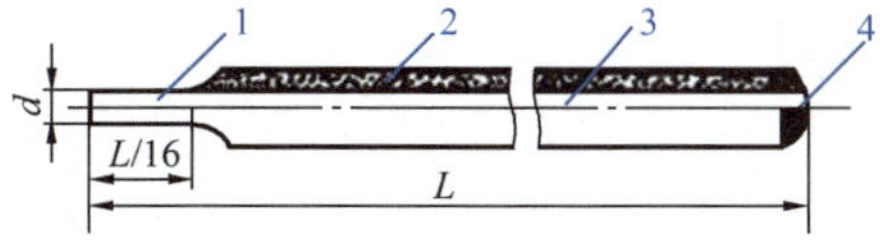

图6-10　焊条

1—夹持端;2—药皮;3—焊芯;4—引弧端

(1)焊芯

焊芯是焊接专用的金属丝,是组成焊缝金属的主要材料。焊接时焊芯的主要作用:一是作为一个电极起传导电流和引燃电弧的作用;二是熔化后作为填充金属与熔化后的母材一起形成焊缝。为了保证焊缝质量,对焊缝金属的化学成分有较严格的要求。因此,焊芯都是专门冶炼的,碳、硅含量较低,硫、磷含量极低。

焊条的直径用焊芯的直径表示,焊条直径的规格有1.6、2.5、3.2、4.0、5.0、6.0(mm)等几种,长度为200～550 mm。常用的焊条直径为3.2、4.0(mm)。

(2)药皮

药皮的作用如下:

①机械保护作用:利用药皮熔化后释放出的气体和形成的熔渣隔离空气,防止有害气体侵入而熔化金属。

②冶金处理作用:去除有害杂质(如氧、氢、硫、磷)并添加有益的合金元素,使焊缝获得满足要求的化学成分和机械性能。

③改善焊接工艺性能:使电弧燃烧稳定,飞溅少,焊缝成形好,易脱渣等。

3.焊钳

焊钳是用于夹持焊条(或碳棒)和作为电焊时的一个电极,传导电流并进行焊接的工具,如图6-11所示。

图6-11　焊钳

二 基本操作

1.引弧

焊条电弧焊开始时,引燃电弧的过程叫引弧。焊条电弧焊通常采用接触引弧法,即先使焊条与工件接触而形成短路,再拉开焊条引燃电弧。引弧的操作手法有划擦法和撞击法两种。

(1)划擦法

先将焊条对准引弧处,手腕扭转一下,像划火柴一样使焊条在引弧处轻微划擦约20 mm长,然后提起2～4 mm的高度引燃电弧,如图6-12(a)所示。其特点是容易损伤焊件表面,比较容易掌握,一般适用于碱性焊条。

引弧及运条

(2)撞击法

先将焊条对准引弧处,手腕下弯,使焊条垂直地轻轻敲击工件,然后提起2～4 mm的高度引燃电弧,如图6-12(b)所示。其特点是引弧点即焊缝起点,可避免损伤焊件表面,但不易掌握,一般适用于酸性焊条或狭窄处的焊接。

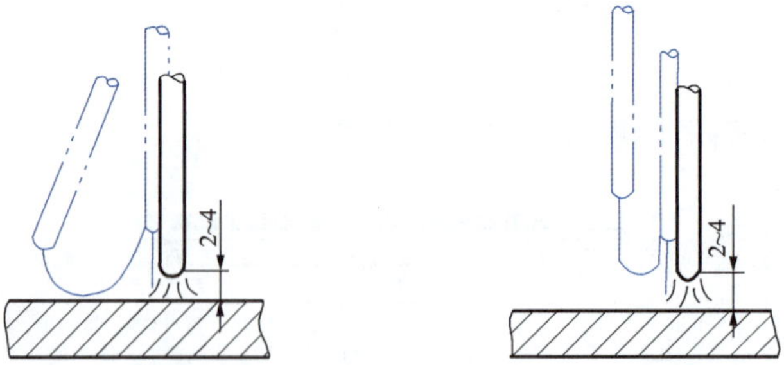

(a) 划擦法　(b) 撞击法

图6-12　引弧方法

引弧时，如果焊条粘住焊件，只要将焊条左右摆动几下，就可以使其脱离焊件。如果焊条不能脱离焊件，则应立即使焊钳脱离焊件，待焊条冷却后，用手将其扳掉。如果焊条端部有药皮套筒，则可用戴好手套的手将套筒去掉后再引弧。

以上两种引弧方法中，划擦法比较容易掌握，但在狭小工作面上或不允许工件表面有划痕时，一般采用撞击法。在使用碱性焊条时，为防止引弧处出现气孔，宜采用划擦法。

2.焊缝的起焊

焊缝的起焊有两种方法：

(1)选择引弧点

引弧点应选在离焊缝起点10 mm左右的待焊部位上，电弧引燃后移至焊缝起点处，再沿焊接方向进行正常焊接。焊缝连接时，引弧点应选在前段焊缝的弧坑前方10 mm处，电弧引燃后移至弧坑处，待填满弧坑后再继续焊接。

(2)采用引弧板

在焊前装配一块与焊件的材料和厚度相同的金属板，从这块板上开始引弧，焊后再将其割掉。

3.运条

运条的方法很多，如图6-13所示，选用时应根据接头的形式、装配间隙、焊缝的空间位置、焊条的直径与性能、焊接电流及焊工技术水平等而定。常用运条方法有直线形运条法、直线往返形运条法、锯齿形运条法、月牙形运条法、三角形运条法、圆圈形运条法、八字形运条法等，焊接时三个基本运动必须配合得当，以保证焊接电弧长度稳定、焊速适当而均匀、摆幅前后一致，才能得到外观与尺寸合格的焊缝。

运条可分解为三个基本动作，即沿焊条轴线方向的送进、沿焊缝轴线方向的纵向移动和横向摆动，如图6-14所示。每个动作的作用及操作要求见表6-1。

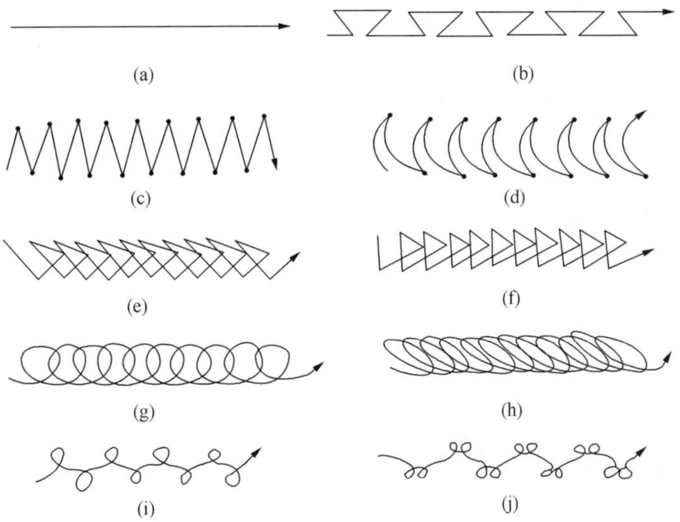

图6-13　运条的基本方法

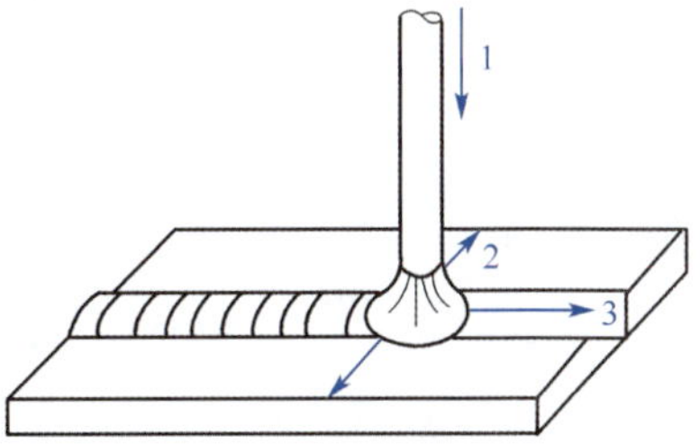

图6-14　运条的基本动作

表 6-1　　运条的基本动作

运条动作	运条方向	作用	操作要求
送进	焊条沿轴线方向向熔池方向送进	控制电弧长度，使熔池得到良好的保护，保证焊接连续不断地进行，促进焊缝成形	要求焊条送进的速度与焊条熔化的速度相等，以保持电弧长度不变
移动	焊条沿焊接方向纵向移动	保证直线施焊，并控制每道焊缝的横截面积	移动速度必须适当，才能使焊缝均匀
摆动	焊条横向摆动	控制焊缝所需的熔深、熔宽，获得一定宽度的焊缝，并保证坡口两侧及焊道之间良好地熔合	摆动幅度应根据焊缝宽度与焊条直径确定。横向摆动力求均匀一致，才能获得宽度整齐的焊缝。焊缝宽度一般不超过焊条直径的2～5倍

4. 焊缝的接头

由于受焊条长度的限制，焊缝前、后两段出现连接接头是不可避免的，但焊缝接头应力求均匀，防止应力集中程度过大。焊缝的连接有以下四种情况：

(1)中间接头

中间接头的后焊焊缝从先焊焊缝的尾部开始焊接，如图 6-15(a)所示。一般在弧坑前约10 mm附近引弧，电弧长度比正常焊接时略长些，然后移回弧坑，压低电弧，稍作摆动，再向前正常焊接。

(2)相背接头

相背接头是在两焊缝起头处相接的，如图 6-15(b)所示。要求先焊焊缝的起头处略低些，后焊焊缝在先焊焊缝的始端稍前处引弧，然后稍微拉长电弧，将电弧逐渐引向先焊焊缝的开始端，并覆盖先焊焊缝的端头，焊平后再向焊接方向移动。

(3)相向接头

相向接头由两条焊缝的首尾相接而成，如图 6-15(c)所示。当后焊焊缝焊到先焊焊缝的收尾处时，焊接速度稍慢，填满先焊焊缝的弧坑后再以较快的速度向前焊一段，然后熄弧。

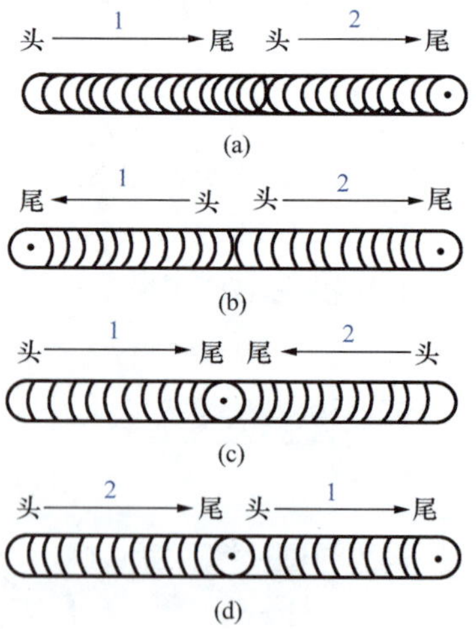

图 6-15　焊缝连接的四种情况

1—先焊焊缝；2—后焊焊缝

(4)分段退焊接头

分段退焊接头由先焊焊缝的起头和后焊焊缝的收尾相接而成,如图6-15(d)所示。当后焊焊缝焊至靠近先焊焊缝开始端时,改变焊条角度,使焊条指向先焊焊缝的开始端,然后拉长电弧,形成熔池后再压低电弧回移到原来熔池处收弧。

以上接头中,除中间接头焊接时可不清理焊渣外,其余接头必须先在连接处将焊渣打磨干净,然后开始焊接。

5. 焊缝的收尾

焊缝的收尾有如下几种方法:

(1)划圈收尾法

焊条移至焊缝终点时,在弧坑处做圆圈运动,填满弧坑后再拉断电弧。这种方法适用于厚板焊接,对于薄板则易烧穿。

(2)反复断弧收尾法

焊条移至焊缝终点时,在弧坑处反复熄弧、引弧数次,直到填满弧坑为止。这种方法适用于薄板和大电流焊接,但碱性焊条不宜采用,否则易产生气孔。

(3)回焊收尾法

焊条移至焊缝终点时立即停止,改变焊条角度回焊一小段后熄弧。此法适用于碱性焊条。

三 常见工件的焊接位置

常见工件的焊接位置如图6-16所示。

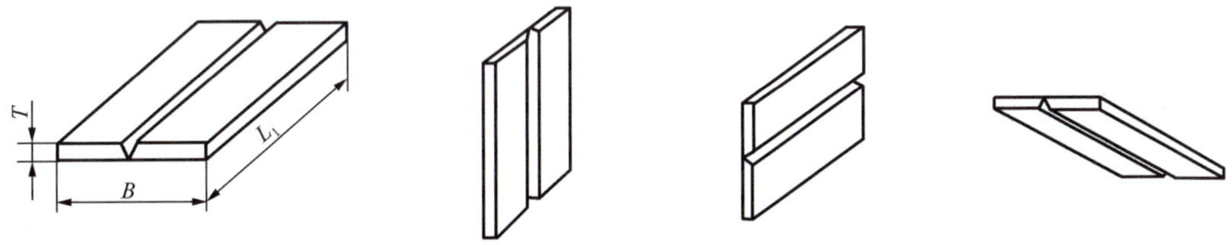

(a) 平焊试件　(b) 立焊试件　(c) 横焊试件　(d) 仰焊试件

图6-16　常见工件的焊接位置

1. 平焊

(1)清理焊口

焊前检查坡口、组装间隙是否符合要求,定位焊是否牢固,焊缝周围不得有油污、锈物。

(2)烘干焊条

焊条的烘干应符合规定的温度与时间,从烘箱中取出的焊条应放在焊条保温桶内,随用随取。

(3)选择焊接工艺参数

根据焊件厚度、焊接层次、焊条型号、直径、焊工熟练程度等选择合适的焊接工艺参数。

(4)确定焊接速度

要求等速焊接,保证焊缝厚度、宽度均匀一致,从面罩内看熔池中的铁水与熔渣保持等距离(2~3 mm)为宜。

(5)确定焊接电弧长度

焊接电弧长度由焊条型号而定，一般要求焊接电弧长度稳定不变，酸性焊条一般为3～4 mm，碱性焊条一般为2～3 mm。

(6)确定焊接角度

根据两焊件的厚度确定焊接角度，从两个方面考虑：

①焊条与焊接前进方向的夹角为60°～75°。

②焊条与焊件的夹角分两种情况：当焊件厚度相等时，焊条与焊件的夹角均为45°；当焊件厚度不等时，焊条与较厚焊件一侧的夹角应大于焊条与较薄焊件一侧的夹角。

2.立焊

立焊的基本操作工艺过程与平焊相同，但应注意以下问题：

(1)在相同条件下，立焊的焊接电流比平焊小10%～15%。

(2)采用短弧焊接，弧长一般为2～3 mm。

(3)焊条应与竖直面成60°～80°角，使电弧略向上，吹向熔池中心。

3.横焊

横焊基本与平焊相同，焊接电流比同条件平焊的电流小10%～15%，弧长为2～4 mm。横焊时焊条应向下倾斜，角度为70°～80°，以防止铁水下坠。根据两焊件的厚度可适当调整焊条角度，焊条与焊接前进方向成70°～90°角。

4.仰焊

仰焊基本与立焊、横焊相同，其焊条与焊件的夹角和焊件厚度有关，焊条与焊接方向成70°～80°角，宜采用小电流、短弧焊接。

任务实施

1.准备工作

准备规格为400 mm×250 mm×8 mm和400 mm×150 mm×8 mm的钢板各一块(材料为Q235A)、焊条若干、焊帽一顶、焊钳一把、手工焊机一台。

焊条电弧焊

2.操作步骤

(1)焊前清理焊缝周围的铁锈和油污。

(2)焊前点固，将两板对齐，留1～2 mm间隙，用焊条点固后除渣。

(3)选择合适的焊接工艺参数进行焊接。

(4)焊后清理、检查：除去工件表面的飞溅物、熔渣，进行外观检查。

3.注意事项

(1)防止触电：焊机外壳应接地，焊把与焊钳间应绝缘良好。

(2)避免弧光烧伤：电弧中较强的紫外线与红外线对人体有害，操作者应穿好工作服，戴好面罩和手套后方可施焊。

(3)防止烫伤：焊件在焊后必须用钳子夹持，应注意敲渣方向，避免被熔渣烫伤。

(4)注意通风:施焊场地通风要良好,防止或减少焊接时从焊条药皮中分解出来的有害气体。

(5)保护焊机:焊钳不可放置在工作台上,停止焊接时应关闭电源。

任务三　钨极氩弧焊

学习目标

- 掌握钨极氩弧焊的工艺特点。
- 熟悉钨极氩弧焊的设备与材料。
- 掌握钨极氩弧焊的基本知识及操作要领。
- 能正确地选择焊接工艺参数。
- 培养一丝不苟、追求卓越的工匠精神。

任务引入

本任务为焊接图6-2中的焊缝3,尺寸要求如图6-7所示。

技术要求如下:

(1)焊接工艺参数合适。

(2)焊缝成形均匀、美观。

任务分析

本任务的操作步骤:开氩气→开焊机→检查零线是否接好→调试电流→开始焊接→焊后处理。

相关知识

钨极氩弧焊是用钨棒作为电极加上氩气进行保护的焊接方法。焊接时氩气从焊枪的喷嘴中连续喷出,在电弧周围形成保护层以隔绝空气,防止其对钨极、熔池及邻近热影响区的有害影响,从而获得优质的焊缝。

一　焊接工具

1.手工钨极焊机

(1)手工钨极焊机的结构

手工钨极焊机的结构如图6-17所示。

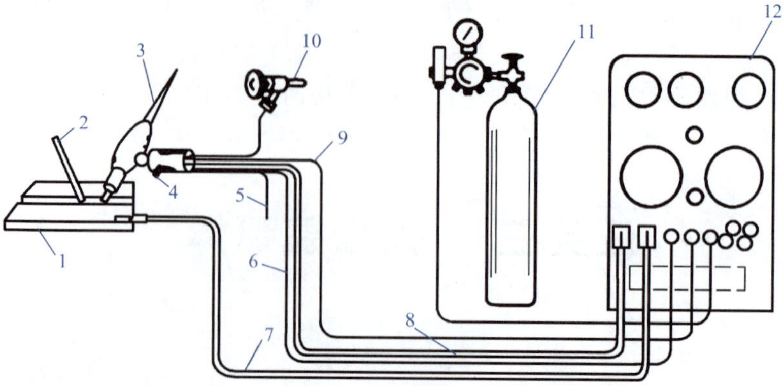

图 6-17　手工钨极焊机的结构

1—母材;2—填充金属;3—焊枪;4—开关;5—放水管;6—开关线;7—工件电缆;8—电极电缆;9—通气管;10—冷却系统;11—惰性气体系统;12—焊接电源与控制系统

(2)使用手工钨极焊机的注意事项

①焊机应按图 6-17 正确接线,外壳必须可靠接地。

②电压选择要匹配。

③焊机要保持清洁,经常打扫,保持良好的导通状态。

④操作者必须掌握焊机的正确使用方法。

2. 手工钨极焊枪

手工钨极焊枪由枪体、钨极夹头、夹头套筒、绝缘帽和喷嘴等组成,如图 6-18 所示。其作用是夹持钨极、传导焊接电流和输送并喷出保护气体。

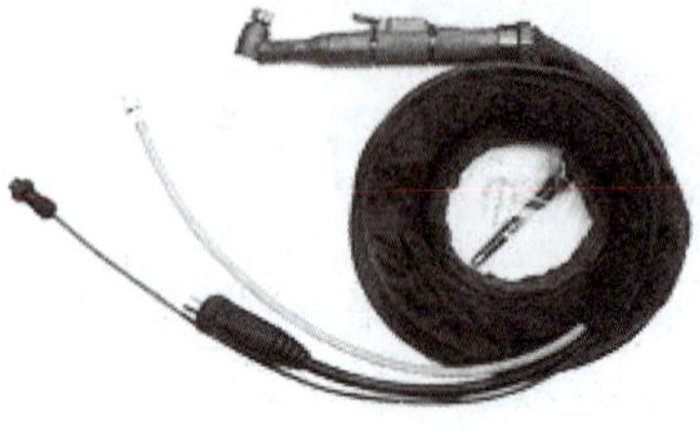

图 6-18　手工钨极焊枪

3. 焊接电源与控制系统

钨极氩弧焊要求选用陡降外特性或恒流特性的交流弧焊电源或直流弧焊电源,目前使用广泛的是晶闸管式弧焊电源和逆变器式弧焊电源。

钨极氩弧焊的控制系统由控制箱和引弧装置组成。控制箱的主要作用是控制电路、提前送气、滞后停气、引弧、电流通断等,引弧装置的主要作用是防止引弧困难。

二　基本操作

1. 焊前准备

焊前检查设备,准备材料。

2. 选择工艺参数

工艺参数主要包括焊接电流和极性、钨极直径和端部形状、焊接速度、电弧长度、氩气流量、喷嘴直径、喷嘴长度等。

3. 引弧焊接

(1)短路引弧法(接触引弧法):在钨极与焊件发生短路的瞬间稍稍提起钨极,在焊件和钨极之间便产生了电弧。

(2)高频引弧法:利用高频引弧器把普通工频交流电(220 V或380 V,50 Hz)转换成高频(150~260 kHz)、高压(2 000~3 000 V)电,用氩气击穿电离,从而引燃电弧进行焊接。

4.收弧

(1)提高焊速法:在烧焊即将终止时,使焊炬逐渐提高移动速度。

(2)电流衰减法:烧焊终止时停止填丝,使烧焊电流逐渐减小,从而使熔池体积不断缩小,最后断电,使焊枪或焊炬停止行走。

(3)填丝烧焊:必须等母材充分熔化后才可填丝,以免未熔合;一定要填充到熔池前沿部位,并且收回焊丝时不要马上脱离氩气保护区。

5.焊后整理

略。

三 常见工件的焊接方法

1.薄板的板-板对接平焊

采用左焊法,焊枪从右向左移动,电弧指向未焊部分,焊丝位于电弧前面。在焊接过程中,焊枪、焊丝与焊件的相对位置如图6-19所示,焊接时一次完成。当更换焊丝或磨削钨极需停弧时,要在重叠焊缝5~10 mm处引弧,不加或少加焊丝,以保证焊缝宽窄一致。

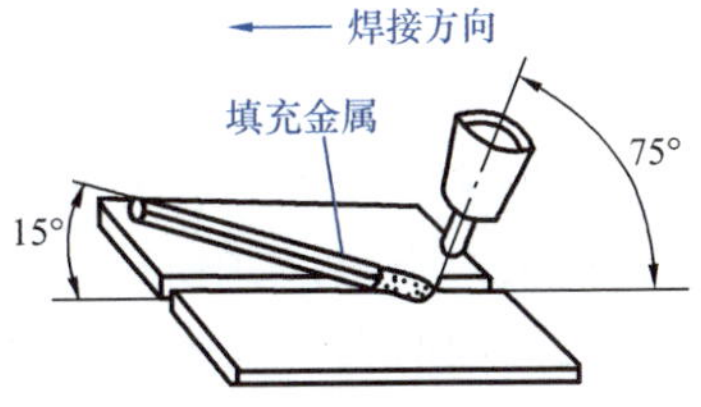

图6-19　平焊时焊枪、焊丝与焊件的相对位置

2.薄板的板-板对接立焊

采用向上立焊法,在焊件下部的定位焊缝上引弧,移到端头,当有熔孔时填加焊丝向上焊接,焊枪做上凸的月牙形摆动,在坡口两侧稍作停留,以使两侧熔合好,最后修平盖面层。焊枪角度与焊丝位置如图6-20所示。

3.薄板的板-板对接横焊

先从焊件右边端部10~30 mm处起焊,采用从左至右的焊法,到端部收尾,定位焊缝长5~15 mm,然后从起焊处从右向左焊接,直至焊完。接头处的焊缝不宜过高、过宽,应平滑连接,如图6-21所示。收尾时要防止出现弧坑和裂纹,注意降低焊速。

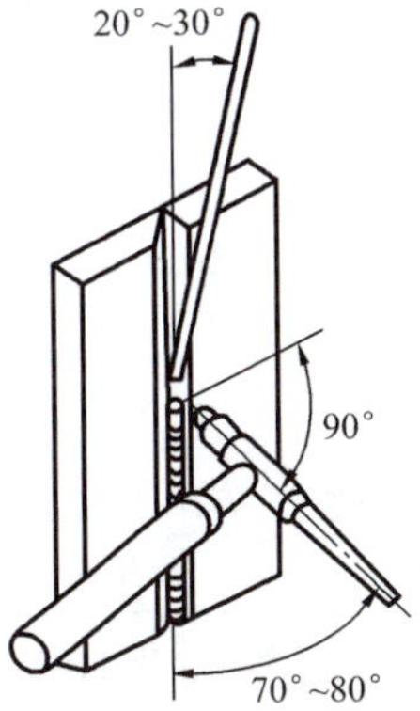

图6-20　立焊时的焊枪角度与焊丝位置

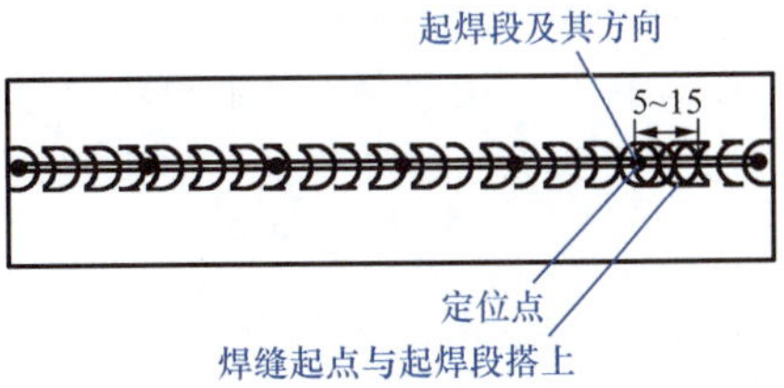

图6-21　横焊的起点与接头

任务实施

1.准备工作

准备手工钨极焊机、手工钨极焊枪、焊丝、规格为400 mm×250 mm×8 mm和400 mm×150 mm×8 mm的钢板各一块(材料为Q235A)、电源等。

钨极氩弧焊

2.操作步骤

(1)将焊机电源线接好,并检查接地是否可靠。

(2)通氩气。

(3)根据焊接需要选择交流氩弧焊或直流氩弧焊,即将线路切换开关和控制切换开关扳到交流“AC”挡或直流“DC”挡(注意:两开关必须同步使用)。

(4)选择合适的焊接工艺参数并进行焊接。

(5)焊后清理并进行外观检查。

3.注意事项

(1)通风措施

钨极氩弧焊的工作现场要有通风装置,以排出有害气体及烟尘。除厂房通风外,还可在焊接工作量大、焊机集中的场所安装几台轴流风机向外排风。此外,还可采用局部通风的措施将电弧周围的有害气体抽走,例如采用明弧排烟罩、排烟焊枪、轻便小风机等。

(2)防护射线措施

尽可能采用放射量极低的钍钨极和铈钨极焊丝。采用钍钨极和铈钨极焊丝时,应采用密封式或抽风式砂轮进行磨削,操作者应佩戴口罩、手套等个人防护用品,加工后要洗净手、脸。钍钨极和铈钨极应放在铝盒内保管。

(3)防护高频措施

防备和削弱高频电磁场的影响可采取如下措施:

①工件必须接地,焊枪电缆和地线要用金属编织线屏蔽。

②适当降低频率。

③尽量不要使用高频振荡器作为稳弧装置,应减少高频电的作用时间。

④其他个人防护措施。

在进行钨极氩弧焊时,由于臭氧和紫外线作用强烈,焊工应穿戴非棉纱织成的布工作服(如耐酸呢、柞丝绸等)。在容器内焊接又不能局部通风的情况下,可佩戴送风式头盔、送风口罩或防毒口罩等个人防护用品。

- 设备应专用专管,操作人员在操作前应穿着工作服、绝缘鞋并佩戴防护面罩和手套。在通风不良的场所焊接时,应戴防护口罩。
- 禁止在有易燃易爆气体、物体的场合进行焊接,调整焊棒应在关机状态下进行。
- 焊炬应轻拿轻放,保持清洁、干燥,禁止其接触水、油或其他液体和粉尘,禁止踩压焊接电缆。
- 定期检查焊机内部的紧固螺钉和引线接头有无松动,发现隐患应及时排除。焊接电源与焊接位置的距离应在3 m以上,焊机在运输中要防止振动。

任务四 CO_2气体保护电弧焊

学习目标

- 掌握CO_2半自动焊机的使用方法。
- 熟悉CO_2气体保护电弧焊的基本工艺知识。
- 了解焊接技术知识，掌握焊接过程。
- 培养学生的动手操作能力。
- 培养精益求精的工匠精神。

任务引入

本任务为焊接图6-2中的焊缝3，尺寸要求如图6-7所示。

技术要求如下：

(1)焊接工艺参数合适。

(2)焊缝成形均匀、美观。

任务分析

本任务的操作步骤：作业前准备→进行CO_2气体保护电弧焊→焊缝检查→焊机的保养和交接工作。

相关知识

CO_2气体保护电弧焊(简称CO_2电弧焊)是20世纪50年代初期发展起来的一种焊接技术，这种方法以CO_2气体作为保护介质，使电弧及熔池与周围空气隔离，防止空气中的氧、氮、氢对熔滴和熔池金属产生有害作用，从而获得优良的机械保护性能。CO_2气体保护电弧焊是目前焊接黑色金属材料的重要方法之一，在许多金属结构的生产中已逐渐取代了焊条电弧焊和埋弧焊。

一 焊接工具

1.CO_2半自动焊机

CO_2半自动焊机的组成如图6-22所示。

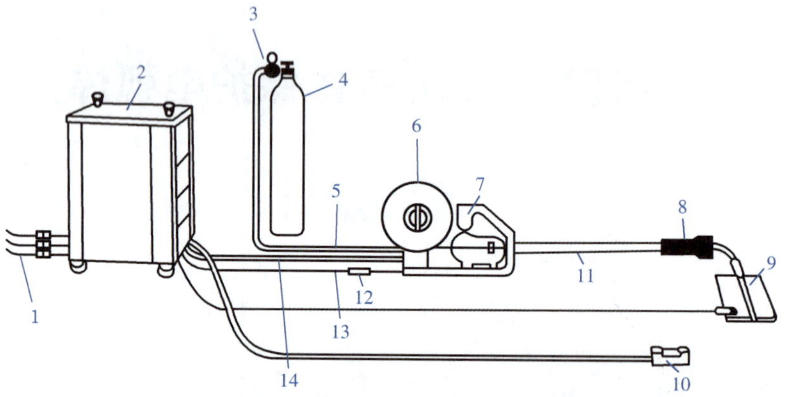

图 6-22　CO_2半自动焊机的组成

1—一次侧电缆;2—焊接电源;3—气体流量调节器;4—气瓶;5—通气软管;6—焊丝;7—送丝机构;8—焊枪;9—工件;10—遥控盒;11—母材侧电缆;12—电缆接头;13—电缆;14—控制电缆

2.CO_2焊枪

CO_2焊枪(图6-23)的作用除导电外,还有把送丝机构送出的焊丝导向熔池,将CO_2气体引向焊枪端部的喷嘴并喷射出来,有效地保护焊接区。

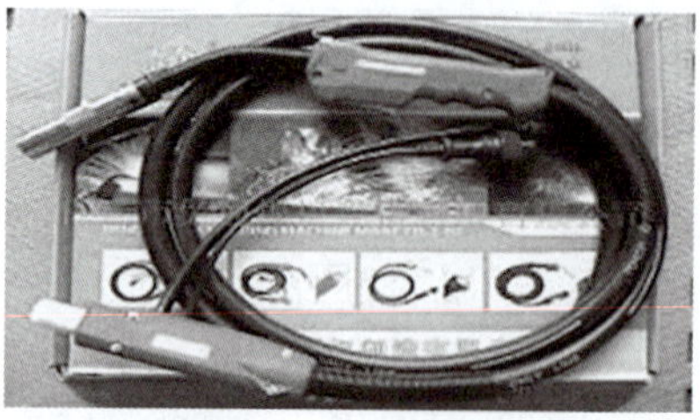

图 6-23　CO_2焊枪

焊枪根据送丝方式不同分拉丝式和推丝式两种。

(1)拉丝式焊枪

拉丝式焊枪一般做成手枪式,其主要特点是送丝均匀稳定,引入焊枪的管线少,焊接电缆较细,尤其是其中没有送丝软管,所以管线柔软,操作灵活。但因为送丝部分(包括微电机、减速器、送丝滚轮和焊丝盘等)都安装在枪体上,所以焊枪比较笨重,结构较复杂。拉丝式焊枪通常适用于直径为0.5~0.8 mm的细丝的焊接。

(2)推丝式焊枪

推丝式焊枪常用的形式有鹅颈式和手枪式两种。其主要特点是结构简单、操作灵活,但焊丝经过软管产生的阻力较大,故所用的焊丝不宜过细,多用于直径1 mm以上的焊丝的焊接。

3.送丝机构(图6-24)

(1)送丝机构的结构

一个送丝架固装在送丝轴上,送丝架的中心是一个套装在送丝轴上的轴套。送丝机构的主要作用是将焊丝由送丝滚轮推入送丝软管,再经焊枪导电嘴送至焊接区。在电弧的作用下,焊丝熔化以填充焊缝。

图 6-24　送丝机构

(2)使用送丝机构的注意事项

①将符合规定的成盘焊丝装入送丝轴上时,应注意焊丝的出丝方向要正确,并旋紧轴端的挡板旋扭。

②焊丝由送丝软管进入,穿过送丝滚轮,再通过送丝软管到达导电嘴。注意焊丝要进入送丝滚轮的槽中,然后压紧压臂,调节压紧把手到合适的位置。

4.焊接电源(图6-25)

图6-25　焊接电源

CO_2气体保护电弧焊通常采用弧焊整流器式直流焊接电源,电流通常为100～500 A,空载电压为55～85 V。

CO_2气体保护电弧焊电源的主要技术参数有输入电压、额定焊接电流范围、额定负载持续率(%)、空载电压、负载电压范围、电源外特性曲线类型(平特性、缓降外特性、陡降外特性)等。通常根据焊接工艺的需要确定对焊接电源技术参数的要求,然后选用能满足要求的焊接电源。

(1)电弧电压

电弧电压指焊丝端头和工件之间的电压降,不是电源电压表指示的电压(电源输出端的电压)。电弧电压的预调节是通过调节电源的空载电压或电源外特性斜率来实现的。平特性电源主要通过调节空载电压来实现电弧电压的预调节,缓降或陡降外特性电源主要通过调节外特性斜率来实现电弧电压的预调节。

(2)焊接电流

平特性电源的焊接电流主要通过调节送丝速度来进行调节,有时也可通过适当调节空载电压来进行少量调节。对于缓降或陡降外特性电源,则主要通过调节外特性斜率来实现焊接电流的调节。

二 基本操作

1.焊前准备

检查全部连接是否正确,水、电、气连接完毕后合上电源,调整焊接工艺参数。

2.引弧

CO_2气体保护电弧焊采用碰撞引弧,引弧时不必抬起焊枪,只要保证焊枪倾角与工作距离即可。

(1)引弧前先按遥控盒上的点动开关或焊枪上的控制开关将焊丝送出导电嘴,保持伸出长度为10～15 mm。

(2)将焊枪按要求放在引弧处,此时焊丝端部与工件未接触,导电嘴高度由焊接电流决定。

(3)按下焊枪上的控制开关,焊机自动提前送气,延时接通电源,保持高电压、慢送丝,当焊丝碰撞工件短路后自然引燃电弧。短路时,焊枪有自动顶起的倾向,故引弧时要稍用力下压焊枪,防止焊枪抬起太高,导致电弧太长而熄灭。

3.焊接

引燃电弧后,通常采用左焊法,焊接过程中要保持焊枪适当倾斜和导电嘴的高度,使焊枪尽可能匀速移动。当坡口较宽时,为保证两侧熔合好,焊枪应做横向摆动。焊接时,必须根据焊接实际效果判断焊接工艺参数是否合适。根据熔池情况、电弧稳定性、飞溅大小及焊缝成形的好坏来修正焊接工艺参数,直至满意为止。

4. 收弧

焊接结束前必须收弧。若收弧不当，则容易产生弧坑并出现裂纹、气孔等缺陷。

(1)若焊机中设有弧坑控制电路，则焊枪在收弧处停止前进，同时接通此电路，焊接电流及电弧电压自动减小，待熔池填满。

(2)若焊机中没有弧坑控制电路或因电流小而没有使用弧坑控制电路，则在收弧处焊枪停止前进，并在熔池未凝固时反复断弧、引弧几次，直至填满弧坑为止。操作要快，若熔池已凝固才引弧，则可能产生未熔合和气孔等缺陷。

三 常见工件的焊接方法

下面以薄板的板-板对接平焊来介绍CO_2气体保护电弧焊的操作方法。

1. 装配与定位焊

预留始焊接端间隙0.5～1.0 mm，终焊接端间隙1.5～2.0 mm，反变形量3°。定位焊点在焊件坡口内两端，焊点长度为10～15 mm，如图6-26所示。

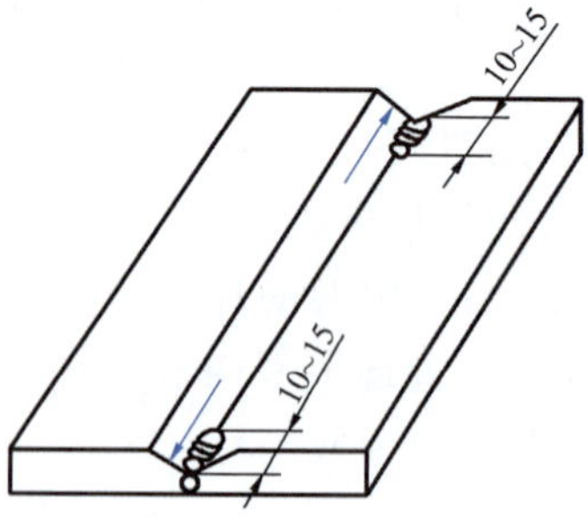

图6-26　装配与定位焊

2. 对接平焊

(1)采用直接短路引弧法。

(2)采用直线移动运丝法完成第一层焊接。

(3)注意填满收尾处的弧坑。

(4)进行第二层焊接，清理好表面，由焊件左端开始进行盖面焊，焊枪做月牙形摆动，摆幅大于打底层，如图6-27所示。

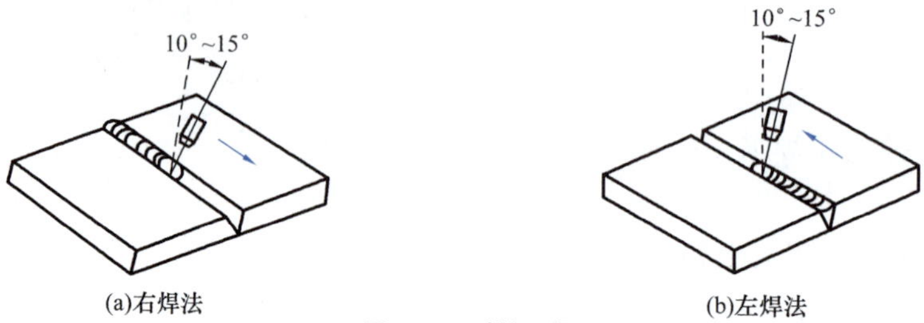

(a)右焊法　(b)左焊法

图6-27　对接平焊

任务实施

1. 准备工作

准备CO_2半自动焊机、CO_2焊枪、CO_2前枪体、弯管、绝缘体、连接体、导电嘴、CO_2焊丝、CO_2手提焊帽、规格为400 mm×200 mm×8 mm的钢板两块（材料为Q235A）。

2. 操作步骤

(1)将焊接完成的工件按照图6-2放好，准备进行焊缝4的焊接。

(2)装配与定位焊。

(3)选择合适的焊接工艺参数进行焊接。

(4)焊后整理。

3.注意事项

在进行CO_2气体保护电弧焊时，除遵守气体保护电弧焊的有关规定外，还应注意以下几点：

(1)焊接时，电弧温度为6 000～10 000 ℃，电弧光辐射比手工电弧焊强，因此应加强防护。

(2)焊接时飞溅较多，尤其是粗丝(直径大于1.6 mm)焊接，会产生大颗粒飞溅，焊工应有完善的防护用具，以防身体被灼伤。

(3)CO_2气体在焊接电弧的高温下会分解生成对人体有害的CO气体，焊接时还会排出其他有害气体和烟尘，特别是在容器内施焊，更应加强通风，而且要使用能供给新鲜空气的特殊面罩，容器外应有人监护。

(4)CO_2气体预热器所使用的电压不得高于36 V，外壳接地应可靠。工作结束时，应立即切断电源和气源。

(5)装有液态CO_2的气瓶，满瓶压力为0.5～0.7 MPa，但当受到外加热源的作用时，液体能迅速地蒸发为气体，使瓶内压力升高，产生的热量越多，压力的增高幅度越大，这样就有爆炸的危险。因此，装有液态CO_2的气瓶不能接近热源，同时要采取防高温等安全措施，避免气瓶爆炸。综上所述，CO_2气瓶必须严格遵守《气瓶安全监察规程》的规定。

(6)在进行大电流粗丝CO_2气体保护电弧焊时，应防止焊枪冷却系统漏水而破坏绝缘，并应在焊把前加防护挡板，以免发生触电事故。

项目评价

本项目的评分标准见表6-2。

表6-2 焊接简易工字梁的评分标准

班级：		姓名：		学号：	
项目六：焊接简易工字梁				零件图：图6-1，图6-2	
序号	检测内容	配分	评分标准	实测结果	得分
1	焊接质量(焊缝表面、渗透探伤)	20	不符合要求酌情扣分		
2	有无气孔、裂纹、夹渣	15	不符合要求酌情扣分		
3	焊接方法正确	10	不符合要求酌情扣分		
4	焊姿正确，运条速度合理	10	不符合要求酌情扣分		
5	焊枪使用正确	10	不符合要求酌情扣分		
6	送丝均匀	10	不符合要求酌情扣分		
7	焊件外形尺寸	15	每超差0.5 mm扣5分		
8	安全、文明生产	10	每违反一项扣2分		
综合得分		100			

拓展资料

世界上最长的跨海大桥

2017年7月7日,港珠澳大桥海底隧道贯通,标志着港珠澳大桥海中桥隧主体贯通,世界上最长的跨海大桥横空出世。港珠澳大桥全长55公里,中国建设者花费9年时间完成这座巨型建筑,工程总造价1 269亿元。港珠澳大桥是迄今为止世界上最大的钢结构桥梁,使用了50万吨钢材,相当于10座国家体育场”鸟巢“或60座埃菲尔铁塔,焊接工作量巨大。在这座宏伟、壮丽的巨型工程中,新技术、新工艺、新材料层出不穷,许多自动化、数字化焊接新技术得到了应用。

项目七
铸造轴承座

项目导读

铸造是人类掌握比较早的一种金属热加工工艺，已有约6 000年的历史。中国在公元前1700～公元前1000年间已进入青铜铸件的全盛期，工艺上已达到相当高的水平。

铸造是将金属熔炼成符合一定要求的液体并浇进铸型里，经冷却凝固、清整处理后得到有预定形状、尺寸和性能的铸件的工艺过程。被铸金属有铜、铁、铝、锡、铅等，普通铸型的材料是原砂、黏土、水玻璃、树脂及其他辅助材料。铸造毛坯因近乎成形而可达到免机械加工或少量机械加工的目的，降低了成本并在一定程度上减少了制造时间。铸造是现代装备制造业的基础工艺之一。

通过本项目轴承座的铸造，掌握铸造的基本概念，熟悉铸造的生产特点，了解铸造工艺过程，认识铸造车间的主要设备及常用工具，掌握手工造型的工具和附件的使用方法，培养脚踏实地、爱岗敬业、乐于奉献的职业精神。

项目任务

本项目的任务是完成图7-1所示轴承座零件的砂型铸造加工。材料为灰铸铁，要求毛坯无明显外观缺陷，各方向有适当的加工余量。

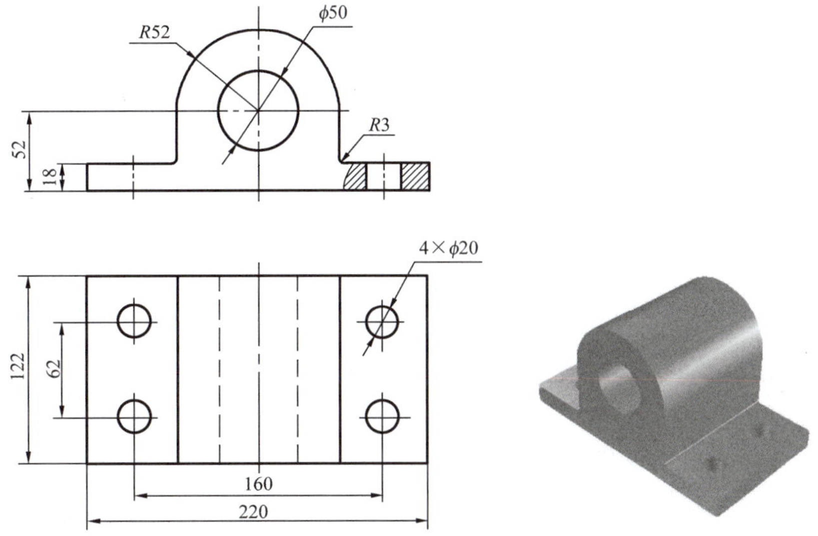

图7-1　轴承座零件图

工艺分析

要完成轴承座的铸造，需按照图 7-2 所示的工艺流程进行操作。

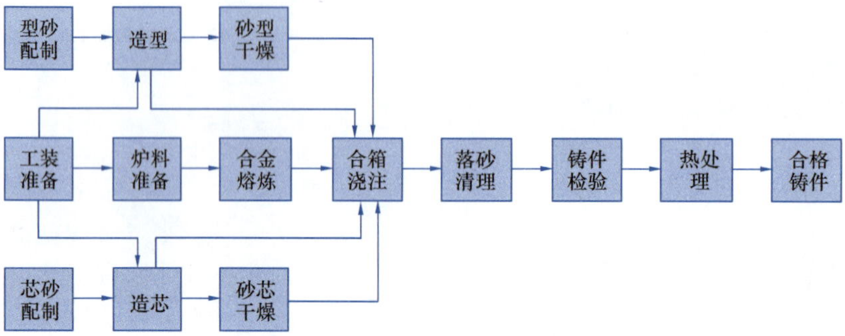

图 7-2　砂型铸造的基本工艺流程

任务一　制备型砂和芯砂

学习目标

- 了解铸造工艺过程。
- 学会制备型砂和芯砂。
- 了解铸工安全生产知识。
- 具备严谨、规范的职业素养。

任务引入

本任务为制备铸造轴承座用的型砂和芯砂。技术要求如下：

(1)要有良好的透气性。

(2)具备足够高的强度。

(3)具有较好的耐火性、可塑性和退让性。

任务分析

要完成铸造轴承座型砂和芯砂的制备，首先要进行一些准备工作，确定所需要的工具材料，再按照要求进行制备。

相关知识

一 铸工安全生产知识

铸造生产工序多，熔炼和浇注又是高温作业，因此必须严格遵守安全生产操作规程，否则可能发生爆炸、烫伤等事故。为保证安全，除应穿戴好防护用品外，还应注意以下几点：

(1)混砂时，要严防铁块、铁钉等杂物混入砂中，以免造成砂处理设备损坏事故。

(2)砂箱堆放要平稳，搬动砂箱时要注意轻放，以防砸伤手脚。

(3)熔炉和浇包等必须烘干。挡渣用的铁棍一定要预热，以防爆炸。

(4)浇注时，浇包内装的金属不许过满，一般以不超过浇包容积的80%为宜，以防金属液外溢伤人。

(5)所有抬浇包的人的行动都要协调，抬起或放下的动作要一致。当发现金属液飞溅甚至烫伤人时，不能将浇包随意乱丢，以免造成更大的事故。

(6)不要用手或脚去接触尚未冷却的铸件。

(7)在炉料破碎或铸件清理时，要注意周围环境，防止伤人。

二 铸造生产的特点

(1)可以制造各种尺寸、质量、形状的零件毛坯，特别是具有复杂内腔的毛坯，只能采用铸造方法进行生产。

(2)工业上大多数金属材料都可用于铸造生产，特别是脆性材料(如铸铁)毛坯的生产，只适宜采用铸造方法。

(3)铸造生产的成本低，原材料来源广泛，废品、废料可以重新熔炼回用，材料利用率高。

铸造也存在一些问题，如工艺过程繁杂，铸件质量不够稳定，铸件的力学性能一般不如同类材质的锻件及劳动条件差等。

三 铸造的工艺过程

铸造工序繁多，但归纳起来主要由制备砂型、熔化浇注、落砂清理三部分组成。制备砂型需要耗费大量工时，是砂型铸造生产过程中的主要工序，也是铸工实习中的主要任务。

四 造型材料

1.型砂的组成

型砂主要由砂子、膨润土、煤粉和水等组成，也称煤粉砂。

在手工造型时，为了降低成本，保证铸件表面质量，常把型砂分为面砂和背砂，如图7-3所示。面砂是特殊配制的在造型时与模样接触的一层型砂，具有较好的性能，常加入较多的新砂配制；背砂是在模样上覆盖面砂后，填充砂箱用的型砂，用100%旧砂稍加处

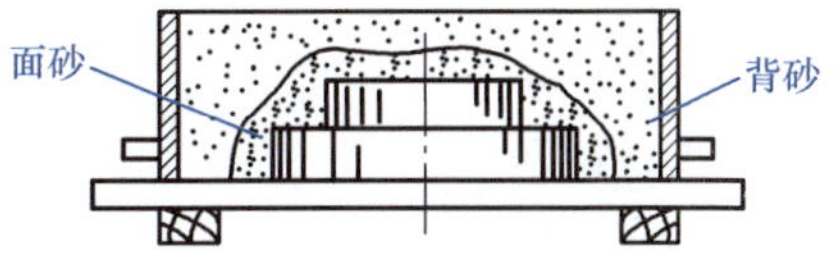

图7-3　面砂和背砂

理即可。在机械化程度较高的大批量生产中，为了方便生产，提高生产率，常采用不分面砂、背砂的型砂，称为单一砂。

2. 型砂的性能

型砂和芯砂的质量直接影响铸件的质量，型砂质量不好会使铸件产生气孔、砂眼、粘砂、夹砂等缺陷。良好的型砂应具备下列性能：

(1)透气性

高温金属液浇入铸型后，型内充满大量气体，这些气体必须顺利排出去，否则会使铸件产生气孔、浇不足等缺陷。铸型的透气性受砂的粒度、黏土含量、水分含量及型砂紧实度等因素的影响。砂的粒度越细，黏土及水分含量越高，型砂紧实度越高，透气性越差。

(2)强度

型砂抵抗外力破坏的能力称为强度。型砂必须具备足够高的强度，才能在造型、搬运、合箱过程中不引起塌陷，浇注时也不会破坏铸型表面。型砂的强度不宜过高，否则会因透气性、退让性变差而使铸件产生缺陷。

(3)耐火性

高温的液态金属浇进后，会对铸型产生强烈的热作用，因此型砂要具有抵抗高温热作用的能力，即耐火性。如造型材料的耐火性差，则铸件易粘砂。型砂中 SiO_2 含量越高，型砂颗粒越大，耐火性越好。

(4)可塑性

可塑性指型砂在外力作用下变形，去除外力后能完整地保持已有形状的能力。造型材料的可塑性好，则造型操作方便，制成的型砂形状准确，轮廓清晰。

(5)退让性

铸件在冷凝时体积会发生收缩，故型砂应具有一定被压缩的能力，称为退让性。型砂的退让性不好，铸件易产生内应力或开裂。型砂越紧实，退让性越差。在型砂中加入木屑等物可以改善其退让性。

五 芯砂

砂芯在铸型中大部分被高温的液态金属所包围，而支承定位部分的尺寸一般较小，因此芯砂除应具有一般型砂的性能外，还要求具有较高的强度及较好的透气性、退让性和溃散性。

芯砂按所用黏结剂的不同分为黏土芯砂、水玻璃芯砂、油芯砂、合脂芯砂、树脂芯砂等。形状简单的砂芯一般可用黏土芯砂制成，形状复杂、断面较细而薄、强度高、溃散性好的砂芯则可用油芯砂、合脂芯砂或树脂芯砂制成。植物油砂芯可获得十分光洁的铸件，但所用的桐油、亚麻仁油、改性米糠油等货源稀缺，价格昂贵。因此，我国自1963年开始广泛采用制皂工业制取合成脂肪酸后的残渣(简称合脂)来制作黏结剂，这种芯砂具有近似油芯砂的强度、退让性和溃散性。使用油芯砂和合脂芯砂制造砂芯时，会产生硬化前砂芯强度很低、易变形、硬化速度慢、生产周期长、需要烘干等问题，影响铸件的尺寸精度和生产率。用树脂作为黏结剂的芯砂，采用热芯盒法和冷芯盒法制芯，因不存在上述缺点，故很快在汽车、拖拉机等大批量生产的企业中获得广泛应用。

任务实施

1.准备工作

准备旧砂、新砂、水、膨润土和煤粉等。

2.操作步骤

(1)加入旧砂和新砂,然后加入总需水量的60%~70%。

(2)混合后加入膨润土和煤粉等粉料,然后再补加剩余水分。

这种先湿混法比先干混法所用的混碾时间短。先加砂和水混匀,再加粉状黏土,此时因水已分散,没有较大的水滴,故加入黏土后只能形成大量较小的黏土球,压开这些小黏土球是比较容易的,需要的能量也较少。常用的混砂机是碾轮混砂机,如图7-4所示。

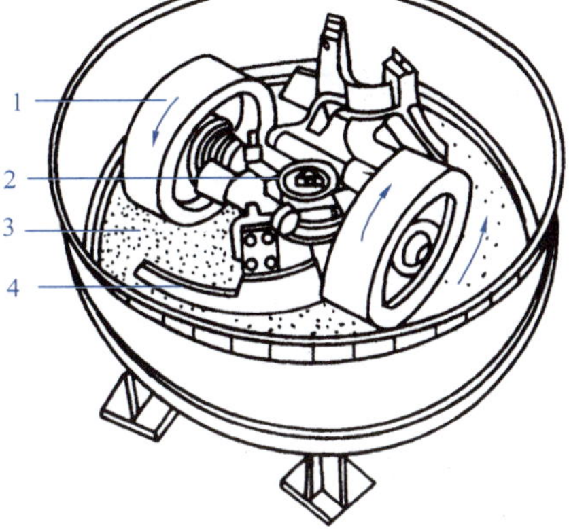

图7-4　碾轮混砂机

1—碾轮;2—中心轴;3—碾盘;4—刮板

3.注意事项

型砂的配制工艺对型砂的性能有很大的影响。浇注时型砂表面受高温铁水的作用,使型砂的性能变差,因此落砂后的旧砂一般不能直接用于造型,需重新加入新材料混制后才能使用。

任务二　砂型铸造

学习目标

- 掌握手工造型的技术要领和注意事项。
- 掌握手工造型的工具和附件的使用方法,学会制作砂型和砂芯。
- 了解基本造型方法(整模造型、分模造型和假箱造型等)。
- 了解铸造中金属的熔炼、浇注等其他基本工序。
- 熟悉冲天炉的结构和铸铁的熔炼方法。
- 培养吃苦耐劳、不怕困难的坚强意志。

任务引入

完成图7-1所示轴承座零件型腔的手工造型并浇注。浇注材料为灰铸铁,要求成品无明显外观缺陷,各方向有适当的加工余量。

任务分析

该零件外形简单，底座孔和轴承座孔的尺寸较小，无须通过铸造成型，可安排在后续机加工中完成。此零件采用整模双箱砂型铸造。

相关知识

一 造型工具及辅具

1.砂箱

砂箱是砂型铸造的基本工具，其作用是形成一个封闭的空间以容纳和紧实型砂。根据材质，砂箱分为木质砂箱和铁质砂箱两大类；根据铸件尺寸，砂箱的几何尺寸有多种规格，如图7-5所示。

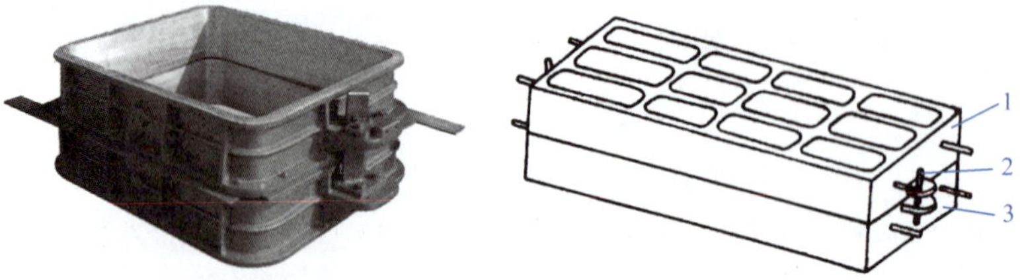

图7-5 砂箱

1—上箱；2—定位销；3—下箱

2.手工造型常用工具

图7-6所示为手工造型常用工具。

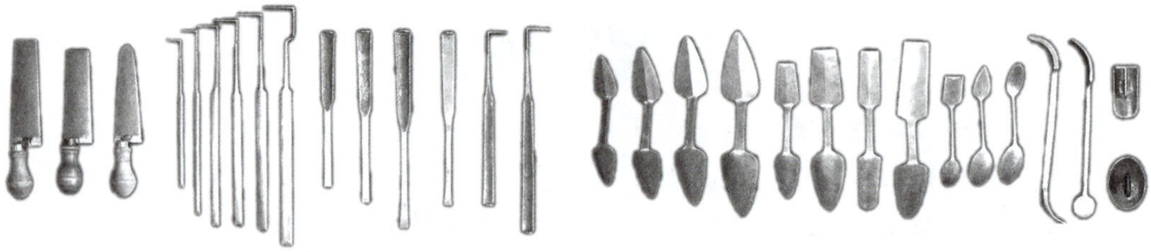

(a)

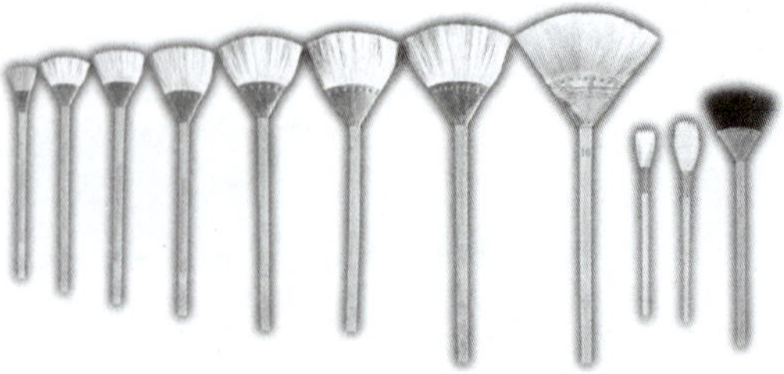

(b)

图7-6 手工造型常用工具

二、造型方法

造型是砂型铸造的重要工序，造型方法分手工造型和机器造型两类。手工造型的紧砂与起模是由人来完成的。手工造型操作灵活，工装简单，但劳动强度大，生产率低，常用于单件、小批量生产。

1. 手工造型

(1)整模造型

图7-7所示为轴承座铸件整模造型，其所用模型为一个整体，分型面为平面，铸型简单，铸件不会产生错箱缺陷。铸件最大截面在一端，且为平面。整模造型操作简便，适用于外形轮廓上有一个平面可作为分型面的简单铸件，如齿坯、轴承座等。

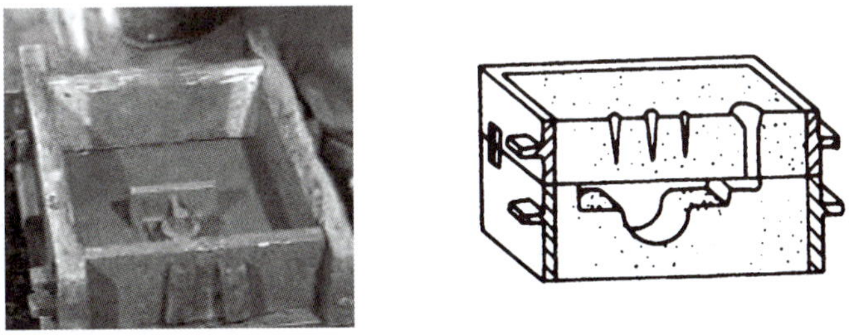

图7-7　轴承座铸件整模造型

(2)分模造型

图7-8所示为分开模双箱造型，模样沿最大截面分为两半，型腔位于上、下两个砂箱内，造型方便，但制作模样较麻烦。最大截面在中部，一般适用于对称性铸件，开合上、下型时，要分别从上、下型中起模。

(3)假箱造型

图7-9所示为假箱造型，利用特制的假箱或型板造型，自然形成曲面分型，可免去挖砂操作，造型方便。

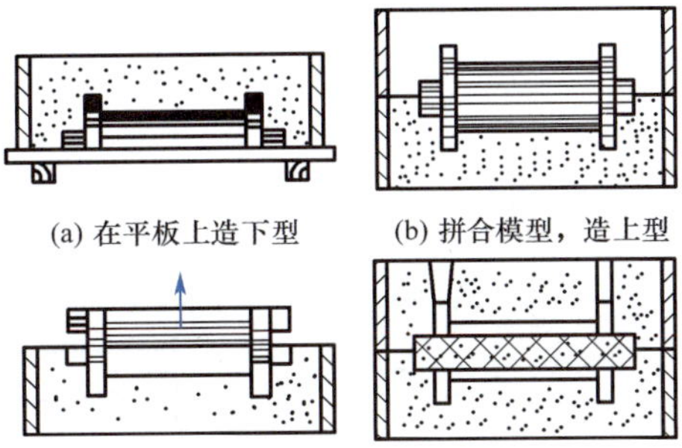

(a) 在平板上造下型　(b) 拼合模型，造上型　(c) 上、下型分别起模　(d) 合箱

图7-8　分开模双箱造型

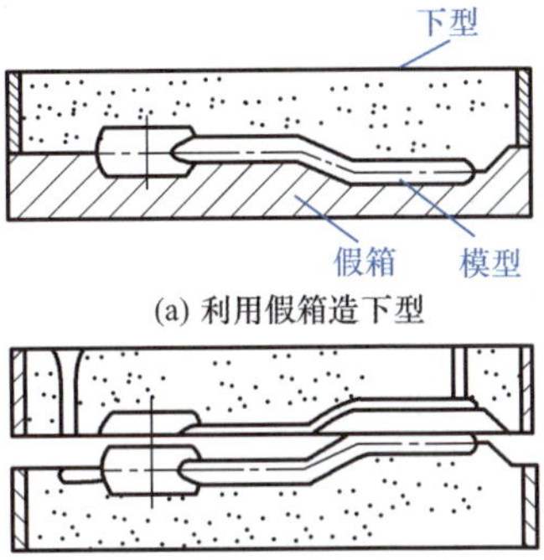

(a) 利用假箱造下型　(b) 用造好的下型造上型

图7-9　假箱造型

(4)型芯制造

型芯主要用于形成铸件的内腔,有时也用于铸出铸件外部的凹档,以简化造型过程,如图7-10所示。

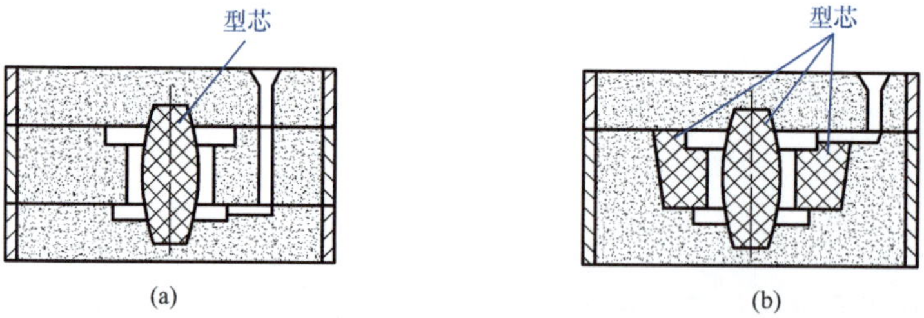

图7-10　型芯的应用

型芯大多是在芯盒内制成的,如图7-11所示。形状简单的小型芯可用整体芯盒制造,圆柱形型芯常用对开芯盒制造,形状复杂且尺寸较大的型芯则常用可拆式芯盒制造。

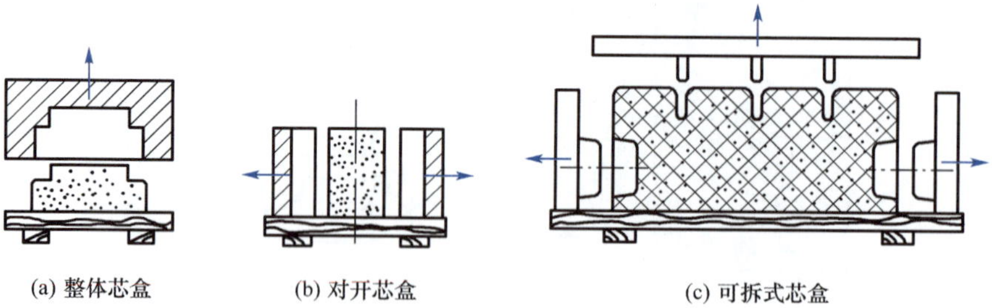

图7-11　芯盒的种类

2.机器造型

机器造型是用模型板在造型机上进行造型的方法。造型机的主要作用是紧砂和起模。图7-12所示为常用的振压式造型机。

图7-13所示为振压式造型机的工作过程,具体如下:

(1)用套框加高砂箱,装满型砂。

(2)利用工作台的振击作用振实型砂。

(3)除去套框,移动压板,补充并压实砂箱内上部的型砂。移开压板,利用顶杆起模。

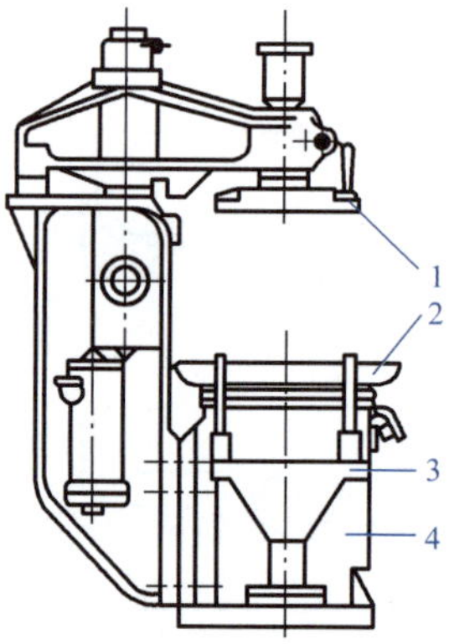

图7-12　振压式造型机

1—压板;2—工作台;3—顶杆机构;4—振压气缸

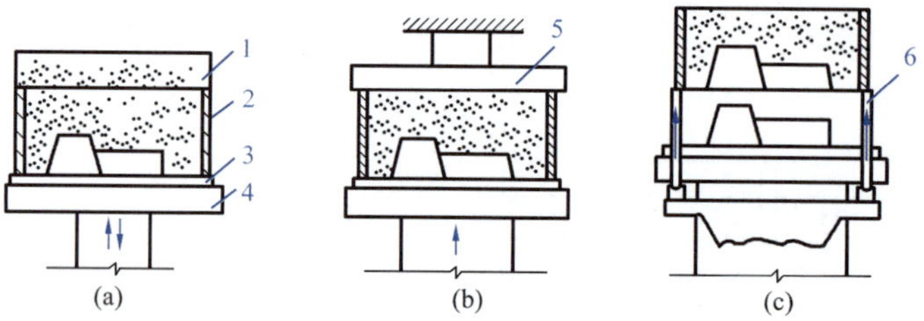

图7-13　振压式造型机的工作过程

1—套框;2—砂箱;3—模型板;4—工作台;5—压板;6—顶杆

机器造型的生产率很高，生产的铸件精度较高，废品率较低，但是设备投资大，因此只适用于大批量生产。机器造型法只能应用模型板进行两箱造型。

三 典型的浇冒系统

1.浇注系统

浇注系统是铸型上供液体填充型腔和冒口而开的一系列通道。浇注系统能平稳地将金属液导入铸型型腔，还可挡渣、排气及控制铸件的凝固顺序，它对保证铸件质量极为重要。浇注系统通常由浇口盆、直浇道、横浇道和内浇道组成，如图7-14所示。

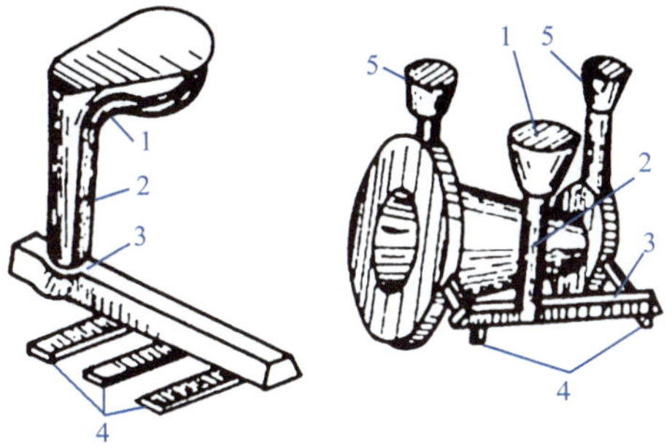

图7-14 浇注系统和冒口

1—浇口盆；2—直浇道；3—横浇道；4—内浇道；5—冒口

(1)浇口盆

浇口盆是直接承接铁水且位于直浇道顶部的扩大部分。它既可方便浇注，又能减缓金属液对铸型的冲击。浇口盆可单独制造或直接在铸型内制出。

(2)直浇道

直浇道是连接浇道与浇口盆的垂直通道。盛满金属液后，垂直的液柱形成充型压力，使金属液迅速充满型腔。改变直浇道的高度，即可改变金属液的充型能力或速度。

(3)横浇道

横浇道是连接内浇道和直浇道的水平通道。它位于内浇道的上方，主要起挡渣的作用。

(4)内浇道

内浇道是引导金属液进入型腔的通道。内浇道的位置、方向和大小决定着金属液进入型腔的部位、流向和速度，从而可控制铸件的凝固顺序。它极大地影响着铸件的质量。

2.冒口

对于易产生缩孔的铸件，还需要开设冒口。它是铸型内储存供补缩铸件用的熔融金属的空腔，有时还起排气、集渣等作用。冒口一般开设在铸件容易产生缩孔部位的上方。

四 其他工序

砂型制作是砂型铸造中的第一道工序，要完成一个铸件，还要进行以下工序：

1.铸铁的熔炼

熔炼铸铁的目的是得到一定成分和温度的铁水。熔炼铸铁所用的设备有多种，目前以冲天炉应用最广。

(1)冲天炉的结构

冲天炉的结构如图7-15所示。

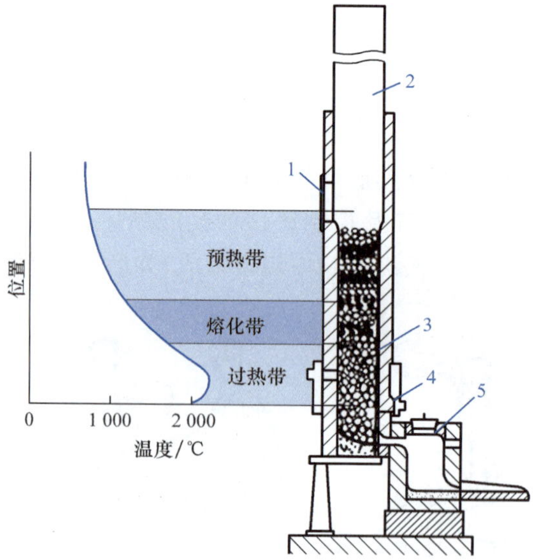

图7-15 冲天炉的结构

1—进料口;2—烟囱;3—底焦;4—风口;5—前炉

①炉身

炉底以上至进料口的部分为炉身,它是冲天炉的主要部分。炉料从进料口加入,由鼓风机鼓入的风经风口吹入炉内助燃,炉身上部为预热带,下部为金属的熔化带和过热带。过热指金属液温度进一步提高。

②前炉

前炉的主要作用是储存铁水。冲天炉的大小用每小时能熔炼出的铁水吨数表示。

③炉料

金属炉料:铸造生铁,它是主要的金属炉料;回炉料,指废铸铁、浇冒口等;废钢、硅铁、锰铁等,主要用于调整铸铁的化学成分。

燃料:常用的燃料是焦炭,焦炭燃烧为铸铁熔炼提供热量,焦炭燃烧的情况直接影响铁水的温度和成分。每批金属炉料和焦炭质量的比例称为铁焦比,一般为10:1。

熔剂:铸铁熔炼过程中,金属炉料中的氧化物、焦炭中的灰分等相互作用,形成熔点高、黏度大的熔渣,如不及时排除,熔渣会黏附在焦炭上,影响焦炭的燃烧。加入石灰石、氟石等熔剂后,可降低熔渣的熔点并使熔渣稀释,便于铁水和熔渣分离,以利于出渣。

(2)铸铁熔炼的基本操作

①修炉,烘干。

②点火。向炉内加入木柴,打开风口盖,点火,让其自然烧旺。

③加底焦。木柴燃烧很旺时,从进料口加入焦炭,这批焦炭称为底焦。底焦的高度对熔化速度和铁水温度有很大的影响。底焦分2~3次加入,并要鼓风,使底焦烧旺。

④加料。底焦烧旺后停止鼓风,进行加料,每批炉料应按熔剂、金属炉料和焦炭(这时加入的焦炭称为层焦)的次序加入,一直加到进料口为止。

⑤熔化和出铁。炉料装完后预热一定时间,然后鼓风10 min左右,金属炉料开始熔化,

同时形成熔渣，铁水和熔渣经炉缸和过桥流入前炉储存。

⑥停炉。当估计炉内铁水够用时，停止加料和鼓风。出完铁水后打开炉底门，使残余炉料落下，然后喷水熄灭余火。

2. 浇注

把熔炼好的金属液从浇包中注入铸型的操作称为浇注。浇注前要将铸型紧固，浇注的速度和温度要严格控制，以保证铸件质量。

3. 落砂和清理

从砂型中取出铸件称为落砂。落砂应在铸件充分冷却后进行。落砂后，从铸件上清理浇冒口、芯砂和表面粘砂的操作称为清理。

4. 热处理

经清理和检验后，合格的铸件要装入退火炉中进行人工时效处理，以消除应力、减小变形和防止开裂。

五 特种铸造

特种铸造指与普通砂型铸造有显著区别的铸造方法。每种特种铸造方法均有其优越之处和适用的场合。近些年来，特种铸造在我国得到了飞速发展，其地位和作用日益提高。

1. 熔模铸造

熔模铸造是用易熔材料制成模型，然后在模型上涂挂耐火材料，经硬化之后再将模型熔化、排出型外，从而获得无分型面铸型的铸造方法。由于熔模广泛采用蜡质材料制造，因此又常把它称为失蜡铸造。由于获得的铸件具有较高的尺寸精度和较小的表面粗糙度值，因此又将其称为熔模精密铸造。熔模铸造的工艺过程如图 7-16 所示。

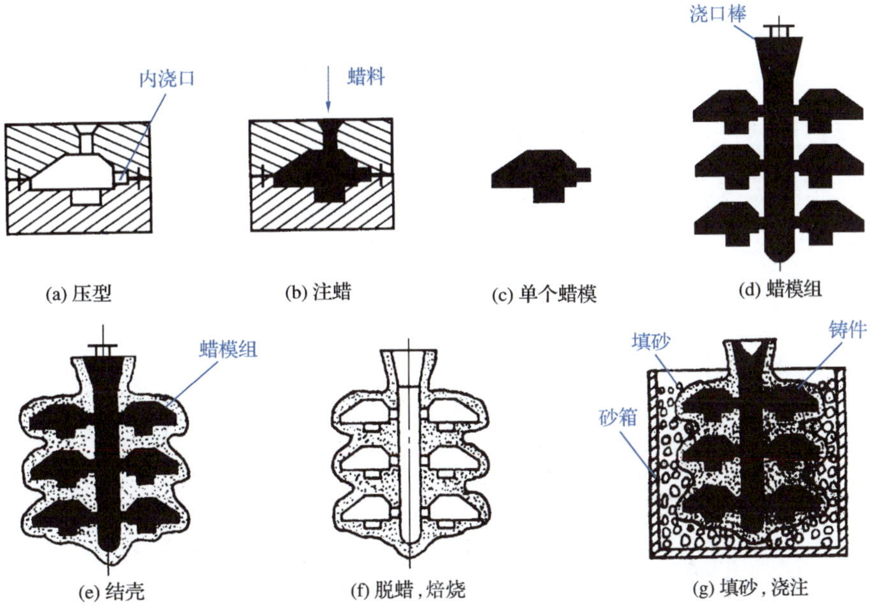

图 7-16　熔模铸造的工艺过程

熔模铸造的特点如下：

(1)铸件尺寸精度高(IT11~IT14)，表面粗糙度值小(Ra 3.2~Ra 25 μm)；减少了切削加工量，甚至无须切削加工(例如涡轮发动机的叶片)。

(2)可以铸造薄壁件及质量很小的铸件。

(3)适宜制造用砂型铸造、锻压、切削加工等方法难以制造的形状复杂、不便分型的零件，如带有精细的图案、文字、细槽和弯曲细孔的铸件。

(4)可以制造各种合金材质的铸件，尤其适用于高熔点、难切削合金的小型复杂铸件的生产。

熔模铸造适用于制造形状复杂、难以加工的高熔点合金及有特殊要求的精密铸件，目前主要用于汽轮机、燃气轮机叶片、切削刀具、仪表元件、汽车、拖拉机及机床等零件的生产。

2. 金属型铸造

把液态金属浇入用金属制成的铸型内而获得铸件的方法称为金属型铸造。一般金属型用铸铁或耐热钢制造。由于金属型可重复使用多次，故又被称为永久型。

按照分型面的位置，可将金属型分为整体式(图 7-17(a))、水平分型式(图 7-17(b))、垂直分型式(图 7-17(c))和复合分型式。其中垂直分型式便于布置浇注系统，铸型开合方便，容易实现机械化，故应用较广。

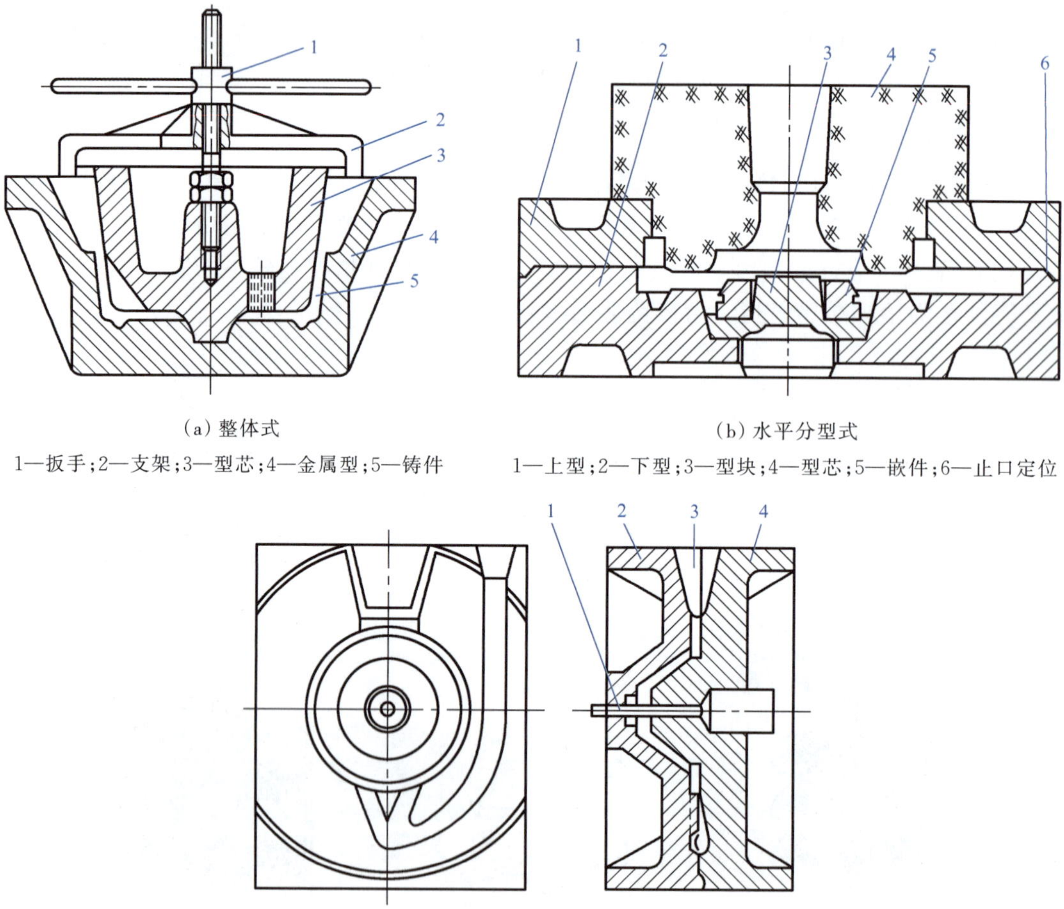

(a) 整体式

1—扳手；2—支架；3—型芯；4—金属型；5—铸件

(b) 水平分型式

1—上型；2—下型；3—型块；4—型芯；5—嵌件；6—止口定位

(c) 垂直分型式

1—金属型芯；2—左半型；3—浇注系统；4—右半型

图 7-17　金属型

金属型导热快，无退让性和透气性，铸件容易产生浇不足、冷隔、裂纹、气孔等缺陷。此外，在高温金属液的冲刷下型腔易损坏。为此，需要采取如下工艺措施：浇注前预热，浇注过程中适当冷却，使金属型在一定温度范围内工作；型腔内刷耐火涂料，以起到保护铸型、调节铸件冷却速度、改善铸件表面质量的作用；在分型面上做出通气槽、出气孔等；掌握好开型的时间，以利于取件和防止铸件产生白口。

金属型铸造的特点如下：

(1)铸件冷却速度快，组织致密，力学性能好。

(2)铸件精度和表面质量较高。

(3)可实现“一型多铸”，工序简单，生产率高，劳动条件好。

(4)金属型成本高，制造周期长，铸造工艺规程要求严格。

金属型铸造主要适用于大批量生产形状简单的有色金属铸件，如铝活塞、气缸、缸盖、泵体、轴瓦、轴套等。

3.压力铸造

将熔融金属在高压下快速压入压型，并在压力下凝固，从而获得铸件的方法称为压力铸造，简称压铸。

压铸是通过压铸机完成的，图7-18所示为立式压铸机的工作过程。合型后把金属液浇入压室(图7-18(a))，压射活塞向下推进，将金属液压入型腔(图7-18(b))，保压冷凝后，压射活塞退回，下活塞上移顶出余料，动型移开，利用顶杆顶出铸件(图7-18(c))。

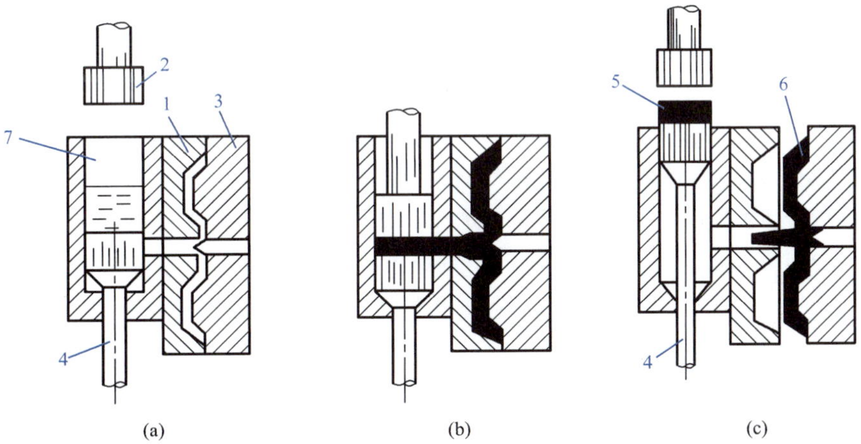

图7-18　立式压铸机的工作过程

1—定型；2—压射活塞；3—动型；4—下活塞；5—余料；6—铸件；7—压室

压力铸造的特点如下：

(1)铸件尺寸精度高，表面质量好，一般不需要机加工即可直接使用。

(2)压力铸造在快速、高压下成型，可压铸出形状复杂、轮廓清晰的薄壁精密铸件，铝合金铸件的最小壁厚可达0.5 mm，最小孔径可达0.7 mm。

(3)铸件组织致密，力学性能好，其强度比砂型铸件高25%～40%。

(4)生产率高，劳动条件好。

(5)设备投资大，铸型制造费用高，周期长。

压力铸造主要用于大批量生产低熔点合金的中小型铸件，如铝、锌、铜等合金铸件，在汽车、拖拉机、航空、仪表、电器等领域获得了广泛应用。

4.离心铸造

离心铸造是将金属液浇入高速旋转的铸型中，使其在离心力作用下凝固成型的铸造方法。

根据铸型旋转轴的空间位置，可将离心铸造机分为立式和卧式两大类。立式离心铸造机的铸型绕垂直轴旋转(图7-19(a))，离心力和液态金属本身重力的共同作用，使得铸件的内表面为一回转抛物面，致使铸件上薄下厚，而且铸件越高，壁厚差越大，因此，它主要用于生产高度小于直径的圆环类铸件。卧式离心铸造机的铸型绕水平轴旋转(图7-19(b))，因铸件各部分冷却条件相近，故铸件壁厚均匀。卧式离心铸造机适合生产较长的管、套类铸件。

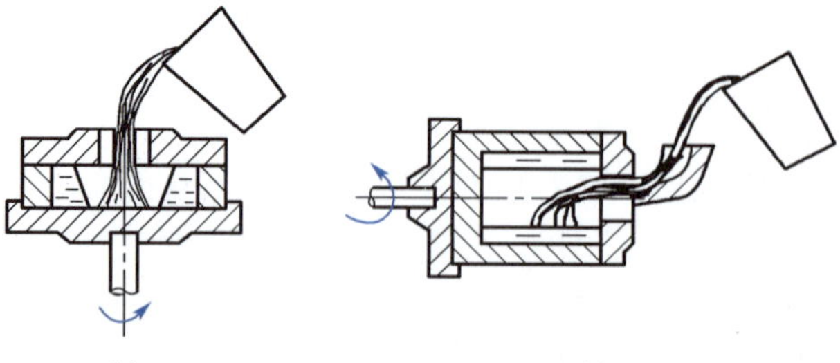

(a) (b)

图7-19 离心铸造

离心铸造的特点如下：

(1)铸件在离心力的作用下结晶，组织致密，无缩孔、缩松、气孔、夹渣等缺陷，力学性能好。

(2)铸造圆形中空铸件时，可省去型芯和浇注系统，简化了工艺，节约了金属。

(3)便于制造双金属铸件，如钢套镶铸铜衬等。

(4)离心铸造内表面粗糙，尺寸不易控制，需要加大加工余量来保证铸件质量，且不适用于易偏析的合金。

离心铸造是生产管、套类铸件的主要方法，如铸铁管、铜套、气缸套、双金属轧辊、滚筒等。

任务实施

1.准备工作

准备和清理造型工具，包括平直的底板、大小合适的砂箱、舂砂锤、通气针、水笔、刷子、起模针等。

2.操作步骤

(1)准备工作

①准备和清理造型工具。选择平直的底板和大小合适的砂箱。木模与砂箱内壁及顶部之间需留有30～100 mm的距离，其值视木模大小而定。若砂箱选得过大，则会消耗过多的

型砂，且增加舂砂工时；若砂箱选得过小，则木模周围型砂舂不紧，浇注时金属液易从砂层不紧处流出。

②安放木模。把模型放在砂箱内的底板上，保证各方向都有合理的吃砂量，同时注意给浇注系统留出适当的尺寸位置，还要注意木模斜度的方向与起模方向要一致，如图7-20所示。

图7-20　安放木模

(2)舂砂

型砂的加入要适当，要便于舂紧，可分次加入；舂砂应均匀地按一定的路线进行，以保证砂型各处紧实度均匀，注意不要撞到木模上；舂砂用力大小应适当，不要过大或过小，在保证砂型强度的基础上，可以适当地降低紧实度，以利于透气，如图7-21所示。

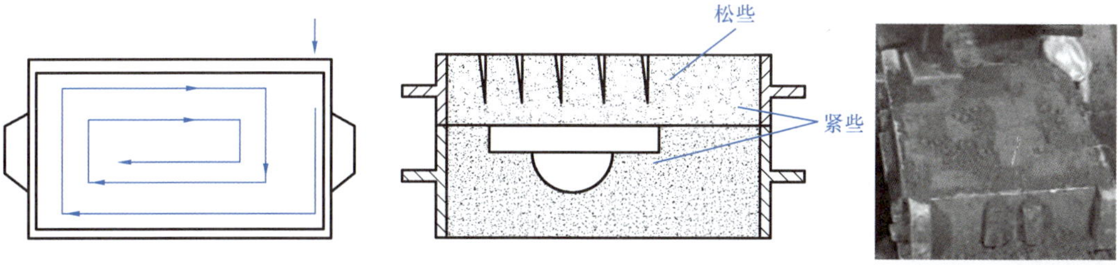

(a) 舂砂线路　(b) 紧实位置　(c) 舂砂动作

图7-21　舂砂

(3)撒分型砂

下型造好后翻转180°，在造上型之前，应在分型面上撒无黏性的分型砂，以防上、下型粘在一起而开不了箱。最后应将木模上的分型砂吹掉，以免造上型时分型砂粘到上型表面，浇注时被液体金属冲下来而落入铸件中，使其产生缺陷，如图7-22所示。

图7-22　撒分型砂

(4)扎通气孔

上型砂舂紧刮平后，要在木模投影面的上方用直径为2～3 mm的通气针扎出通气孔，以利于浇注时气体的溢出。通气孔要分布均匀、深度适当，如图7-23所示。

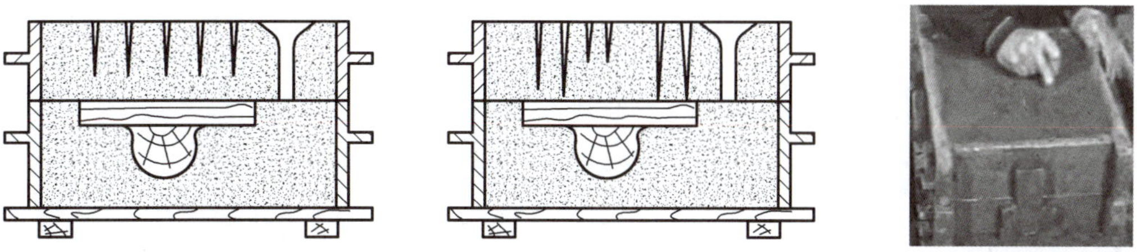

(a) 正确　(b) 错误　(c)扎通气孔

图7-23　扎通气孔

(5)开浇口盆

漏斗形浇口盆如图7-24所示，浇口面应修光，与直浇道连接处应修成圆滑过渡，便于浇注时对准，以引导液体金属平稳流入砂型。如浇口盆挖得太浅而成碟形，则浇注时液体金属会四处飞溅伤人。

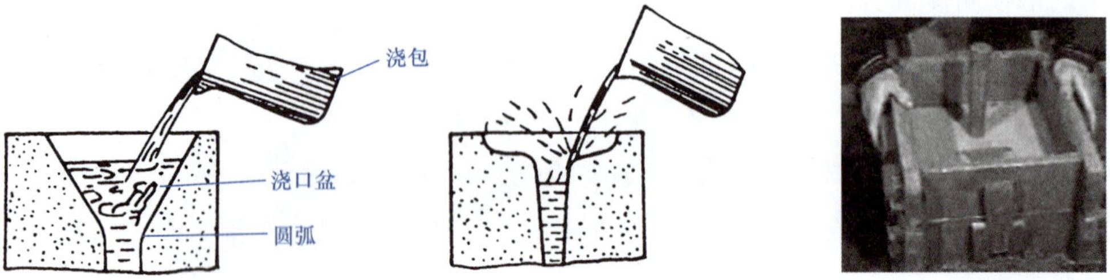

(a) 正确　　(b) 错误　　(c) 放浇口棒

图7-24　开浇口盆

(6)划合箱线

合箱线应位于砂箱壁的三条直角边上，位置要错开，以保证X、Y方向均能定位，并可限制砂型转动。合箱线的数量应不相等，以免合箱时错箱。

(7)起模

起模前要用水笔蘸些水，刷在木模周围的型砂上，以增加这部分型砂的强度，防止起模时损坏砂型。刷水时应一刷而过，不要使水笔停留在某一处，以免浇注时产生大量水蒸气，使铸件产生气孔。

起模针的位置要尽量与木模的重心重合。起模前要用小锤子轻轻敲打起模针的下部，使木模松动，以利于起模，如图7-25所示。

(8)修型

起模后型腔如有损坏，应根据型腔形状和损坏的程度，使用各种修型工具进行修补。

(9)合箱

修型完毕即可合箱，合箱时应注意使砂箱保持水平下降，并应对准合箱线，防止错箱，如图7-26所示。

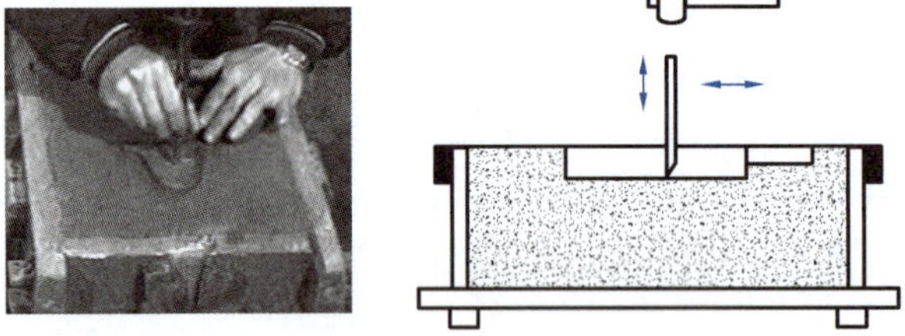

图7-25　起模前松动木模

图7-26　合箱

图 7-1 所示轴承座的铸造工艺过程如图 7-27 所示。

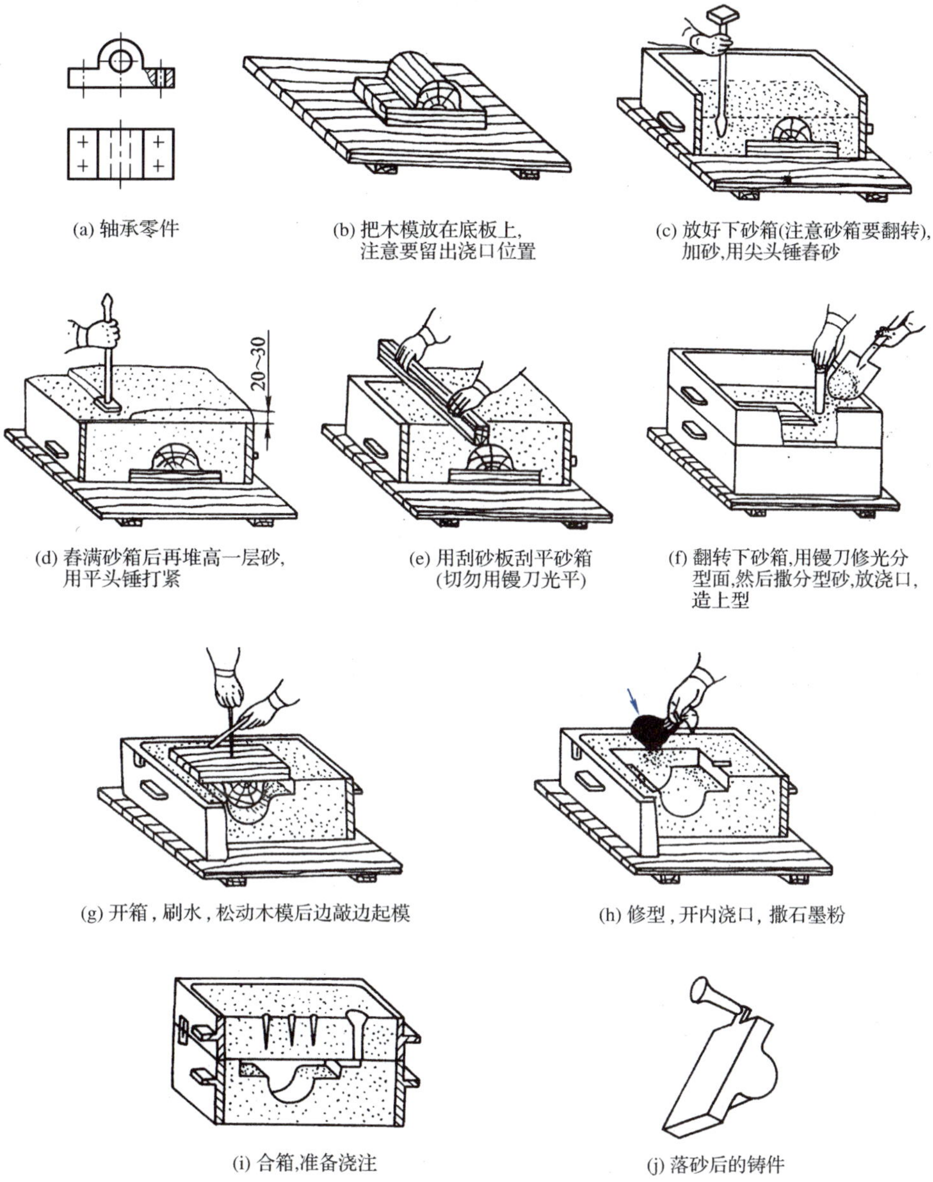

(a) 轴承零件

(b) 把木模放在底板上，注意要留出浇口位置

(c) 放好下砂箱(注意砂箱要翻转)，加砂，用尖头锤舂砂

(d) 舂满砂箱后再堆高一层砂，用平头锤打紧

(e) 用刮砂板刮平砂箱(切勿用镘刀光平)

(f) 翻转下砂箱，用镘刀修光分型面，然后撒分型砂，放浇口，造上型

(g) 开箱，刷水，松动木模后边敲边起模

(h) 修型，开内浇口，撒石墨粉

(i) 合箱，准备浇注

(j) 落砂后的铸件

图 7-27　轴承座的铸造工艺过程

3. 注意事项

(1)舂砂时按照一定的顺序进行，要做到既不破坏模型，又保证砂型有一定的紧实度。

(2)合箱时用定位销对正，防止产生错箱缺陷。

(3)浇注系统的设置要合理，既要充满型腔，又不破坏铸型。

项目评价

本项目的评分标准见表7-1。

表7-1　　铸造轴承座的评分标准

班级：		姓名：		学号：	
项目七：铸造轴承座				零件图：图7-1	
序号	检测内容	配分	评分标准	实测结果	得分
1	准备工作	5	工具、辅具准备不充分，缺一件扣1分		
2	舂砂线路	5	舂砂线路凌乱不得分		
3	砂型的紧实度	5	紧实度不符合要求酌情扣分		
4	合箱线	10	合箱线的位置、数量不合理酌情扣分，无合箱线不得分		
5	浇注系统	15	开设位置不合理扣5分，内浇口的形状、尺寸不合理扣5分		
6	型腔	40	型腔表面不清晰扣10分，修型不平整每处扣5分		
7	合箱	10	合箱不准确不得分		
8	安全、文明生产	10	违者每次扣2分		
综合得分		100			

拓展资料

《秋浦歌·炉火照天地》赏析

炉火照天地，红星乱紫烟。

赧郎明月夜，歌曲动寒川。

《秋浦歌·炉火照天地》是唐代诗人李白创作的组诗《秋浦歌十七首》中的第十四首。诗人饱含激情，唱出了一曲劳动者的颂歌。全诗展示了一幅瑰玮壮观的秋夜冶炼图，在诗人的笔下，光、热、声、色交织辉映，明与暗、冷与热、动与静烘托映衬，鲜明、生动地表现了火热的劳动场景，酣畅淋漓地塑造了古代冶炼工人的形象。

8 项目八 锻造六角螺母

项目导读

锻压是锻造和冲压的合称，是利用锻压机械的锤头、砧块、冲头或通过模具对坯料施加压力，使之产生塑性变形，从而获得所需形状和尺寸的制件的成形加工方法。

用于塑性成形的金属材料包括黑色金属和有色金属，大多数金属及其合金均具有一定的塑性，可在热态或冷态下进行各种塑性成形。锻压零件具有性能好、尺寸精度高、寿命长、材料利用率高、切削工作量少、生产率高等优点，可广泛应用于机械制造、汽车、拖拉机、仪表、容器、造船、冶金、建筑、家用器具、包装、航空航天等工业领域。

在锻造加工中，坯料整体发生明显的塑性变形，有较大量的塑性流动；在冲压加工中，坯料主要通过改变各部位表面的空间位置而成形，其内部不出现较大距离的塑性流动。锻压主要用于加工金属制件，也可用于加工某些非金属制件，如工程塑料、橡胶、陶瓷坯、砖坯以及复合材料的成形等。

锻造能消除金属铸锭中的一些铸造缺陷，使其内部晶粒细化，组织致密，力学性能显著提高。所以重要的机器零件和工具部件，如车床主轴、高速齿轮、曲轴、连杆、锻模和刀杆等大都采用锻造制坯。锻造的工艺方法主要有自由锻、模锻和胎模锻。生产时，按锻件质量的大小和生产批量的多少选择不同的锻造方法。

通过本项目六角螺母的锻造，了解锻造工艺的分类、内容及各自的特点，掌握自由锻的生产工艺过程、特点和应用，培养吃苦耐劳的精神和质量意识，锻造恪守标准、敬业负责的品格，磨练意志力。

项目任务

本项目的任务是完成图8-1所示零件的加工。

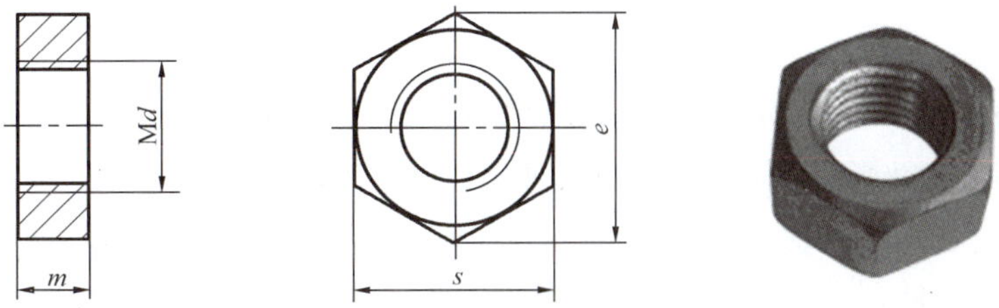

$m=26.8$ mm，$d=42.3$ mm，$s=74.8$ mm，$e=85.5$ mm

图8-1 六角螺母零件图

工艺分析

六角螺母的加工需按照以下工艺过程进行:锻造毛坯→攻螺纹→热处理。

任务一　锻造六角螺母毛坯

学习目标

- 了解锻造工艺的分类、内容及各自的特点。
- 掌握自由锻的生产工艺过程、特点和应用。
- 认识空气锤的结构及工作原理。
- 培养吃苦耐劳的精神和质量意识。

任务引入

本任务为完成图8-1所示零件毛坯的自由锻加工。

任务分析

任何锻件都是经若干道工序锻造而成的,在锻造前要根据锻件的形状、尺寸及坯料的形状等具体情况,合理选择基本工序并确定锻造工艺过程。该零件为六角螺母毛坯,完成其自由锻加工的操作步骤:下料→镦粗→冲孔→锻六角→罩圆倒角→修整。其主要工序是镦粗和冲孔。

相关知识

一　自由锻设备

1. 毛坯的加热

(1)加热炉

锻件加热可采用一般燃料(如焦炭、重油等)进行燃烧,利用火焰加热,也可采用电能加热。典型的电能加热设备是高效节能的红外箱式炉,其结构如图8-2所示。它采用硅碳棒作为发热元件,并在内壁涂有高温烧结的辐射涂料,加热时炉内形成高辐射均匀温度场,因此升温快,单位耗电低,节能。红外箱式炉采用无级调压控制柜与其配套,具有快速启动、精密控温以及送电功率和炉温可任意调节的特点。

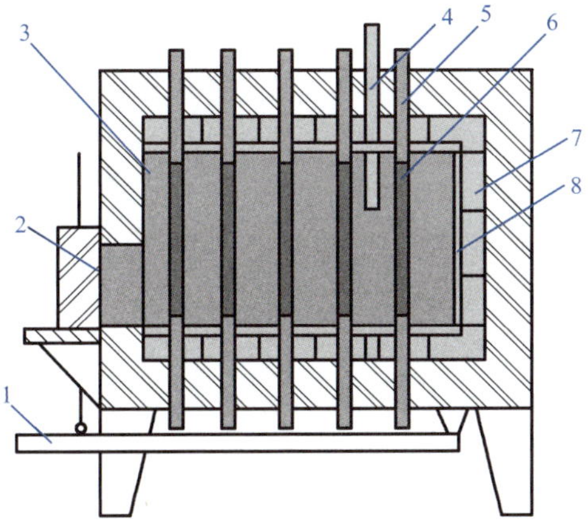

图8-2　红外箱式炉的结构

1—踏杆；2—炉门；3—炉膛；4—温度传感器；

5—硅碳棒冷端；6—硅碳棒热端；7—耐火砖；8—反射层

(2)坯料的加热

金属材料在一定温度范围内，随温度的上升其塑性会提高，变形抗力会下降，用较小的变形力就能使坯料稳定地改变形状而不出现破裂，所以锻造时要对工件加热。

允许加热达到的最高温度称为始锻温度，停止锻造的温度称为终锻温度。因化学成分不同，故每种金属材料的始锻温度和终锻温度是不同的。常用金属材料的锻造温度范围见表8-1。

表8-1　常用金属材料的锻造温度范围

材料种类	始锻温度/℃	终锻温度/℃
低碳钢	1 200～1 250	800
中碳钢	1 150～1 200	800
合金结构钢	1 100～1 180	850

锻件的温度可用仪表测定，在生产中也可根据被加热金属的火色来判别。碳钢的加热温度与火色的关系见表8-2。

表8-2　碳钢的加热温度与火色的关系

温度/℃	1 300	1 200	1 100	900	800	700	＜600
火色	白色	亮黄	黄色	樱红	赤红	暗红	黑色

对锻件加热不当会产生以下缺陷：

①过热：加热温度超过该材料的始锻温度，或在高温下保温过久，金属材料内部的晶粒会变得粗大，这种现象称为过热。过热使锻坯的塑性下降，可锻性变差。可通过重结晶退火的方法使晶粒重新细化。

②过烧：加热温度远远高于始锻温度，接近该材料的熔点，晶粒边界发生严重氧化而使晶粒间失去结合力，这种现象称为过烧。过烧的坯料一经锻打即会碎裂，是不可修复的缺陷。

③氧化和脱碳：加热时钢料与高温的氧、二氧化碳和水蒸气接触，使坯料表面产生氧化

皮和脱碳层。每次加热的氧化烧损量占坯料总质量的2%～3%,下料计算时必须加上这个烧损量。

2.自由锻常用设备与工具

(1)自由锻常用设备

自由锻常用设备有空气锤、蒸汽-空气锤和液压机等,分别适合小型、中型和大型锻件的生产。

①空气锤

空气锤是利用压缩空气推动锻锤进行工作的。以落下部分的质量来表示其锻造能力,其常用吨位为65～750 kg,用于锻造小型锻件,如图8-3所示。

图8-3　空气锤

● 空气锤的结构及工作原理

空气锤的结构如图8-4(a)所示,由锤身、压缩缸、工作缸、传动机构、操纵机构、落下部分及砧座等组成。落下部分包括工作活塞、锤杆、锤头和上砧铁。

空气锤的工作原理如图8-4(b)所示,电动机通过减速装置带动曲柄连杆机构转动,曲柄连杆机构把电动机的旋转运动转化为压缩活塞的上下往复运动,压缩活塞通过上、下旋阀将压缩空气压入工作缸的下部或上部,推动落下部分的升降运动,实现锤头对锻件的打击。

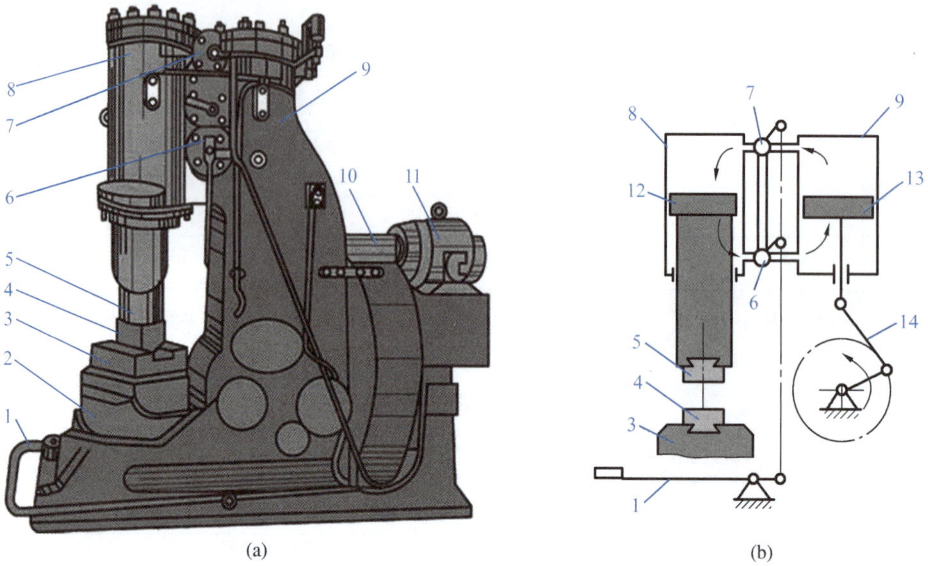

图8-4　空气锤的结构及工作原理

1—踏杆;2—砧座;3—砧垫;4—下砧铁;5—上砧铁;6—下旋阀;7—上旋阀;8—工作缸;9—压缩缸;10—减速装置;11—电动机;12—工作活塞;13—压缩活塞;14—连杆

● 空气锤的操作

通过踏杆或手柄操纵配气机构(上、下旋阀),可实现空转、悬空、压紧、连续打击和单次打击等操作。

a.空转

转动手柄,上、下旋阀的位置使压缩缸的上、下气道都与大气连通,压缩空气不进入工作缸，而是排入大气中，压缩活塞空转。

b.悬空

上旋阀的位置使工作缸和压缩缸的上气道都与大气连通。当压缩活塞向上运行时，压缩空气排入大气中；当压缩活塞向下运行时，压缩空气经下旋阀并冲开一个防止压缩空气倒流的逆止阀而进入工作缸下部，使锤头始终悬空。悬空的目的是便于检查尺寸、更换工具、清洁整理等。

c.压紧

上、下旋阀的位置使压缩缸的上气道和工作缸的下气道都与大气连通。当压缩活塞向上运行时，压缩空气排入大气中；当压缩活塞向下运行时，压缩缸下部空气通过下旋阀并冲开逆止阀，转而进入上、下旋阀的连通道内，经上旋阀进入工作缸上部，使锤头向下压紧锻件。与此同时，工作缸下部的空气经下旋阀排入大气中。压紧工件可进行弯曲、扭转等操作。

d.连续打击

上、下旋阀的位置使压缩缸和工作缸都与大气隔绝，逆止阀不起作用。当压缩活塞上下往复运动时，压缩空气被不断压入工作缸的上下部位，推动锤头上下运动，进行连续打击。

e.单次打击

由连续打击演化出单次打击，即在连续打击的气流下，手柄迅速返回悬空位置，打击一次即停。单次打击不易掌握，初学者要慎用，手柄稍不到位，单次打击就会变为连续打击，此时若翻转或移动锻件，则易发生事故。

②蒸汽-空气锤

蒸汽-空气锤是利用一定蒸汽或压缩空气推动锻锤进行工作的。其常用吨位为1～5 t，用于锻造中型锻件，是模锻的主要设备，如图8-5所示。

③液压机

液压机是利用高压水作为动力进行工作的，靠静压力工作。其常用吨位为5～150 t，用于锻造大型锻件，是大型锻件的唯一生产设备，如图8-6所示。

图8-5　蒸汽-空气锤

图8-6　液压机

(2)自由锻常用工具

自由锻常用工具如图8-7所示。

(a) 錾子　(b) 锤子　(c) 手钳

图 8-7　自由锻常用工具

三、自由锻的基本工序及其应用

自由锻时，锻件的形状是通过一些基本变形工序将坯料逐步锻成的。自由锻的基本工序有镦粗、拔长、冲孔、弯曲、扭转和切割等。

1. 镦粗

镦粗是对坯料沿轴向锻打，使其高度降低、横截面积增大的操作过程。这种工序常用于锻造齿轮坯和其他圆盘形锻件。镦粗分为全部镦粗和局部锻粗两种，如图 8-8 所示。

(a)全部镦粗　(b)局部镦粗

图 8-8　镦粗

镦粗时应注意以下几点：

(1)镦粗部分的长度与直径之比应小于 2.5，否则容易镦弯，如图 8-9 所示。

(2)坯料端面要平整且与轴线垂直，锻打用力要正，否则容易锻歪。

(3)镦粗力要足够大，否则会形成细腰形或夹层，如图 8-10 所示。

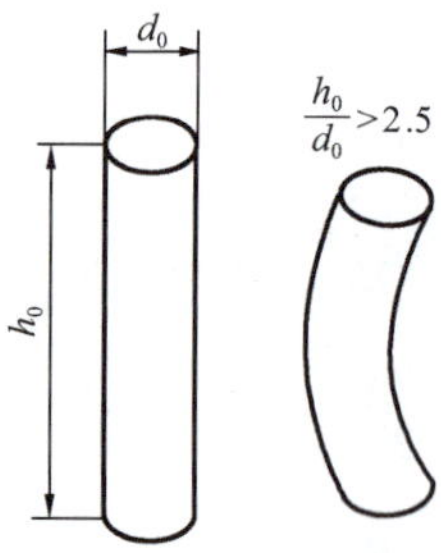

(a)　(b)

图 8-9　镦弯

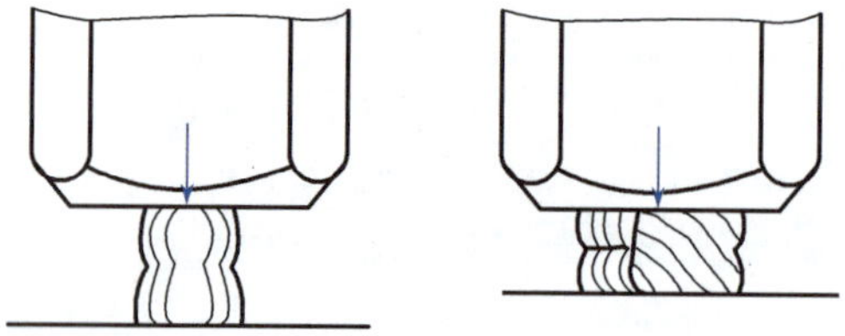

(a)　(b)

图 8-10　细腰形和夹层

2. 拔长

拔长是使坯料的长度增加、横截面积减小的锻造工序，通常用来生产轴类零件的毛坯，如车床主轴、连杆等。拔长时，每次的送进量 L 应为 $(0.3\sim0.7)B$（B 为砧宽）。若 L 太大，则金属横向流动多，纵向流动少，拔长效率下降；若 L 太小，则易产生夹层，如图 8-11 所示。

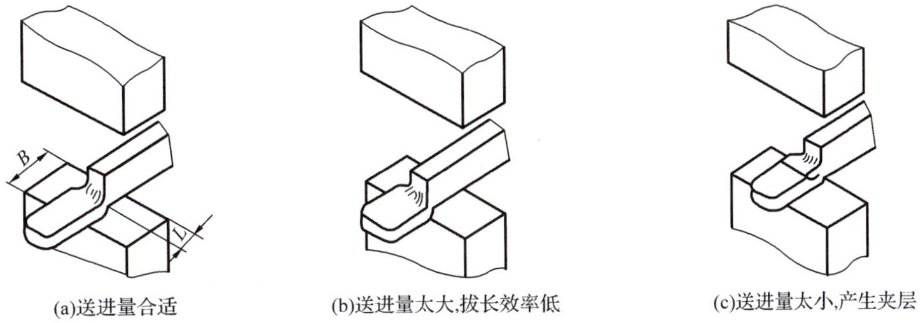

图 8-11 拔长的送进量

拔长过程中应做 90°翻转，较重的锻件常采用锻打完一面再翻转 90°锻打另一面的方法，较轻的锻件则采用来回翻转 90°锻打的方法，如图 8-12 所示。

图 8-12 拔长时坯料的翻转方法

拔长圆形截面坯料时，先将其锻成方形截面，在拔长到边长接近锻件直径时，再将其锻成八角形截面，最后倒棱滚打成圆形截面，如图 8-13 所示。这样拔长效率高，且能避免产生中心裂纹。

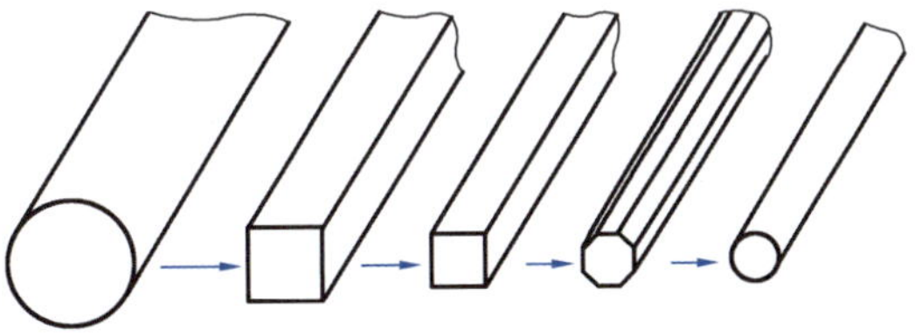

图 8-13 拔长圆形截面坯料时的过渡截面形状

3. 冲孔

冲孔是用冲子在坯料上冲出通孔或不通孔的锻造工序。实心冲子双面冲孔如图 8-14 所示，在镦粗平整的坯料表面上先预冲一凹坑，放少许煤粉，在继续冲至约 3/4 深度时，借助于煤粉燃烧的膨胀气体取出冲子，翻转坯料，从反面将孔冲透。

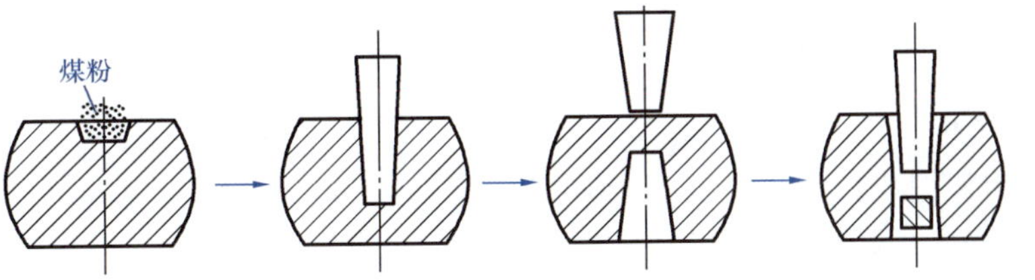

图 8-14 实心冲子双面冲孔

4.弯曲

弯曲是使坯料弯曲成一定角度或形状的锻造工序，如图8-15所示。

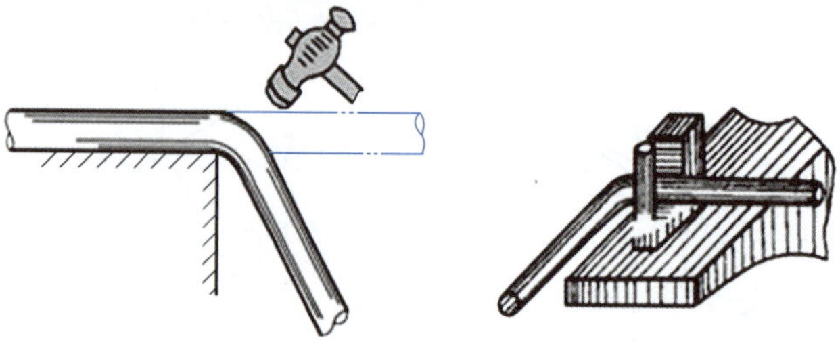
(a) 角度弯曲

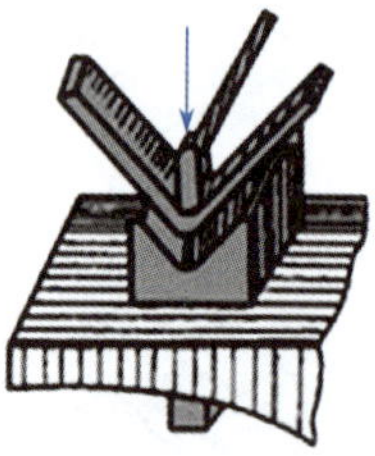
(b) 成形弯曲

图8-15 弯曲

5.扭转

扭转是使坯料的一部分相对于另一部分旋转一定角度的锻造工序，如图8-16所示。

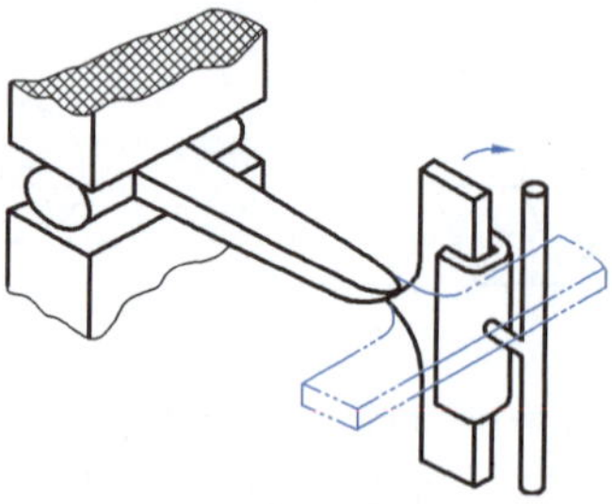

图8-16 扭转

6.切割

切割是分割坯料或切除料头的锻造工序。

四 模锻

金属坯料在锻模模腔内一次或多次承受冲击力或压力的作用而被迫流动成形，以获得锻件的压力加工方法称为模锻。模锻与自由锻相比，具有生产率较高、尺寸精确、加工余量小、可锻造出形状比较复杂的锻件、节省金属材料、减少切削加工量、操作简单及易于实现机械化、自动化等优点。

模锻主要有胎模锻和固定模膛模锻两种。

1.胎模锻

胎模锻是自由锻和模锻相结合的一种加工方法。在自由锻设备上，使用可移动的胎模生产锻件的锻造方法称为胎模锻。一般先将坯料经过自由锻预锻成近似锻件的形状，然后用胎模终锻成形。

(1)胎模的结构

胎模的结构如图8-17所示。在进行胎模锻时，将下模置于空气锤的下砧上，但不固定。将坯料放在胎模内，合上上模，用锤头锻打上模，待上、下模合拢后，便形成锻件。

(2)手锤锻件的胎模锻造过程

图8-18所示为手锤锻件的胎模锻造过程。

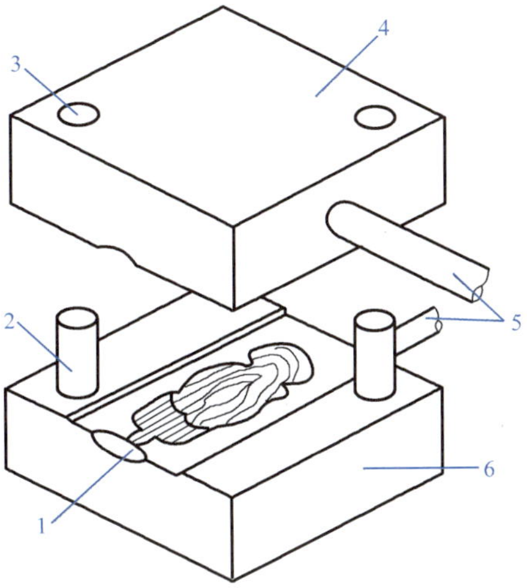

图 8-17 胎模的结构

1—模膛；2—导销；3—销孔；4—上模；5—手柄；6—下模

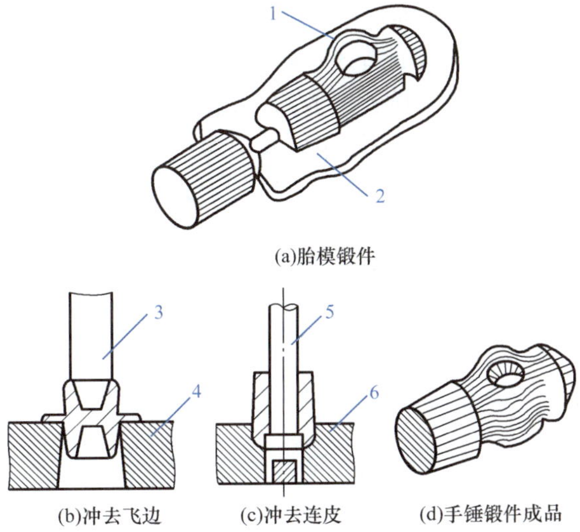

图 8-18 手锤锻件的胎模锻造过程

1—连皮；2—飞边；3—冲头；4、6—凹模；5—冲子

2. 固定模膛模锻

固定模膛模锻可以在多种设备上进行。在工业生产中，锤上模锻大都采用蒸汽-空气锤，吨位为 5～300 kN(0.5～30 t)。压力机上的模锻常用热模锻压力机，吨位为 25 000～63 000 kN (2 500～6 300 t)。

(1)单模膛锻模的结构

固定模膛模锻的锻模结构有单模膛锻模和多模膛锻模两种。图 8-19 所示为单模膛锻模，通过燕尾槽和斜楔的配合使锻模固定，防止其脱出和左右移动；通过键和键槽的配合使锻模定位准确，防止其前后移动。单模膛一般为终锻模膛，锻造时常用空气锤制坯，再经终锻模膛的多次锤击而成形，最后取出锻件并切除飞边，即可得到所要求的锻件。

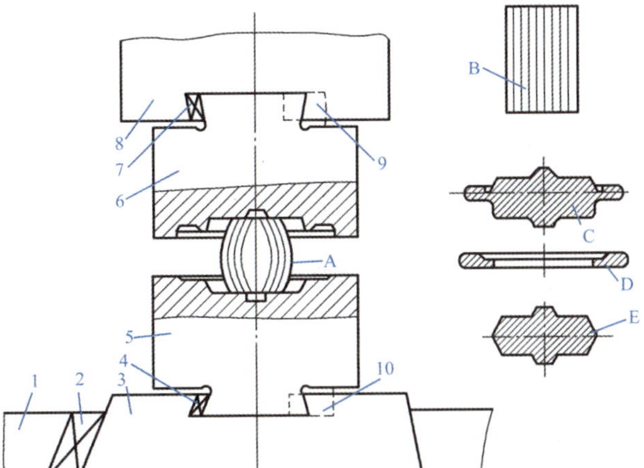

图 8-19 单模膛锻模及其固定

1—砧座；2—模座用楔；3—模座；4—下模用楔；5—下模；6—上模；7—上模用楔；8—锤头；9—上模用键；10—下模用键；A—变形；B—坯料；C—带飞边的锻件；D—切下的飞边；E—锻件

固定模膛模锻的生产率和锻件精度比自由锻高，可锻造形状较复杂的锻件，但要有专用设备，且模具制造成本高，故只适用于大批量生产。

(2)固定模膛模锻的工艺要求

①保证锻件能从模膛中顺利取出，并保证金属容易充满模膛。为此，最好把分模面选在使模膛具有最浅的深度和适当的起模斜度处。

②分模面应做成使沿分模面上、下模的模膛外形一致，以便在生产中容易发现错移等缺陷。

③应力求分模面是一个平面，上、下模膛的深浅相当，以便于锻模的加工制造。

④为了使金属不溢出且能充满模膛，在模膛的周围开了飞边槽以容纳多余的金属，并且把模膛内、外角设计加工成适当的圆弧。

(3)弯曲连杆的固定模膛模锻过程

①延伸

延伸的作用是使坯料的某部分横截面积减小而长度伸长，它用于长轴类锻件的制坯，如图8-20所示。

②滚压

滚压的作用是重新分配金属，使坯料某部分横截面积减小而与它相邻部分的横截面积增大，坯料的长度基本不变，同时可将坯料表面滚得比较光滑，如图8-21所示。

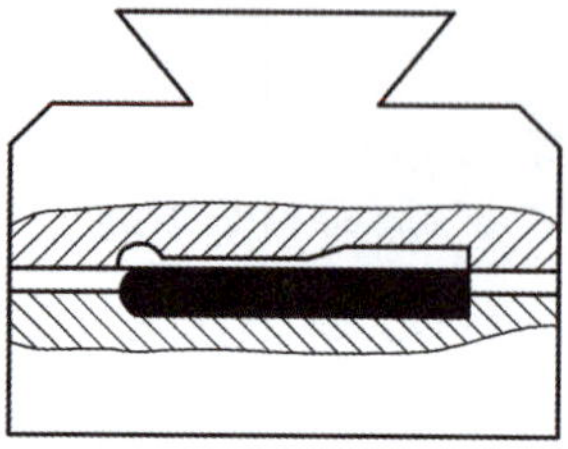

图8-20　延伸

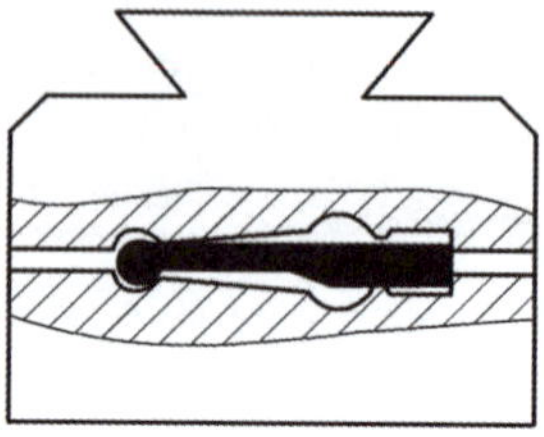

图8-21　滚压

③弯曲

弯曲的作用是改变坯料轴线方向，使其符合终锻模膛在分模面上的形状，如图8-22所示。

④预锻

有时在终锻前为了使坯料更好地充满终锻模膛并减轻终锻模膛的磨损，要先在预锻模膛中进行预锻。

⑤终锻

终锻(图8-23)的形状和尺寸是根据热锻件图并加上相应的飞边槽而形成的。所谓热锻件图，就是在锻件图的尺寸上增加一个从终锻温度冷却到室温时的收缩量而形成的图形。

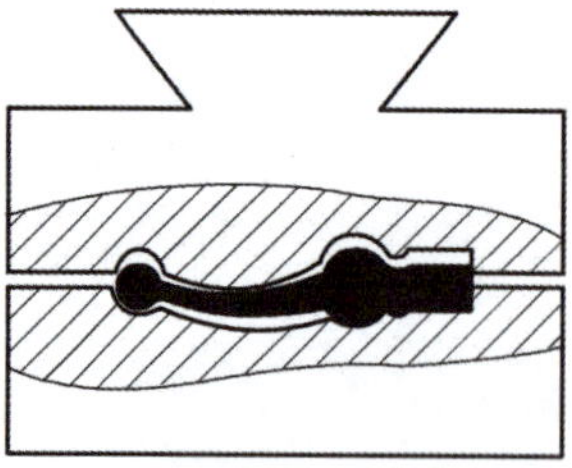

图8-22　弯曲

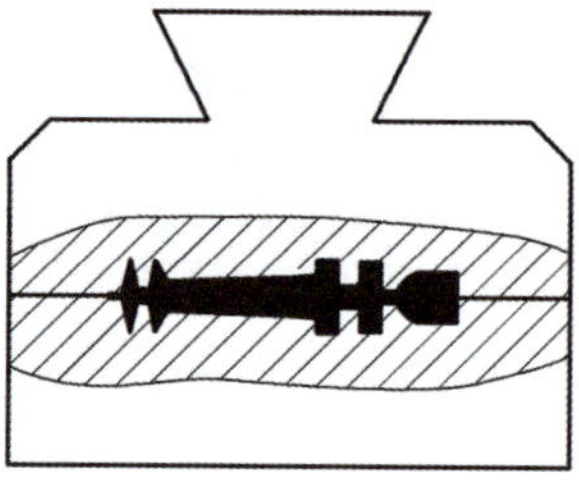

图8-23　终锻

⑥切边

切边是将模锻完成后的锻件从长坯料上切下，它可以节约夹钳料头，如图8-24所示。

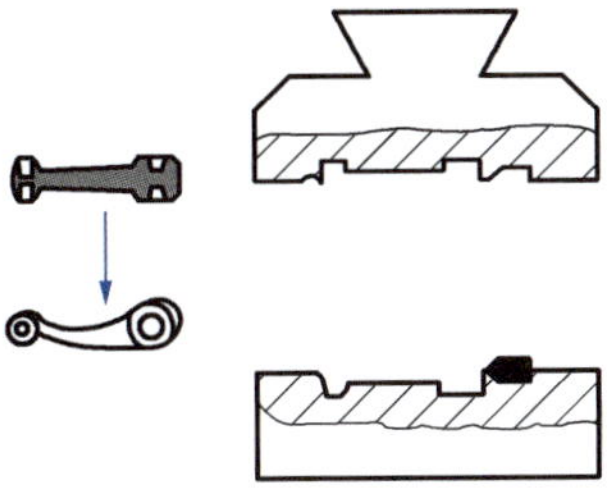

图8-24 切边

任务实施

1.准备工作

准备红外箱式炉、75 kg空气锤、冲子（ϕ32 mm）、冲孔凹模、罩圆凹模、尖口钳、圆钢（ϕ60 mm×100 mm，材料为45钢）、0.02 mm游标卡尺、2 m钢卷尺等。

2.操作步骤（表8-3）

表8-3 六角螺母毛坯自由锻加工步骤

序号	火次	工序	简图	工具	备注
1		下料	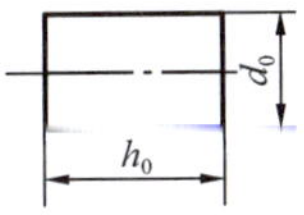	弓锯或剪床	按锻件图尺寸，考虑料头烧损及加工余量，计算坯料尺寸，并使$h_0/d_0<2.5$。经计算，下料尺寸为ϕ60 mm×100 mm
2	1	镦粗	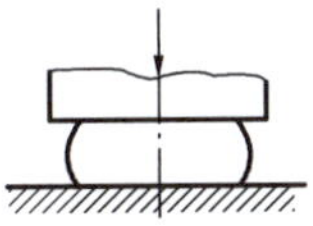	尖口钳	镦粗到高度50 mm（留加工余量）
3	2	冲孔	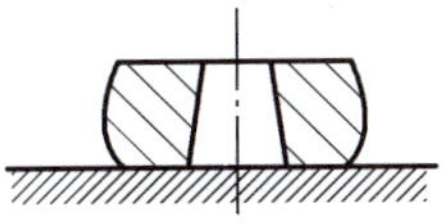	尖口钳、圆钩钳、冲子、凹模	冲孔时需两面冲，坯料与凹模对正，孔径为32 mm
4	3	锻六角	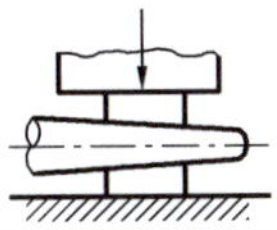	心棒	将心棒插入孔中，锻好一面后转60°锻第二面，再转60°即锻好
5	3	罩圆倒角	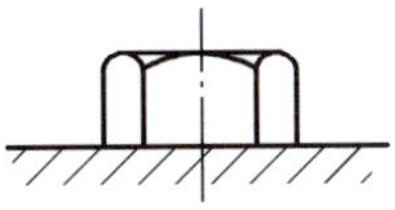	尖口钳、罩圆凹模	用罩圆凹模锻出螺母倒角
6	3	修整	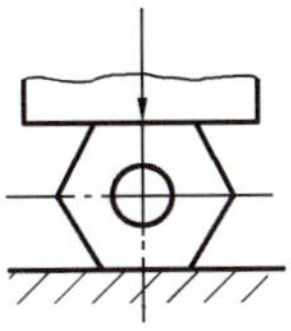	心棒、平锤	用平锤修整外形，温度可略低于800 ℃

3.注意事项

(1)坯料加热温度达到1 150～1 200 ℃时才可开始锻打,终锻温度为800 ℃(颜色赤红)。
(2)冲孔时要两面冲,避免出现过大的毛刺。
(3)锻六角后注意测量孔径,过大会造成加工螺纹时缺料,过小则增加切削加工量。
(4)罩圆倒角时,罩圆凹模要放正。
(5)及时清理氧化皮,以保证锻件表面质量。
(6)穿戴好防护用品,防止被烫伤。

任务二 攻螺纹

学习目标

- 掌握攻螺纹的方法。
- 懂得攻螺纹时产生废品的原因和预防措施。
- 培养细心和耐心,练就精湛技艺。

任务引入

本任务为完成图8-1所示零件螺纹的加工。

任务分析

要加工图8-1所示零件的螺纹,首先要进行一些准备工作,确定所需要的工具和量具,再按图纸进行加工。

相关知识

一 攻螺纹的工具

1.丝锥

(1)构造

丝锥由工作部分和柄部组成。工作部分包括切削部分(磨出锥角,使切削负荷分布在几个刀齿上,这样不但工作省力,丝锥不易崩刃或折断,而且攻螺纹时的导向作用好,也保证了螺孔的质量)和校准部分(有完整的牙型,用来校准、修光已切出的螺纹,并引导丝锥沿轴向前进)。柄部有方榫,用以夹持并传递切削转矩。

(2)容屑槽

M8以下的丝锥一般有三条容屑槽，M8～M12的丝锥有三条或四条容屑槽，M12以上的丝锥有四条容屑槽。

有些丝锥做成左旋槽，用来加工通孔，使切屑顺利地向下排出；有些丝锥做成右旋槽，用来加工不通孔，使切屑向上排出。

(3)成套丝锥切削用量的分配

通常M6～M24的丝锥一套有两支，M6以下及M24以上的丝锥一套有三支。细牙丝锥不论大小，均为两支一套。

①锥形分配

锥形分配每套丝锥的大径、中径、小径都相等，只是切削部分的长度及偏角不同。

②柱形分配

柱形分配头锥、二锥的大径、中径、小径比三锥(精锥)小。这种丝锥的切削用量分配比较合理，三支一套的丝锥按6:3:1分担切削用量，两支一套的丝锥按7.5:2.5分担切削用量。

一般M12以下的丝锥采用锥形分配，直径较大的丝锥则采用柱形分配。

2. 铰杠

铰杠是手工攻螺纹时所用的一种辅助工具，用来夹持丝锥，分普通铰杠和丁字形铰杠两类。

二　螺母攻牙机

螺母攻牙机是一种在螺母、法兰盘等含有多种规格的通孔或盲孔零件的孔的内侧面加工内螺纹的机械加工设备，如图8-25所示。

根据驱动动力种类的不同，螺母攻牙机可分为气动攻牙机、电动攻牙机和液压攻牙机等；根据主轴数目的不同，螺母攻牙机可分为单轴螺母攻牙机、二轴螺母攻牙机、四轴螺母攻牙机、六轴螺母攻牙机等；根据加工螺母的种类不同，螺母攻牙机可分为热打螺母攻牙机、法兰螺母攻牙机、圆螺母攻牙机、六角螺母攻牙机、盲孔螺母攻牙机、防盗螺母攻牙机等；根据加工过程的自动化程度不同，螺母攻牙机可分为全自动螺母攻牙机和半自动螺母攻牙机。

全自动螺母攻牙机的自动化程度最高，工作时只要把螺母毛坯放入料斗中，即可自动完成进料、定位、夹紧、攻牙、卸料，一个工人可以同时操作多台设备，生产率高，可显著降低劳动力成本。

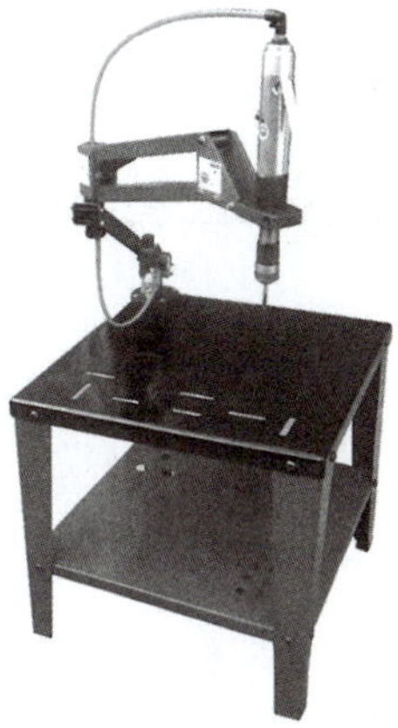

图8-25　螺母攻牙机

三　攻螺纹的方法及要领

(1)螺纹底孔的孔口要倒角，通孔两端都要倒角，倒角处直径可略大于螺孔大径，这样可使开始切削时容易切入，并可防止孔口出现挤压出的凸边。

(2)工件装夹位置要正确，尽量使螺孔中心线处于水平或垂直位置，这样攻螺纹时容易判断丝锥轴线是否垂直于工件平面。

(3)用头攻起攻时尽量把丝锥放正,用一只手的手掌按住铰杠中部,沿丝锥轴线加压,另一只手配合转动铰杠,或两手握住铰杠两端均匀施加压力,并使丝锥顺向旋进,保证丝锥中心线与孔中心线重合。在丝锥攻入1~2圈后,应及时从前后、左右方向用角尺检查垂直度,并不断校正至要求。

(4)正常切削时,铰杠就不需要再加压力了。为避免切屑过长而咬死丝锥,攻螺纹时铰杠每转动1/2~1圈,就应再倒转1/2圈,使切屑碎断后容易排出。

(5)攻螺纹时,应按头锥、二锥、三锥的顺序攻至标准尺寸。在较硬材料上攻螺纹时,可轮换各丝锥交替攻一下,以减小切削部分的负荷,防止丝锥折断。

(6)攻螺纹过程中,调换丝锥时要用手先旋入至不能再旋进时,方可用铰杠转动,以免损坏螺纹和防止乱牙。退出丝锥时,要避免快速转动铰杠,最好用手将丝锥旋出,以保证已攻好的螺纹质量不受影响。

(7)攻不通孔时,可在丝锥上做好深度标记,并经常退出丝锥,排出孔中的切屑,防止切屑堵塞使丝锥折断或达不到深度要求。当工件不便倒向时,可用弯曲的管子吹去切屑,或用磁铁吸出切屑。

(8)攻塑性或韧性材料时要加注切削液,以减小切削阻力和表面粗糙度值,延长丝锥寿命。一般攻钢料时使用机油或浓度较高的乳化液,螺纹质量要求高时可用植物油;攻铸铁时可用煤油。

(9)机攻时要保持丝锥与螺孔的同轴度要求。将要攻完时,丝锥的校准部分不能全部出头,以免反转退出丝锥时产生乱牙。

(10)切削速度:机铰时一般为6~15 m/min,攻调质钢或硬的钢料时为5~10 m/min,攻不锈钢时为2~7 m/min,攻铸铁时为8~10 m/min。攻同样材料时,丝锥直径小时取较高值,丝锥直径大时取较低值。

任务实施

1.准备工作

准备150 mm游标卡尺、90°刀口角尺、麻花钻、倒角钻、丝锥等。

2.操作步骤

(1)钻底孔。

(2)对螺纹底两面的孔口倒角。

(3)攻螺纹。

3.注意事项

(1)起钻时要保证孔的位置度,如果发现孔的位置有偏移,则须立即纠正。

(2)倒角处直径略大于螺纹直径,这样可使丝锥容易进入。

任务三　热处理

学习目标

- 熟悉碳钢的普通热处理(退火、正火、淬火及回火)操作方法。
- 了解含碳量、加热温度、冷却速度、回火温度等主要因素对碳钢热处理后性能(硬度)的影响。
- 学会使用热处理设备和硬度计。
- 掌握各种热处理操作方法。
- 锻造"淬火成钢"的品格。

任务引入

对图8-1所示的六角螺母进行热处理,硬度要求达32～39HRC。

任务分析

完成该零件热处理工艺的操作步骤:加热→保温→冷却→硬度测试。

相关知识

热处理是将钢在固态下采用适当的方法进行加热、保温和冷却,使钢的组织结构发生变化,从而获得所需性能的工艺方法。它是强化金属材料、充分挖掘材料性能的潜力、改变材料的内部组织结构、提高零件质量和使用寿命的关键工序。

根据热处理的目的、要求及加热和冷却方法的不同,一般可将钢的热处理工艺按图8-26所示进行分类。

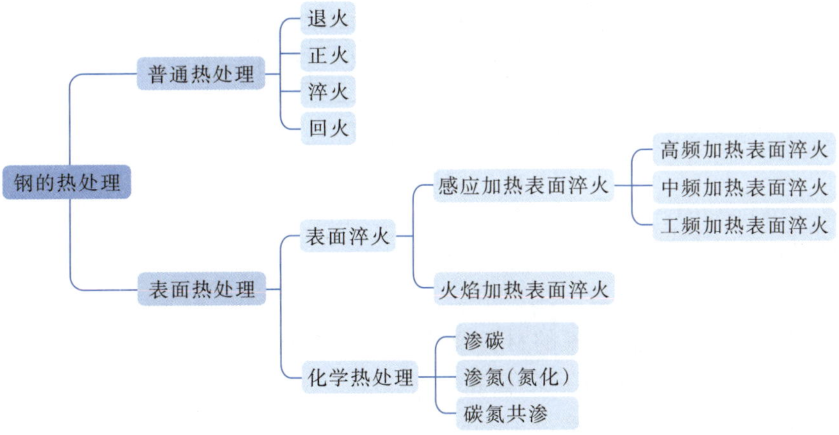

图8-26　钢的热处理工艺的分类

尽管热处理的种类很多,但通常都有加热、保温、冷却三个基本阶段,它可用温度-时间曲线来表示,称为热处理工艺曲线,如图8-27所示。

对零件整体进行穿透加热的热处理称为整体热处理。钢铁整体热处理工艺主要有退火、正火、淬火和回火。退火和正火作为预备热处理,其目的是消除钢的组织缺陷和内应力,为以后的切削加工及热处理做准备;而淬火和回火作为最终热处理,可强化钢材,提高零件或工具的使用性能。

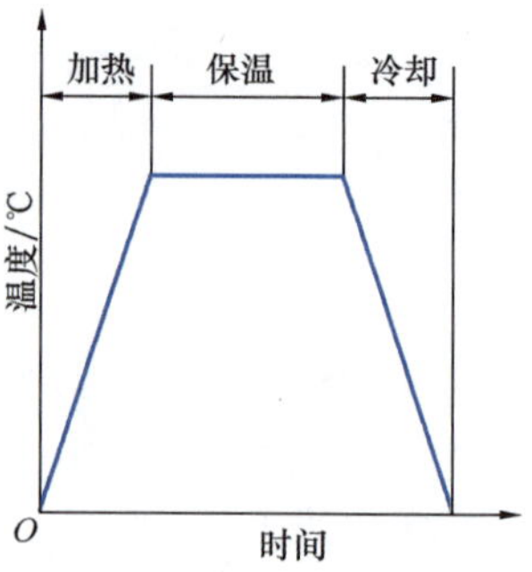

图8-27 热处理工艺曲线

一 常用的热处理设备

加热炉是热处理车间的主要设备,通常的分类方法:按能源分为电阻炉、燃料炉;按工作温度分为高温炉(>1 000 ℃)、中温炉(650～1 000 ℃)、低温炉(<650 ℃);按工艺用途分为正火炉、退火炉、淬火炉、回火炉、渗碳炉等;按形状结构分为箱式炉、井式炉等。常用的热处理加热炉是电阻炉和盐浴炉。

1.箱式电阻炉

(1)结构

箱式电阻炉由用耐火砖砌成的炉膛及侧面和底面布置的电热元件组成,通电后电能转化为热能,通过热传导、热对流、热辐射实现对工件的加热。其中中温箱式电阻炉应用最为广泛,常用于碳素钢、合金钢零件的退火、正火、淬火及渗碳等。

图8-28所示为中温箱式电阻炉的结构。这种炉子的测温热电偶从炉顶或后壁插入炉膛,通过电子控温仪表显示和控制温度。以RX3-45-9型中温箱式电阻炉为例,其中"R"表示电阻炉,"X"表示箱式,"3"表示序号,炉子的功率为45 kW,最高工作温度为950 ℃。

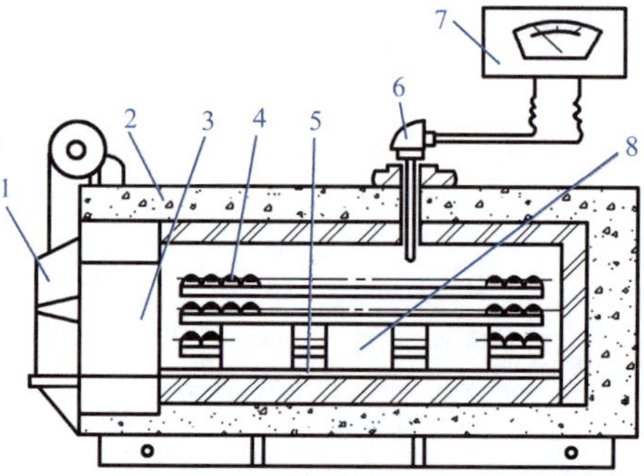

图8-28 中温箱式电阻炉的结构

1—炉门;2—炉体;3—炉膛前部;4—电热元件;5—耐热钢炉底板;6—测温热电偶;7—电子控温仪表;8—工件

(2)加热操作

①准备工作

- 通过图纸和工艺卡了解工件的材料及热处理的技术条件。
- 选用合适的工具夹,进行正确的捆扎。
- 开炉前仔细检查电气仪表是否正常。
- 检查可控气氛原料是否备齐。

②操作步骤

● 装好工件，将其小心置入炉膛。工件装炉时应放在炉内均匀温度区，工件应离开炉壁和炉门口一段距离，同时要防止工件变形。

● 校正仪表，调整电子控温仪表至加热温度。

● 接通电源，加热升温。

● 按工艺加热到规定温度，保温后出炉。

2. 井式电阻炉

(1)结构

井式电阻炉的工作原理与箱式电阻炉相同。图8-29所示为中温井式电阻炉的结构，这种炉子主要用于长形工件的加热。因炉体较高，故一般将其置于地坑中，仅露出地面600～700 mm。井式电阻炉比箱式电阻炉具有更优越的性能，其炉顶装有风扇，加热温度均匀，细长工件可以垂直吊挂，并可利用各种起重设备进料或出料。以RJ-40-9型中温井式电阻炉为例，其中“R”表示电阻炉，“J”表示井式，炉子的功率为40 kW，最高工作温度为950 ℃。井式电阻炉主要用于轴类零件或质量要求较高的细长零件的退火、正火、淬火工艺。

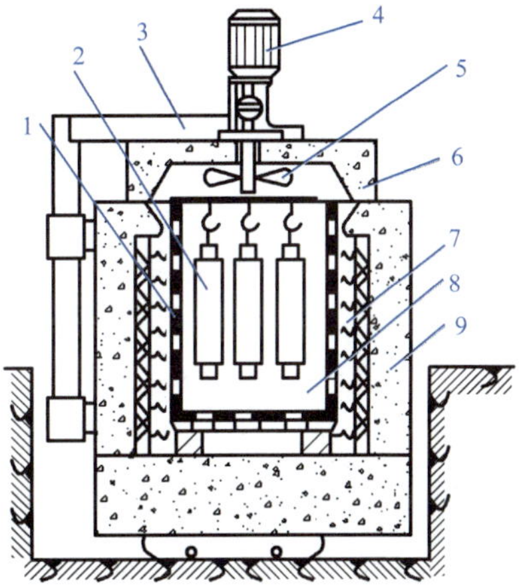

图8-29　中温井式电阻炉的结构

1—装料筐；2—工件；3—炉盖升降机构；4—电动机；5—风扇；6—炉盖；7—电热元件；8—炉膛；9—炉体

井式电阻炉和箱式电阻炉的使用都比较简单，在使用过程中应经常清除炉内的氧化铁屑，进、出料时必须切断电源，不得碰撞炉衬或十分靠近电热元件，以保证安全生产和电阻炉的使用寿命。

(2)加热操作

①准备工作

开炉前仔细检查电气仪表是否正常，开动风扇检查风扇声音是否正常。

②操作步骤

● 装好工件，将其小心吊入炉膛。

● 把炉盖对正放好，打开泄油阀落下炉盖。

● 调好仪表，启动电气加热，使风机转动，从而保证加热均匀。

● 按工艺加热到适宜温度，保温后出炉。

表面热处理是为改变工件表面的组织和性能，仅对其表面进行热处理的工艺。表面热处理只对一定深度的表层进行强化，而心部基本上保持处理前的组织和性能，故可使零件具有较高的强度及较好的耐磨性和韧性。

二　感应加热表面淬火(高频淬火)

感应加热表面淬火是利用感应电流通过工件产生的热效应，使工件表面局部加热，继而快速冷却的淬火工艺。如图8-30所示，将工件放入感应线圈内，当感应线圈中通过一定频率的交流电时，工件内、外产生同频率的交变磁场。在交变磁场的作用下，工件内将产生和感应线圈内的电流频率相同、方向相反的感应电流，感应电流沿着工件表面形成闭合回路，使工件表面迅速加热。当工件表面被加热到淬火温度时，立即喷水或浸水冷却，实现表面淬火的目的。

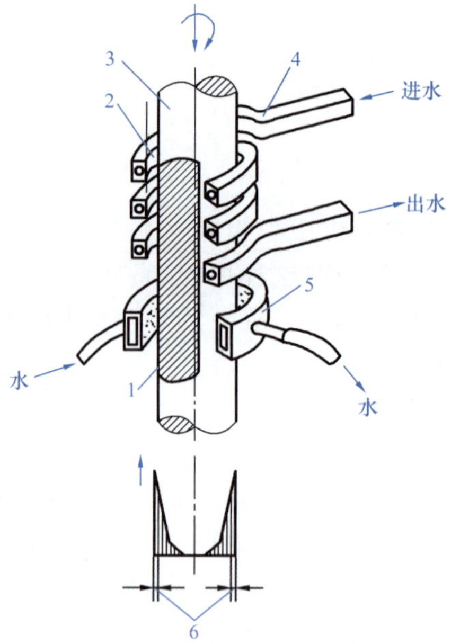

图 8-30　感应加热表面淬火

1—加热淬火层；2—间隙；3—工件；
4—感应线圈；5—淬火喷水套；6—电流集中层

感应电流频率越高，电流透入深度越小，工件加热层越薄，淬硬层越浅。因此，感应加热进入工件表层的深度主要取决于电流频率。

1. 感应加热表面淬火的分类

根据工作电流频率的不同，可将感应加热表面淬火分为三类：

(1)高频感应加热表面淬火：常用频率为 200～300 kHz，一般淬硬层深度为 0.5～2.5 mm，适用于中小型零件，如小模数齿轮、轴类零件等。

(2)中频感应加热表面淬火：常用频率为 2 500～8 000 Hz，一般淬硬层深度为 2～10 mm，适用于直径较大的轴类和大、中模数齿轮以及钢轨、机床导轨等。

(3)工频感应加热表面淬火：电流频率为 50 Hz，不需要变频设备，城市用交流电即可，适用于淬硬层深度为 10～20 mm 以上的大型工件或穿透加热，如火车车轮等的表面淬火。

2. 高频感应加热设备的基本操作

(1)启动设备前必须接通冷却水。

(2)在确保水路正常后合闸预热灯丝，一级预热 5 min，二级预热不少于 30 min。

(3)装好感应线圈，检查两极不要短路。

(4)接通高压，用点动调整输出功率至最佳状态，阳流与阴流 5∶1，但阳流不大于 12 A，阴流不大于 2.5 A。

(5)工作完后先切断高压，关闭灯丝，15 min 后再关闭冷却水。

三 火焰加热表面淬火

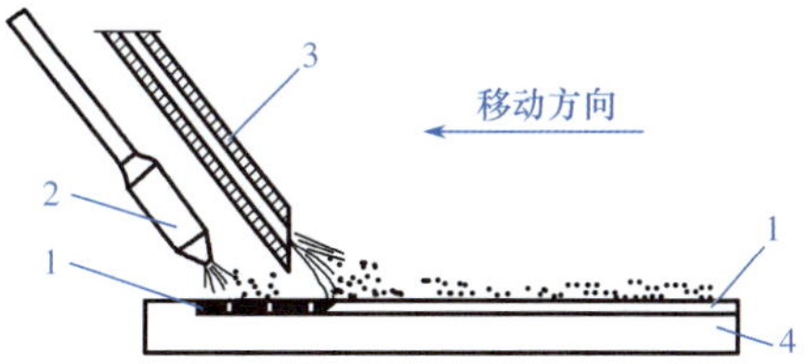

图 8-31 火焰加热表面淬火

1—淬硬层；2—烧嘴；3—喷水管；4—工件

火焰加热表面淬火是将用乙炔-氧或煤气-氧的混合气体燃烧的高温火焰喷射在工件表面，将工件快速加热至淬火温度，而心部温度仍很低，随即喷水冷却，从而获得高硬度马氏体组织和淬硬层的一种表面淬火方法，如图 8-31 所示。火焰加热表面淬火的淬硬层深度一般为 2～6 mm，它具有方法简便灵活、无需特殊设备、成本低等优点。但是由于淬火质量不够稳定、生产率低而限制了它的广泛应用，所以适用于单件、小批量生产的大型零件或需要局部淬火的零件，如大型轴、大齿轮、轧辊、齿条、钢轨面等。

任务实施

1. 准备工作

检查设备是否正常，确认工件及相应的工艺，领取试样，准备好冷却介质和钳子等工具。

2. 操作步骤

(1)将试样放在电阻炉中(试样应相互间隔，其距离不小于试样直径或厚度，不允许堆放或靠近炉门)，设定电气仪表加热温度为 840 ℃。

(2)关闭炉门，接通电源进行加热。

(3)当温度达到规定加热温度后开始记录保温时间，保温 25 min 后切断电源，打开炉门，用夹钳夹持试样迅速在水槽中冷却，并使试样在水中不断运动。

(4)淬火结束后再将试样放入炉中进行回火，回火温度为 200 ℃，保温 45 min 后取出空冷。

(5)试样冷却后用砂纸去掉氧化皮，在洛氏硬度计上测试其硬度值。

3. 注意事项

(1)在向炉中放、取试样时，应先切断电源，以防触电。

(2)开、关炉门要迅速，炉门打开时间不宜过长，以免影响电路使用寿命。

(3)操作者应戴手套放、取试样，以免烧伤。放、取试样时必须使用夹钳，夹钳必须擦干，不得沾有水或油等。

(4)将淬火试样从炉中取出后要迅速将其放入淬火介质中，不要使其在空气中停留时间过长，以免在空气中发生组织转变而达不到淬火效果。

(5)将试样放入淬火介质中后要迅速搅动，以使试样冷却均匀，避免产生软点，搅动要一直持续到试样冷却至室温为止。

(6)为避免混淆，可在试样侧面打上钢印编号，以示区别。

(7)淬火时水温应保持为 23～30 ℃，若水温过高，则要及时换水。

项目评价

本项目的评分标准见表8-4。

表8-4 **锻造六角螺母的评分标准**

班级：			姓名：	学号：	
项目八：锻造六角螺母				零件图：图8-1	
序号	检测内容	配分	评分标准	实测结果	得分
1	六角对称（(74.8±1.5) mm）	20	每组对边每超差0.5 mm扣5分		
2	工件装夹工具选择正确	10	不符合要求酌情扣分		
3	锻造温度控制	10	不符合要求酌情扣分		
4	镦粗高度	10	不符合要求酌情扣分		
5	冲孔质量	10	边距均匀，两面孔对正		
6	罩圆倒角（均匀，大小适当）	10	一项不合格扣3分		
7	M42	10	不符合要求不得分		
8	表面颜色均匀，无花斑，硬度在允许范围内	10	不符合要求酌情扣分		
9	安全、文明生产	10	每违反一项扣2分		
综合得分		100			

拓展资料

龙泉宝剑锻制技艺

“君不见昆吾铁冶飞炎烟，红光紫气俱赫然。良工锻炼凡几年，铸得宝剑名龙泉。”这是唐代郭震在《古剑篇》中对龙泉宝剑的描述。

十年磨一剑，千锤百炼。龙泉宝剑以坚韧锋利、刚柔相济、寒光逼人、纹饰巧致”的特点成为“中华第一剑”。手工锻制一把龙泉宝剑要耗时数月之久，经过炼、锻、铲、锉、刻花、嵌铜、冷锻、淬火、磨光等28道工序。在长期的发展中，经过历代铸匠精益求精的钻研，龙泉宝剑在产品的质量上形成了坚韧锋利、刚柔相济、寒光逼人、纹饰巧致四大传统特色。

9 项目九 制作酒瓶盖起子

项目导读

板料冲压是利用冲模在压力机上使板料产生分离或塑性变形的加工方法。因多数情况下板料无须加热，故板料冲压也称为冷冲压，又可简称为冷冲或冲压。常用的板材有低碳钢、不锈钢、铝、铜及其合金等，它们塑性好，变形抗力小，适合冷冲压加工。板料冲压易实现机械化和自动化，生产率高，冲压件尺寸精确、互换性好、表面光洁，无须机械加工，广泛用于汽车、电器、仪表和航空等制造业中。

冲压基本工序可分为落料、冲孔、切断等分离工序以及拉深、弯曲等变形工序两大类。

本项目通过酒瓶盖起子的制作，使学生掌握冲压的基本概念，熟悉冲压加工的特点和范围，能正确利用冲压设备和模具进行工件的加工，培养勇于创新、精益求精的工匠精神。

项目任务

本项目的任务是完成图 9-1 所示酒瓶盖起子的冲压加工，材料为 45 钢，厚度为 2 mm，制件精度为 IT14，形状简单，尺寸不大。

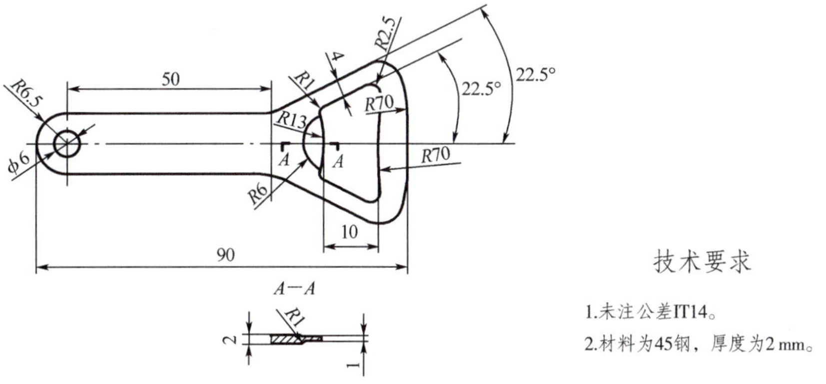

图 9-1　酒瓶盖起子零件图

工艺分析

根据该零件的形状特征，需要进行落料、冲孔、成形等工序。本项目重点介绍冲裁加工过程，具体可制订出以下三种加工方案：

方案一：先落料，再冲孔，使用两副模具。

方案二：落料、冲孔一步完成，使用复合模。

方案三：先冲孔，再落料，使用级进模。

方案一中，模具结构较简单，但需要两副模具，成本较高且生产率低。

方案二中，只需要一副模具，精度高，生产率高，中小批量生产比较适合，对于模具的磨损修复也比较容易。

方案三中，采用级进模，模具结构复杂，制造周期长，生产成本高，因此只在大量生产中才适用。

根据零件的精度要求，结合现有条件和技术水平，按照方案二来完成本项目的任务。

任务一　剪切钢板

学习目标

- 掌握剪床的种类和使用方法。
- 正确使用剪床完成钢板的剪切。
- 培养敬业、精益、专注、创新的工匠精神。

任务引入

根据制件的结构、尺寸进行合理排样，选择合适的板料规格，对板料进行剪切，获得所需尺寸的条料。酒瓶盖起子的冲裁排样图如图 9-2 所示，搭边值取 2.7 mm 和 2.2 mm，有侧压装置（手工送料）时条料宽度 B 为

$$B=(D+2a)_{-\delta}^{\ 0}=(115.1+2\times 2.2)_{-0.6}^{\ 0}=119.5_{-0.6}^{\ 0}\ \text{mm}$$

步距 A 为 36 mm，查板材标准，选 1 500 mm×1 000 mm 的 45 钢板。一张钢板能生产 648个零件，材料总利用率为 56%。

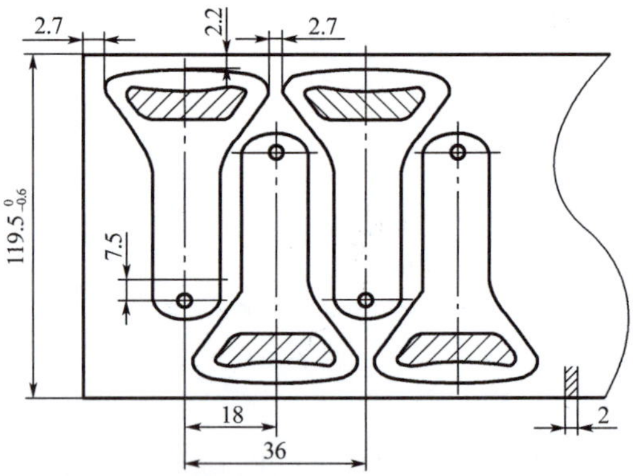

图 9-2　酒瓶盖起子的冲裁排样图

任务分析

要完成图 9-2 所要求的剪板,首先要进行一些准备工作,确定剪板机型号,了解剪板机工作原理,熟悉剪板机操作及其注意事项。

相关知识

剪板机(图 9-3)是用一个刀片相对另一个刀片做往复直线运动以剪切板材的机器。它借助于运动的上刀片和固定的下刀片,采用合理的刀片间隙,对各种厚度的金属板材施加剪切力,使板材按所需要的尺寸断裂分离。剪板机属于锻压机械中的一种,其主要作用是金属加工,其产品广泛用于航空、轻工、冶金、化工、建筑、船舶、汽车、电力、电器、装潢等行业。

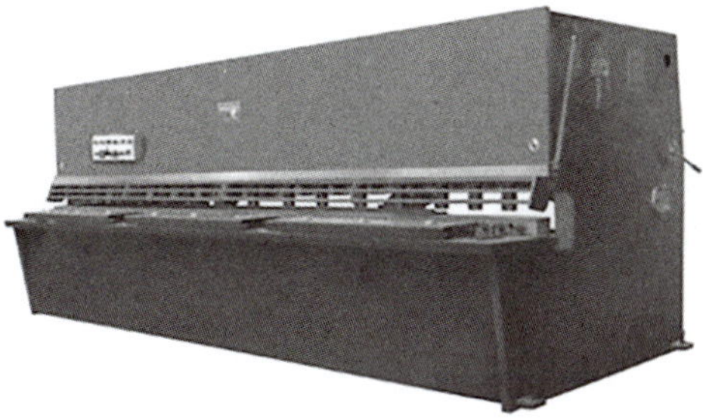

图 9-3　剪板机

常用的剪板机分为平剪、滚剪及振动剪三种类型,平剪机是使用最多的。剪切厚度小于 10 mm 的剪板机多为机械传动,剪切厚度大于 10 mm 的剪板机为液压传动。一般用脚踏或按钮操纵进行单次或连续剪切金属。

剪板机剪切后应能保证被剪板料剪切面的直线度和平行度要求,并尽量减小板材扭曲,以获得高质量的工件。剪板机的上刀片固定在刀架上,下刀片固定在工作台上。工作台上安装有托料球,以使板料在上面滑动时不被划伤。后定位挡料板用于板料定位,位置由电动机进行调节。压料缸用于压紧板料,以防止板料在剪切时移动。护栏是安全装置,以防止发生工伤事故。回程一般靠氮气,速度快,冲击小。

任务实施

1. 准备工作

操作前要穿紧身防护服,袖口扣紧,上衣下摆不能敞开,不能在开动的机床旁穿、脱衣服或围布于身上,以防止被机器绞伤。必须戴好安全帽,辫子应放入帽内,不得穿裙子、拖鞋。机床操作人员必须熟悉剪板机的主要结构、性能和使用方法。

准备剪切的是材料厚度为机床额定值的各种钢板、铜板、铝板及非金属材料板材,且必须是无硬痕、焊渣、夹渣、焊缝的材料,不允许超厚度。

2. 操作步骤

(1)放料:控制放料机,卷材放到要求长度,手动停止。

(2)校平:通过平板矫平机压辊压平钢板。

(3)裁剪:把钢板送入剪板机,到达位置后启动剪刀裁剪。

3. 注意事项

(1)不管是什么原因,都不允许将手或身体的任一部位伸入刃口下或其他转动部位。

(2)不允许在刀架下方操作。

(3)不允许站在机床保护区内或危险区内。

(4)机器工作前不允许人在机器后侧或刀架下。

(5)调整机器刀片间隙的均匀度时,必须关闭主油泵电动机。

(6)在机器运行过程中,当发现有异常响声或其他不正常情况时,应立即停机,待故障排除后才能继续使用。

(7)多人操作时,应确定没有任何危险因素,才能踩下脚踏开关或按下按钮。

任务二　冲　压

学习目标

- 认识冲压设备的结构及工作原理。
- 掌握冲裁工艺过程及特点。
- 了解冲压工艺的分类及各自的特点。
- 培养精确控制、追求精品的职业精神。

任务引入

对图9-1所示的酒瓶盖起子进行冲压加工。

任务分析

根据该零件的形状特征,对其进行冲压加工的操作步骤为:落料—冲孔—修整—检验(尺寸、外观)。

相关知识

一、冲床的结构及工作原理

冲床有多种类型,常用的开式冲床如图9-4所示。电动机通过V形带带动飞轮转动,踩下踏板后,离合器使飞轮与曲轴相连而旋转,再经连杆使滑块沿导轨做上下往复运动,进行冲压加工。当松开踏板时,离合器脱开,制动器立即制止曲轴转动,使滑块停止在最高位置。

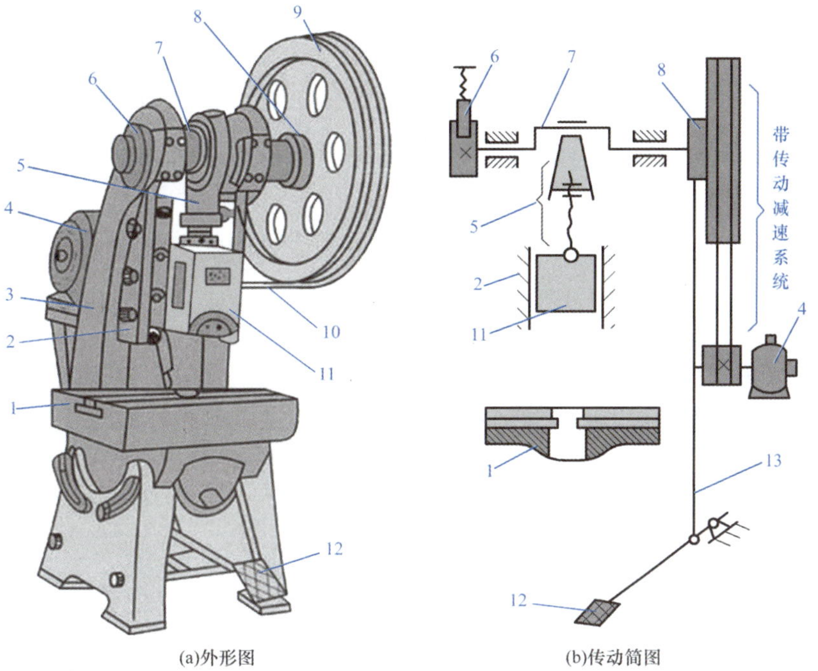

(a)外形图　　(b)传动简图

图 9-4　开式冲床

1—工作台;2—导轨;3—床身;4—电动机;5—连杆;6—制动器;7—曲轴;8—离合器;9—飞轮;10—V 形带;11—滑块;12—踏板;13—拉杆

二　冲模的结构、分类及冲压工序

1.冲模的结构

冲模是使板料产生分离或变形的工具。典型的冲模结构如图 9-5 所示,它由上模和下模两部分组成。上模的模柄固定在冲床的滑块上,随滑块上下运动;下模则固定在冲床的工作台上。

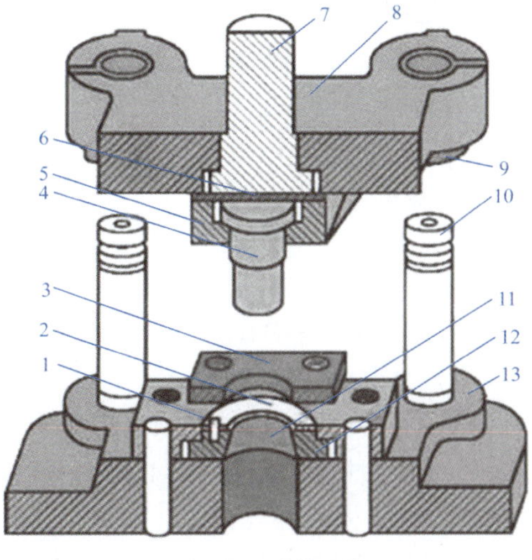

图 9-5　冲模结构

1—定位销;2—导板;3—卸料板;4—冲头;5—冲头压板;6—模垫;7—模柄;8—上模板;9—导套;10—导柱;11—凹模;12—凹模压板;13—下模板

冲头和凹模是冲模中使坯料变形或分离的工作部分，用压板将二者分别固定在上模板和下模板上。上、下模板分别装有导套和导柱，以引导冲头和凹模对准。导板和定位销分别用来控制坯料的送进方向和送进长度。卸料板的作用是在冲压后使工件或坯料从冲头上脱出。

2.冲模的分类

冲模是冲压生产中必不可少的模具。冲模可分为简单冲模、连续冲模和复合冲模三种。

(1)简单冲模

简单冲模是在冲床的一次冲程中只完成一个工序的冲模，如图9-6所示。工作时条料在凹模上沿两个导板送进，碰到定位板为止。凸模向下冲压时，冲下的零件(或废料)进入凹模孔，而条料则夹住凸模并随凸模一起回程向上运动。条料碰到卸料板(固定在凹模上)时被推下，这样条料便继续在导板间送进。重复上述动作，冲下第二个零件。

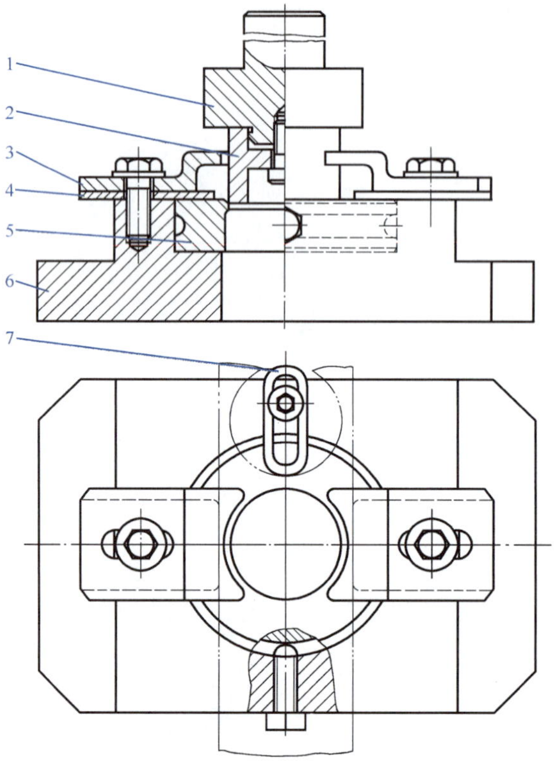

图9-6　简单冲模

1—上模座；2—凸模；3—卸料板；4—导板；5—凹模；6—下模座；7—定位板

(2)连续冲模

在冲床的一次冲程中，在模具不同部位上同时完成数道冲压工序的模具称为连续冲模，如图9-7所示。工作时定位销对准预先冲出的定位孔，上模向下运动，落料凸模进行落料，冲孔凸模进行冲孔。当上模回程时，卸料板从冲孔凸模上推下废料，这时再将坯料向前送进，执行第二次冲裁。如此循环进行，每次送进的距离由挡料销(图9-7中未示出)控制。

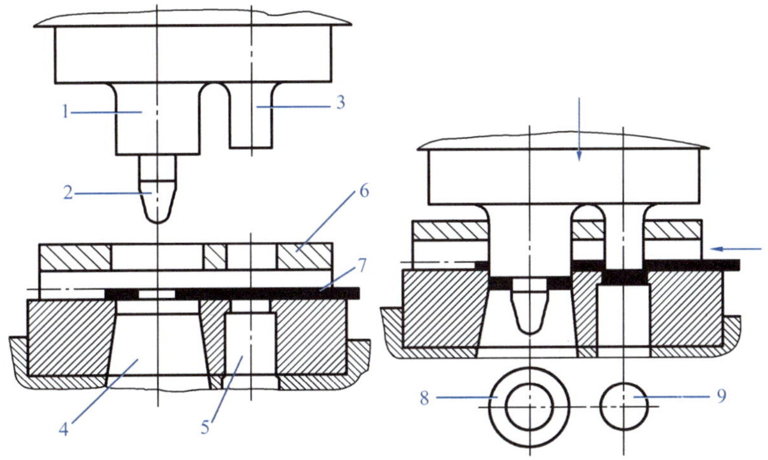

图 9-7　连续冲模

1—落料凸模；2—定位销；3—冲孔凸模；4—落料凹模；
5—冲孔凹模；6—卸料板；7—坯料；8—成品；9—废料

(3)复合冲模

在一次冲程中，在模具同一部位上同时完成数道冲压工序的模具称为复合冲模，如图9-8所示。复合冲模的最大特点是有一个凸凹模。凸凹模的外圆是落料凸模刃口，内孔则成为拉深凹模。当滑块带着凸凹模向下运动时，条料首先在凸凹模和落料凹模中落料。落料件被下模中的拉深凸模顶住，滑块继续向下运动时，凹模随之向下运动进行拉深。顶出器和压板在滑块的回程中将拉深件推出模具。复合冲模适用于产量大、精度高的冲压件的生产。

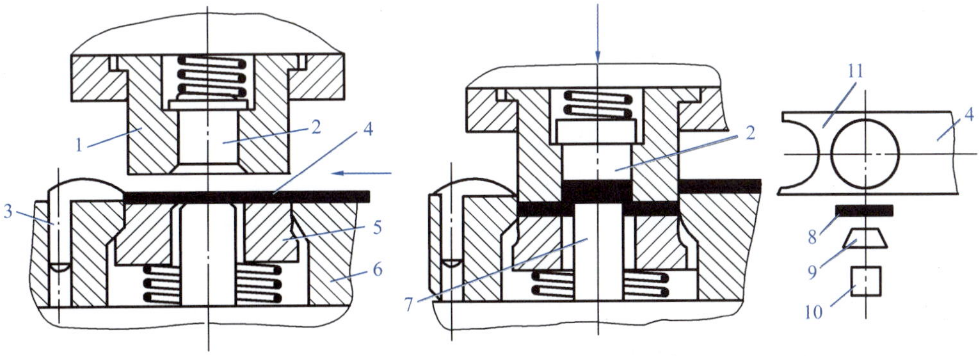

图 9-8　落料及拉深复合冲模

1—凸凹模；2—顶出器；3—挡料销；4—条料；5—压板(卸料器)；6—落料凹模；
7—拉深凸模；8—坯料；9—拉深件；10—零件；11—切余材料

3. 冲压工序

冲压的主要工序有落料、冲孔、弯曲和拉深。

(1)落料和冲孔

落料和冲孔是使坯料分离的工序，如图9-9所示。

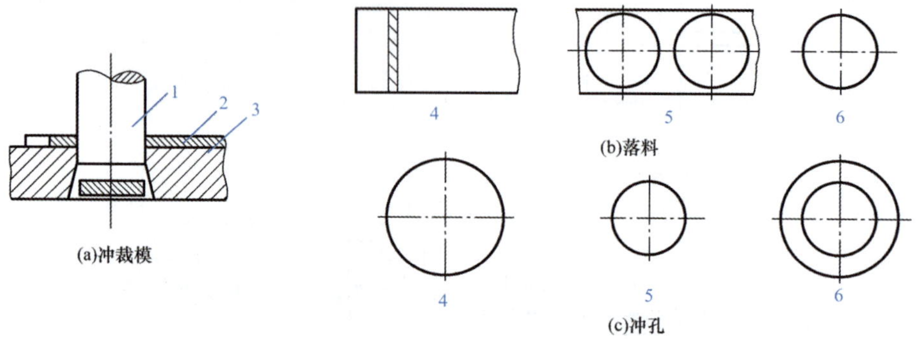

图 9-9　落料和冲孔

1—冲头；2、4—坯料；3—凹模；5—余料；6—零件

落料和冲孔的过程完全一样，只是用途不同。落料时，被分离的部分是成品，剩下的周边是废料；冲孔则是为了获得孔，被冲孔的板料是成品，而被分离的部分是废料。落料和冲孔统称为冲裁。冲裁模的冲头和凹模都具有锋利的刃口，在冲头和凹模之间有相当于板厚5%～10%的间隙，以保证切口整齐且毛刺少。

(2)弯曲

弯曲就是使工件获得各种不同形状的弯角。弯曲模上使工件弯曲的工作部分要有适当的圆角半径 r，以免工件弯曲时开裂，如图 9-10 所示。

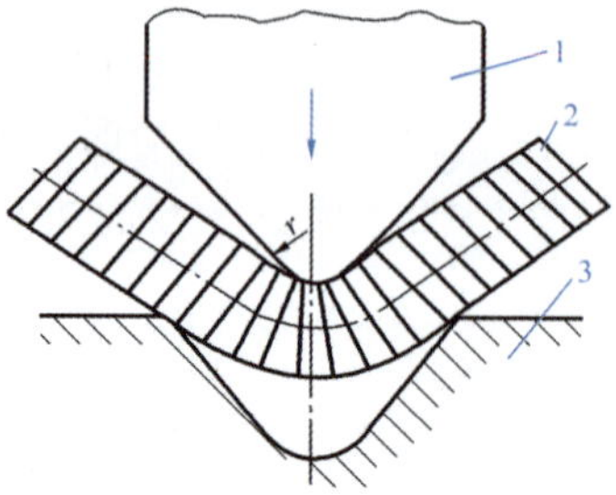

图 9-10　弯曲

1—凸模；2—板料；3—凹模

(3)拉深

拉深是将平板坯料制成杯形或盒形件的加工过程，如图 9-11 所示。拉深模的冲头和凹模边缘应做成圆角，以免工件被拉裂。冲头与凹模之间要有比板料厚度稍大一点的间隙(一般为板厚的 1.1～1.2 倍)，以减小摩擦力。为了防止褶皱，坯料边缘需用压板(压边圈)压紧。产品的实际拉深过程会产生拉裂缺陷。

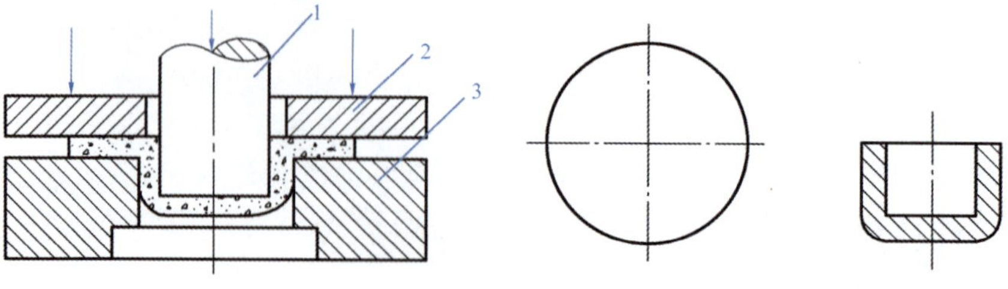

图 9-11　拉深

1—冲头；2—压边圈；3—下模

三 冲模的装配、安装、调整与拆卸

1.冲模装配的一般工艺

(1)确定装配顺序。选择装配顺序的关键是要保证凸、凹模的相对位置精度,使其间隙均匀。通常是先装基准件,再装关联件,然后调整凸、凹模之间的间隙,最后装其他辅件。

(2)确定装配基准件。装配基准件起连接其他零部件的作用,并决定了这些零部件之间的正确相互位置。冲模中常用凸、凹模及其组件或导向板、固定板作为装配基准件。

(3)装配模具固定部分的相关零件,如与下模座相连的凹模、凹模固定板、定位板等。

(4)装配模具活动部分的相关零件,如与上模座相连的凸模、凸模固定板、卸料板等。

(5)组合。将凸模部件和凹模部件组合起来,调整凸、凹模之间的间隙,使之均匀,符合设计要求。

(6)紧固。间隙调整好后,把紧固件拧紧。

(7)检查装配质量。检查凸、凹模的配合间隙以及各部分的连接情况和模具的外观质量。

2.冲模的安装与调整

(1)冲模的安装

冲模是通过模柄安装在冲床上的,其安装尺寸如图 9-12 所示。

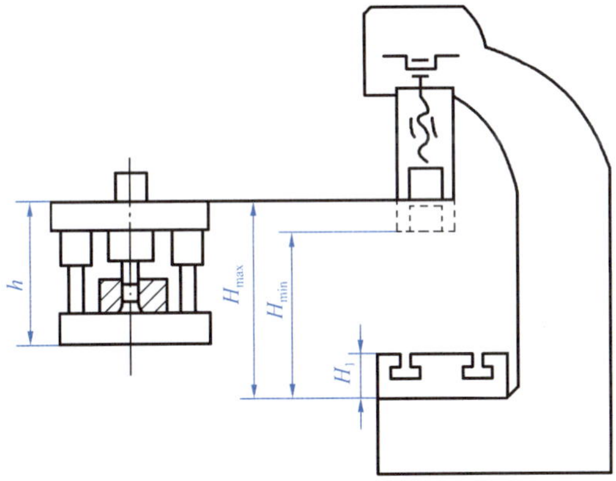

图 9-12　冲模的安装尺寸

装模时必须使模具的闭合高度介于冲床的最大闭合高度和最小闭合高度之间,通常应满足:

$$(H_{max}-H_1)-5 \geqslant h \geqslant (H_{min}-H_1)+10$$

式中　H_{max}——冲床最大闭合高度,即滑块位于下死点位置,连杆调至最短时,滑块端面至工作台面的距离,mm;

H_{min}——冲床最小闭合高度,即滑块位于下死点位置,连杆调至最长时,滑块端面至工作台面的距离,mm;

H_1——冲床垫板的厚度,mm;

h——模具的闭合高度,即合模状态下上模座至下模座的距离,mm。

(2)冲模的调整

①凸、凹模刃口间隙的调整。凸、凹模要吻合,深度要适中,可通过调整冲床连杆长度和下模座前后左右的位置来实现,以能冲出合格件为准。

②卸料系统的调整。卸料板的形状要与工件贴合,行程要足够大,卸料弹簧或橡皮的弹力应能顺利地把料卸下,漏料槽和出料孔应畅通无阻。

3.冲模的拆卸

(1)拆卸的顺序

拆卸的顺序应与装配的顺序相反,一般先拆卸外部附件,然后按总成、部件的顺序进行拆卸。部件或组件的拆卸应按先外后内、先上后下的顺序进行。某些组件是过盈配合,压装后又进行了精加工,故最好不要拆卸,如凸模与凸模固定板、上模座与模柄、模座与导柱和导套等。

(2)拆卸件的标记

拆卸前要测量(或做记号)有关调整件的相对位置,拆下时要安排好次序,做好标记。装配时能迅速、准确地调整到原先的相对位置,主要是凸模、凹模、导向装置和定位装置之间的位置。

(3)拆卸的注意事项

①严禁用硬手锤直接对零件的工作表面进行敲击,以免造成零件的损伤或变形。

②尽可能使用专用工具,如各种拉出器、固定扳手等。

③拆卸螺纹连接件时必须辨别清楚回松的方向(左旋或右旋螺纹)。

④重要零部件要仔细存放,防止弯曲、变形或碰伤,如凸模刃口、模架导向装置等。

任务实施

1.准备工作

准备J23-25型冲床、Q11-3×1200型剪板机、落料冲孔复合模、机油、毛刷、板锉、砂纸、150 mm游标卡尺。

2.操作步骤

(1)试冲

模具按图纸技术要求加工与装配后,必须在符合实际生产条件的环境中进行试冲压生产,通过试冲可以发现模具设计与制造的缺陷,找出产生这些缺陷的原因,对模具进行适当的调整和修理后再进行试冲,直到模具能正常工作,才能将模具正式交付生产使用。

(2)模具调试的要点

由于模具的类型、结构不同,可能出现的问题也不同,调试的内容也随之变化。模具调试的要点如下:

①模具闭合高度的调试:模具应与冲压设备配合好,保证模具应有的闭合高度和开启高度。

②导向机构的调试:导柱、导套要有良好的配合精度,保证模具运动平稳、可靠。

③凸、凹模刃口及间隙的调试:刃口要锋利,间隙要均匀。

④定位装置的调试：定位要准确、可靠。

⑤卸料及出件装置的调试：卸料及出件要通畅，不能产生卡住现象。

(3)模具的安装、调试及取卸作业步骤(表9-1)

表9-1　　模具的安装、调试及取卸作业步骤

序号	作业程序	作业方法	注意事项
1	将滑块下降至下死点	(1)将行程开关切换至“寸动”位置 (2)用“双手”按钮将滑块下降至下死点	注意观察曲轴的角度指示计，以确保滑块在过下死点1°～2°位置时停止
2	查看冲床的装模高度	(1)查看模具的合模高度 (2)把冲床的装模高度调至高出模具的合模高度(如加垫铁，则加上垫铁高度)5～10 mm	如冲床的装模高度低于模具的合模高度(或模具的合模高度与垫铁高度之和)，则安装、调试模具时容易将模具损坏
3	模具安装面的检查、修整及清理	(1)要认真清理冲床滑块底面、工作台及模柄孔上的杂质和铁屑 (2)修整工作台及垫铁的不平表面 (3)清理模具表面 (4)确认气垫装置	(1)注意工作台面是否凸凹不平，如不平，则用油石进行修整 (2)确认模柄固定螺栓是否完好 (3)使用气垫时确认气垫顶杆是否变形，放置位置和长度是否适宜，是否夹废料
4	将模具放置在冲床的工作台上	(1)用适宜的搬运工具搬运模具 (2)将滑块提升至上死点，放置模具 (3)确认模具的安装方向、结构、状态等	搬运模具时，将叉车的叉子放低后再搬运
5	模具的安装	(1)将模具安装在工作台中心并调整好位置、方向 (2)确认垫铁的位置 (3)按下电动机的“停止”按钮，当行程速度为20次/min左右时，利用飞轮的惯性慢慢下降滑块，将模柄装入滑块的模柄孔中	(1)模具送料方向的中心线与材料的中心线应保持一致 (2)确认模具落料孔的位置，以防被垫铁堵住，并避免垫铁之间的跨距过大，以免使模具变形 (3)注意利用“寸动”行程操作
6	粗调闭合高度	(1)完全松开模柄固定螺栓 (2)下降滑块，使之靠上上模表面	(1)用手推一推，检查模具是否移动 (2)必须在下死点进行操作 (3)有刻印、带防弹凸台的模具及弯曲模、拉深模必须放件进行调试
7	固定上模	(1)确认模具固定装置 (2)对角固定模具两处或四处 (3)拧紧模柄固定螺栓	(1)确认模具的固定螺栓、螺帽及压板有无损坏现象 (2)对超过100 kg的上模须固定四处 (3)先以轻力拧紧模柄固定螺栓，然后将上模稍稍抬起，再以重力拧紧
8	确认模具内部状态	(1)清扫模具内部 (2)检查模具各部件 (3)向导柱、导套及其他滑动部件上注油	检查模具各部分有无损坏、磨损、安装错误等异常现象

续表

序号	作业程序	作业方法	注意事项
9	固定下模	(1)在下死点固定下模 (2)固定好下模后，将滑块提升至上死点	(1)先用手力拧上、下模固定螺栓，使滑块运行2~3个行程，如无颤动、异常声响等异常现象，则由轻到重，交互拧紧其他固定螺栓 (2)模具的固定螺栓尽量安装在靠近模具侧 (3)模具固定部位的下面不能悬空 (4)注意导向部位有无异常声响
10	精调冲床闭合高度	(1)根据作业标准书规定的值或工件状态适当调整冲床闭合高度 (2)放入纸片，查看模具的合模程度	(1)冲裁模的合模深度以0.2~0.3 mm为宜 (2)调试弯曲模、拉深模时注意观察工件表面的压痕、拉痕以及角度、深度、形状的变化 (3)注意确认有无间隙不均、"啃模"等异常现象
11	调整挺杆的限位螺钉	将滑块提升至上死点，调整限位螺钉使挺杆可靠接触	(1)注意固定好制动螺钉 (2)检查顶杆、顶料板、顶料销、顶出器是否变形卡住
12	调整其他加工条件	(1)确认冲压用油及其装置 (2)确认送料间隙、压力、释放时间、送料中心及高度是否适宜 (3)确认气垫压力是否适宜 (4)确认冲压行程速度是否适宜	模具调整工应将有关作业的要领、注意事项告知操作者
13	试模	(1)试模作业应注意确认周边状态慎重进行 (2)试模后做好相关联络工作 (3)将自检合格的试模品提交检验	(1)调试完后需经班长或相关责任者确认，相关责任者应给予必要的指导 (2)试模工应将有关冲压操作注意事项告知操作者
14	准备量产	(1)试模结束后整理工具及器具 (2)清理试模品	(1)正常作业时，冲床及送料机上禁止散放工具 (2)将作业台上的试模品清理干净
15	取卸模具	(1)清理模具内部的废料等杂物 (2)检查模具技术状态 (3)向模具动作部位涂油，向长期不使用的模具刃口部位涂防锈油	(1)尤其对大型模具，在取卸之前务必认真清理 (2)为了下次生产，检查有无维修之处，如有异常现象则应立即报告班长 (3)弯曲模、拉深模内要保留末件制品
16	将滑块下降至下死点	必须用"双手"按钮将滑块下降至下死点	

续表

序号	作业程序	作业方法	注意事项
17	松开模具固定螺栓	松开上、下模及模柄的固定螺栓	注意完全松开固定螺栓，防止冲床滑块带起模具而发生事故
18	提升滑块	用“寸动”行程操作，将滑块慢慢提升至上死点	防止模柄固定螺栓没有完全松开时突然提升滑块而带起上模
19	模具的清扫、存放	(1)清扫模具表面 (2)采用适宜的搬运方法及搬运工具，并按照规定的要求将模具放置在模具架上	模具的搬运、取放一定要小心
20	末件的保管	将末件同模具一起放到模具架上	注意妥善保管末件

现场冲压过程如图9-13所示。

(a)安装模具

(b)调整

(c)零件冲压

(d)检查产品表面质量

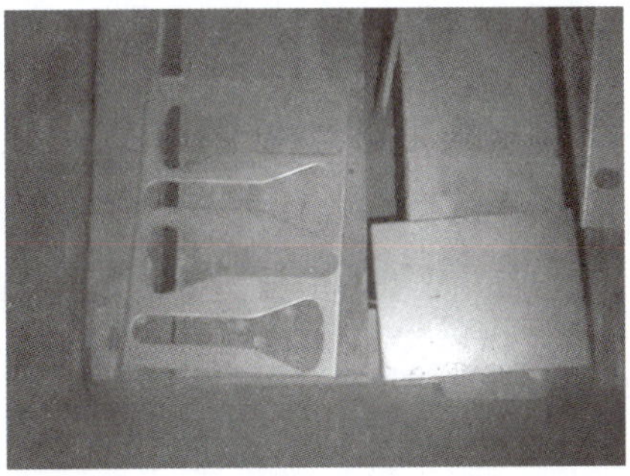

(e)冲压后的条料

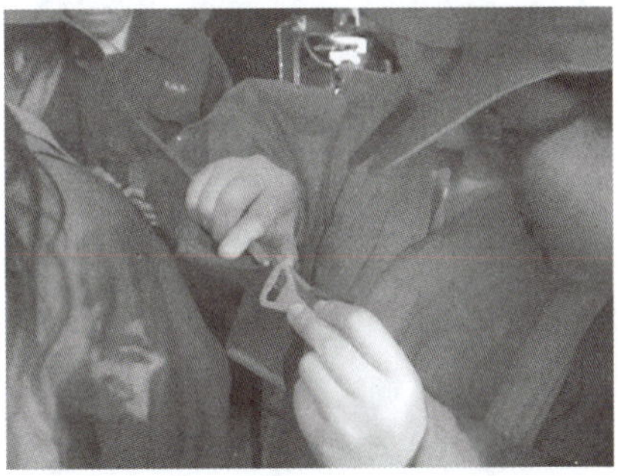

(f)测量产品尺寸

图9-13 现场冲压过程

制作酒瓶盖起子的操作步骤见表 9-2。

表 9-2　　制作酒瓶盖起子的操作步骤

序号	操作步骤	简图	设备工装	备注
1	下料	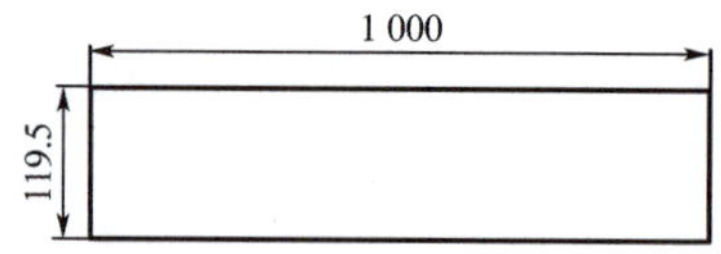	Q11-3×1200 型剪板机	经计算，下料尺寸为 119.5 mm×1 000 mm
2	冲裁	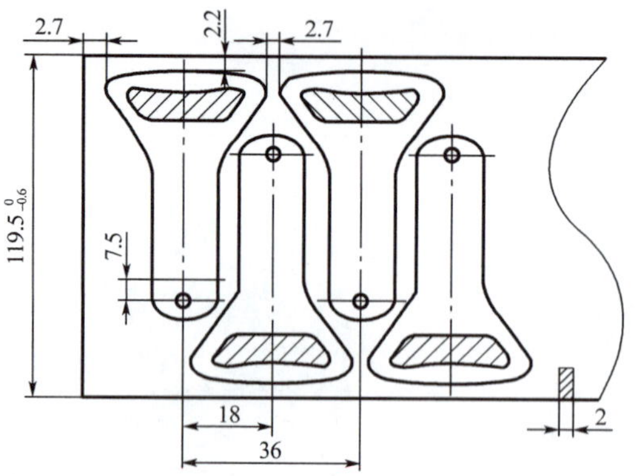	J23－25 型冲床、复合模	侧搭边为 2.2 mm，件与件之间的搭边为 2.7 mm，步距为 36 mm
3	修整	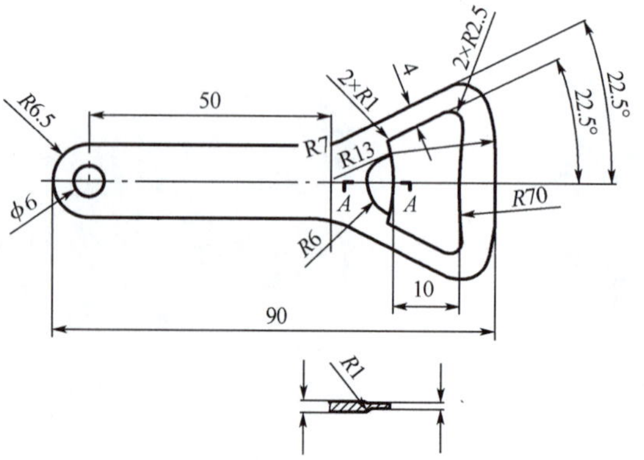	板锉、砂纸	修齐边缘，打磨较深的拉痕和毛刺

3.注意事项

(1)下料前测量钢板厚度，不可选错料厚，尤其不能选择比要求厚度大的板料，以免造成模具刃口或型腔损坏。

(2)下料时注意条料宽度公差，宽度过小会造成落料时零件缺材，宽度过大会影响正常送料并浪费材料。

(3)落料时要经常观察落料件的毛刺，发现异常要及时报修模具。

(4)注意每道工序的首件检验、抽检、自检和互检。

(5)操作时严格按照设备安全操作规程进行，不可多人操作，确保人身安全。

项目评价

本项目的评分标准见表9-3。

表9-3　制作酒瓶盖起子的评分标准

班级：		姓名：		学号：	
项目九：制作酒瓶盖起子				零件图：图9-1	
序号	检测内容	配分	评分标准	实测结果	得分
1	利用剪板机下料	10	不符合要求酌情扣分		
2	工、量具的放置位置正确，排列整齐	10	不符合要求酌情扣分		
3	冲模的安装、调试	20	不符合要求酌情扣分		
4	冲裁件质量（断面状况良好，位置尺寸正确，没有缺材，毛刺正常）	25	不符合要求酌情扣分		
5	尺寸精度	25	每超差0.5 mm扣5分		
6	安全、文明生产	10	每违反一项扣2分		
综合得分		100			

拓展资料

锲而不舍，金石可镂

《荀子·劝学》："锲而舍之，朽木不折；锲而不舍，金石可镂。"

战国末期，我国著名的哲学家、教育家荀况在《劝学》中教育人们做事要有恒心和毅力，坚持不懈，持之以恒。镂刻是一种精细的雕刻方式，"锲而不舍，金石可镂"从字面上理解就是不停地雕刻，连金属和石头那么硬的东西都可以镂穿。这句话深刻揭示了坚持的力量，只有持之以恒地努力，才能克服困难，实现目标，由此激励人们不断前行，追求卓越。

参考文献

[1] 史巧凤 . 车工技能训练[M].6 版 . 北京：中国劳动社会保障出版社，2021.

[2] 人力资源社会保障部教材办公室，中国就业培训技术指导中心上海分中心，上海市职业技能鉴定中心 . 车工[M].2 版 . 北京：中国劳动社会保障出版社，2019.

[3] 曹瑜强 . 铸造工艺及设备[M].4 版 . 北京：机械工业出版社，2021.

[4] 程孝鹏，金禧德 . 金工实习[M].5 版 . 北京：高等教育出版社，2023.

[5] 戴国东 . 钳工技能训练[M].6 版 . 北京：中国劳动社会保障出版社，2021.

[6] 徐茂功 . 公差配合与技术测量[M].2 版 . 北京：机械工业出版社，2019.

[7] 孔凡杰，牛同训 . 机械制造工艺[M].4 版 . 大连：大连理工大学出版社，2023.

[8] 成虹 . 模具制造技术[M].2 版 . 北京：机械工业出版社，2018.

[9] 吴志亚 . 焊接实训[M].3 版 . 北京：机械工业出版社，2021.